EX—LIBRIS

杨侸旻 《厨房》 1998

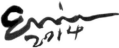

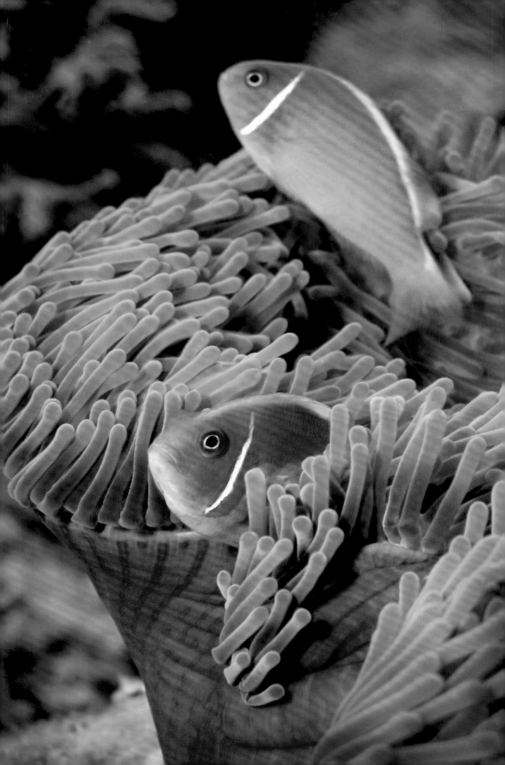

大 自 然 博 物 馆 百科珍藏图鉴系列

观赏鱼

大自然博物馆编委会　组织编写

化学工业出版社

·北京·

图书在版编目（CIP）数据

观赏鱼 / 大自然博物馆编委会组织编写 . —北京：化学
工业出版社，2019.4
（大自然博物馆 . 百科珍藏图鉴系列）
ISBN 978-7-122-33947-8

Ⅰ . ①观… Ⅱ . ①大… Ⅲ . ①观赏鱼类 - 图集 Ⅳ .
①S965.8-64

中国版本图书馆 CIP 数据核字（2019）第 031657 号

责任编辑：李 丽 邵桂林 责任校对：边 涛
装帧设计：任月园 时荣麟

出版发行：化学工业出版社（北京市东城区青年湖南街13号 邮政编码100011）
印 装：北京东方宝隆印刷有限公司
850mm×1168mm 1/32 印张9 字数210千字 2019年7月北京第1版第1次印刷

购书咨询：010-64518888 售后服务：010-64518899
网 址：http://www.cip.com.cn
凡购买本书，如有缺损质量问题，本社销售中心负责调换。

定 价：59.90元 版权所有 违者必究

大 自 然 博 物 馆 百科珍藏图鉴系列

编写委员会

总序

人·自然·和谐

中国幅员辽阔、地大物博，正所谓"鹰击长空，鱼翔浅底，万类霜天竞自由"。在九百六十万平方千米的土地上，有多少植物、动物、矿物、山川、河流……我们视而不知其名，睹而不解其美。

翻检图书馆藏书，很少能找到一本百科书籍，抛却学术化的枯燥讲解，以其观赏性、知识性和趣味性来调动普通大众的阅读胃口。

《大自然博物馆·百科珍藏图鉴系列》图书正是为大众所写，我们的宗旨是：

·以生动、有趣、实用的方式普及自然科学知识；

·以精美的图片触动读者；

·以值得收藏的形式来装帧图书，全彩、铜版纸印刷。

我们相信，本套丛书将成为家庭书架上的自然博物馆，让读者足不出户就神游四海，与花花草草、昆虫动物近距离接触，在都市生活中撕开一片自然天地，看到一抹绿色，吸到一缕清新空气。

本套丛书是开放式的，将分辑推出。

第一辑介绍观赏花卉、香草与香料、中草药、树、野菜、野花等植物及蘑菇等菌类。

第二辑介绍鸟、蝴蝶、昆虫、观赏鱼、名犬、名猫、海洋动物、哺乳动物、两栖与爬行动物和恐龙与史前生命等。

随后，我们将根据实际情况推出后续书籍。

在阅读中，我们期望您发现大自然对人类的慷慨馈赠，激发对自然的由衷热爱，自觉地保护它，合理地开发利用它，从而实现人类和自然的和谐相处，促进可持续发展。

观赏鱼

前言

　　人类和鱼的关系甚为密切，早在石器时代，人们就捕捉鱼类作为食物。据史料记载，河南安阳市殷墟遗址出土的甲骨卜辞中有"在圃鱼"，也就是说，在我国商代晚期就有人开始在池塘养鱼，距今已有3000多年的历史了。1955年，陕西半坡人面鱼纹盆的出土，更是震惊世界。举世公认，中国是世界上养鱼最早的国家。但是，人们何时养鱼不作食用目的而仅仅是为了观赏，却不得而知。

　　唐代李群玉在《新荷》诗中，有"田田八九叶，散点绿池初。嫩碧才平水，圆阴已蔽鱼。浮萍遮不合，弱荇绕犹疏。半在春波底，芳心卷未舒"之句，描述了鱼儿在春日荷叶下忽隐忽现的美妙景象。传统上，中国人居住的环境有园林、庭院，喜爱饲养锦鲤之类带有吉庆色彩的鱼儿，"锦鲤浮沉镜里天""锦鲤游扬逐浪中"，在宋朝这一现象颇为普遍。16世纪时，锦鲤传入日本，赢得了人们的喜爱，被称为"活的宝石""会游泳的艺术品"等。

　　今天，人们饲养的观赏鱼类品种丰富，大致可以分为温带淡水观赏鱼、热带淡水观赏鱼和热带海水观赏鱼。由于鱼缸养鱼技术的进步，人们大多也在室内与鱼儿相处。在忙碌的一天结束之后，回到家中，坐在鱼缸前，看鱼儿悠然地在水草间穿行，仿佛一天的疲劳与压力也随之而去，内心随着鱼儿自由地穿梭。

鱼儿们是一只只可爱的小生灵，我们在享受它们的陪伴之前，最好学会欣赏、鉴别，了解它们的习性，判断自己会不会是一位好主人。养鱼之后，要学会照料它们，让它们在水世界中悠然快乐地成长。

　　无论大人或孩子均可用鱼缸或水族箱养鱼，在居室中或阳台上营造出一个独特的水中世界，带给自己美的享受和与自然生灵的情感连接。随着饲养水平的进步，我们还可以观察鱼儿们繁衍后代，让水中世界变成一个可以自我延续的生境。这中间有养鱼需付出的心血，也有收获的无限乐趣。

　　本书收录了淡水观赏鱼和海水观赏鱼近200种，几乎囊括所有知名鱼种，介绍了其起源、形态、习性和养护要点，充分满足你的赏鱼、鉴别、养鱼需求。全书图片600余幅，精美绝伦，文字讲述风趣、信息量大、知识性强，是珍藏版的养鱼百科读物，适合观赏鱼爱好者、养鱼者和鱼类研究与繁育工作者阅读鉴藏。

本书详细讲述了近200种淡水观赏鱼和海水观赏鱼的形态、习性、繁殖等。阅读前了解如下指南，有助于获得更多实用信息。

名称
提供中文名称

基本信息
提供性情、
养殖难度等信息

总体简介
用生动的方式介绍
观赏鱼，给读者直
观感受

形态
指导你认识和鉴别
多种淡水观赏鱼和
海水观赏鱼

习性
介绍淡水观赏鱼和
海水观赏鱼的活
动、食物以及适宜
环境等

繁殖
提供淡水观赏鱼和
海水观赏鱼的繁殖
信息，以便于增强
认知，并做好准备
工作，便于繁殖顺
利进行

篇章指示 **科属** **学名** **英文名**

PART 1 淡水观赏鱼

狮头 ▶ 鲤科 | Carassius auratus L. | Lion head goldfish

狮头

头部有突出的肉瘤，肉瘤越大者观赏价值越高，其次是圆润的身材

性情：温和、不具备攻击性
养殖难度：中等

狮头是金鱼大家族中的一员，滚圆的腹部配上头部的肉瘤，呆头呆脑的样子令人心生喜爱，加之开叉的尾鳍似漂浮的罗裙般缀于身后，别出心裁。

肉瘤似一个整十块小软质肉对称，是一种

形态 狮头体形滚圆，最显眼的要数头部的肉瘤。头部大、滚圆；眼睛较小，眼部与口部皆陷入肉瘤之中；背鳍鳍条修长；胸鳍小巧；腹鳍向后延伸呈三角形；臀鳍没于尾鳍呈叉形，为四开大尾。躯干几乎呈球形，腹部丰满胀大。

习性 活动：群居性，动作缓慢、温吞，不具备攻击性，适合混养，可习性及性格相似的鱼种友好相处。食物：杂食性，饲养过程中除喂人还可喂食动物性饵料、摇蚊幼虫、水蚤等。环境：喜爱微碱性且稍硬的应大起大落的水温变化，至多可接受上下4℃的温差浮动，幼鱼则更甚每7天换一次水，换水时仍需保持水温。

繁殖 卵生。可自然繁殖，也可人工繁殖。进入繁殖期后雌鱼的腹部会则是于腹部出现几个小白点。已经过配对，并即将临产的狮头会出现鱼会追着雌鱼游来游去，啄咬雌鱼的鱼尾。此时需准备好一个繁殖箱，沙土，种植草被，放入棕丝，将温度控制在19～21℃，雌鱼产出散性卵黏附在水生植物或棕丝上或落入箱底沙土中，3～4日后受精卵孵化为仔

按花色可分为多种，最常见的为红狮头

尾鳍呈叉形，为四开大尾，形似罗裙，美妙绝伦、飘逸舒然

体长：10～12cm | 水层：下层 | 温度：15～30℃ | 酸碱度：pH6.8～7.5 | 硬度

▶ 别名：红狮头、狮头金鱼 | 自然分布：东亚地区

图片展示

提供动物的生境图，方便你观察到其自然的生长状态，对整体形象产生认知

图片注释

提供动物的局部说明，方便你仔细观察其头、躯、足等细节，认识其具体生长特点，以便于增强认知，准确鉴别

水层

水缸水层范围

温度

水缸温度

酸碱度和硬度

适宜水性

别名

提供一至多种别名，方便认知

自然分布

提供该种动物在世界范围内的简略生长分布信息，并指明在我国的生长区域，方便观察

动物科学分类示例

动物界　　　　Animalia
脊索动物门　　Chordata
辐鳍鱼纲　　　Actinopterygii
鲈形目　　　　Perciformes
刺尾鱼科　　　Acanthuridae
红海倒吊　　　*A. sohal*

二名法

Acanthurus sohal
Forsskål, 1775

命名者　　　　　　　命名年份

警告 本书介绍观赏鱼知识，请根据家庭环境和空间情况选择养殖。

目录

观赏鱼概述 ·············· 018

认识观赏鱼 ·············· 020

布置水族箱 ·············· 024

选购观赏鱼 ·············· 026

饲养观赏鱼 ·············· 028

PART 1

淡水观赏鱼

血红鹦鹉·············· 038

七彩神仙·············· 039

埃及神仙·············· 040

黑神仙·············· 041

七彩凤凰·············· 044

熊猫短鲷·············· 045

地图鱼·············· 046

火鹤鱼·············· 047

火口鱼·············· 048

紫红火口·············· 049

特蓝斑马·············· 050

闪电王子·············· 051

花老虎·············· 052

红肚凤凰·············· 053

非洲凤凰·············· 056

非洲王子·············· 057

红钻石·············· 058

红宝石·············· 059

皇冠三间·············· 060

皇冠六间·············· 061

红魔鬼·············· 062

珍珠虎·············· 063

凤尾短鲷·············· 064

酋长短鲷·············· 065

黄金燕尾·············· 066

女王燕尾·············· 067

德州豹·············· 068

红斑马·············· 069

斑马雀·············· 070

棋盘凤凰·············· 071

燕子美人灯·············· 072

红苹果美人·············· 073

石美人·············· 074

霓虹燕子·············· 075

锦鲤·············· 076

金鱼·············· 077

狮头·············· 078

三角灯·············· 079

樱桃灯·············· 080

火翅金钻·············· 081

斑马鱼·············· 084

虎皮鱼·············· 085

条纹小鲃·············· 086

玫瑰鲫·············· 087

彩虹鲨·············· 088

红尾黑鲨·············· 089

黑线飞狐·············090

银鲨·············091

玫瑰旗·············092

银屏灯·············093

宝莲灯·············094

红绿灯·············095

黑裙灯·············098

柠檬灯·············099

帝王灯·············102

盲目灯·············103

钻石灯·············104

红管灯·············105

红鼻鱼·············106

红肚水虎·············107

银板鱼·············108

刚果扯旗·············109

泰国斗鱼·············110

叉尾斗鱼·············111

红丽丽·············112

蓝曼龙·············113

珍珠马甲·············114

丽丽鱼·············115

招财鱼·············116

接吻鱼·············117

金鼓鱼·············118

月光鱼·············119

剑尾鱼·············122

孔雀鱼·············123

玛丽鱼·············124

珍珠玛丽·············125

食蚊鱼·············126

蓝彩鳉·············127

银龙鱼·············128

亚洲龙鱼·············129

珍珠虹·············130

紫雷达鱼·············131

雷达·············132

皇冠直升机·············133

大帆红点琵琶·············136

清道夫·············137

琵琶鼠·············138

玻璃猫·············139

熊猫异型·············142

猫鱼·············143

花椒鼠·············144

咖啡鼠·············145

满天星鼠·············146

三线豹鼠·············147

黑点铁甲鼠·············150

小丑泥鳅·············151

胸斧鱼·············152

攀鲈·············153

PART 2
海水观赏鱼

女王神仙⋯⋯⋯⋯156

帝王神仙⋯⋯⋯⋯157

皇帝神仙⋯⋯⋯⋯160

蓝纹神仙⋯⋯⋯⋯161

蓝环神仙⋯⋯⋯⋯162

马鞍神仙⋯⋯⋯⋯163

黄面神仙⋯⋯⋯⋯164

半月神仙⋯⋯⋯⋯165

法国神仙⋯⋯⋯⋯166

双色神仙⋯⋯⋯⋯167

火焰神仙⋯⋯⋯⋯168

黄新娘⋯⋯⋯⋯⋯169

八线神仙⋯⋯⋯⋯172

澳洲神仙⋯⋯⋯⋯173

三色刺蝶鱼⋯⋯⋯174

三点阿波鱼⋯⋯⋯175

纹尾月蝶鱼⋯⋯⋯178

射水鱼⋯⋯⋯⋯⋯179

蓝带虾虎⋯⋯⋯⋯180

金色虾虎⋯⋯⋯⋯181

白针狮子鱼⋯⋯⋯184

太平洋红狮子鱼⋯⋯185

紫金鱼⋯⋯⋯⋯⋯186

燕尾鲈⋯⋯⋯⋯⋯187

驼背鲈⋯⋯⋯⋯⋯190

紫印鱼⋯⋯⋯⋯⋯191

侧牙鲈⋯⋯⋯⋯⋯192

绿河豚⋯⋯⋯⋯⋯194

瓦氏尖鼻鲀⋯⋯⋯195

银大眼鲳⋯⋯⋯⋯196

五彩青蛙⋯⋯⋯⋯197

斑胡椒鲷⋯⋯⋯⋯200

皇家丝鲈⋯⋯⋯⋯201

尖嘴鹰鲷⋯⋯⋯⋯202

短嘴格⋯⋯⋯⋯⋯203

斑点鹰鱼⋯⋯⋯⋯206

虎皮蝶⋯⋯⋯⋯⋯207

红海黄金蝶⋯⋯⋯208

丝蝴蝶鱼⋯⋯⋯⋯209

三带蝴蝶鱼⋯⋯⋯210

红海红尾蝶⋯⋯⋯211

太平洋冬瓜蝶⋯⋯212

四点蝴蝶⋯⋯⋯⋯213

单斑蝴蝶鱼⋯⋯⋯214

密点蝴蝶鱼⋯⋯⋯215

克氏蝴蝶鱼⋯⋯⋯216

斜纹蝴蝶鱼⋯⋯⋯217

黑背蝴蝶鱼⋯⋯⋯218

红月眉蝶⋯⋯⋯⋯219

马夫鱼⋯⋯⋯⋯⋯220

镊口鱼⋯⋯⋯⋯⋯221

三间火箭⋯⋯⋯⋯222

镰鱼⋯⋯⋯⋯⋯⋯223

红小丑鱼 …………… 226

粉红小丑 …………… 227

双带小丑 …………… 228

公子小丑 …………… 229

透红小丑 …………… 232

黄尾蓝魔 …………… 233

淡黑雀鲷 …………… 234

电光蓝魔鬼 …………… 235

黑点黄雀 …………… 236

蓝纹高身雀鲷 …………… 237

岩豆娘 …………… 238

宅泥鱼 …………… 239

网纹宅泥鱼 …………… 240

红海将军 …………… 241

大帆倒吊 …………… 242

黄三角 …………… 243

紫吊 …………… 246

纹吊 …………… 247

粉蓝倒吊 …………… 248

红海倒吊 …………… 249

蓝倒吊 …………… 250

黑三角倒吊 …………… 251

天狗倒吊 …………… 254

红喉盔鱼 …………… 255

西班牙猪鱼 …………… 256

新月锦鱼 …………… 257

鲁氏锦鱼 …………… 258

裂唇鱼 …………… 259

尖嘴龙 …………… 260

珍珠龙 …………… 261

条纹厚唇鱼 …………… 264

狐面鱼 …………… 265

魔鬼炮弹 …………… 266

小丑炮弹 …………… 267

鸳鸯炮弹 …………… 268

黄点炮弹 …………… 269

女王炮弹 …………… 270

圆翅燕鱼 …………… 271

圆眼燕鱼 …………… 272

刺鲀 …………… 273

六斑二齿鲀 …………… 274

金木瓜 …………… 275

角箱鲀 …………… 276

豹鳎 …………… 277

黑鹦嘴鱼 …………… 278

大帆鸳鸯 …………… 279

索　引

中文名称索引 ………… 280

英文名称索引 ………… 282

拉丁名称索引 ………… 284

参考文献

观赏鱼概述

观赏鱼，指具有观赏价值的色彩鲜艳或形状奇特的鱼类。
它们品种繁多，分布在世界各地，生活在淡水或海水中。

顾名思义，观赏鱼最大的价值是观赏：它们有的色彩绚丽，有的形状怪异，有的稀少名贵。世界上的鱼类总计有大约5万种，其中观赏鱼两三千种，常见饲养的仅有500种左右。

热带鱼

包含脂鲤科、鲤科、慈鲷科、攀鲈科、鳅科、鲶科等

红钻石

七彩凤凰

珍珠马甲

龙鱼

属热带鱼中的古代鱼类

银龙鱼

亚洲龙鱼

亚洲龙鱼

七彩神仙鱼

属热带鱼中的慈鲷科

七彩神仙

七彩神仙

黑神仙

在世界观赏鱼市场中，通常由三大品系组成：温带淡水观赏鱼、热带淡水观赏鱼和热带海水观赏鱼。

温带淡水观赏鱼：主要来自中国和日本，如红鲫鱼、金鱼、日本锦鲤等。

热带淡水观赏鱼：分布地域极广，品种繁多，依据原始栖息地的不同，它们主要来自三个地区：①南美洲亚马孙河流域的国家和地区；②东南亚国家和地区；③非洲的三大湖区，即马拉维湖、维多利亚湖和坦干尼喀湖。

热带海水观赏鱼：分布于热带、亚热带海域。

中国金鱼

我国的"国粹"，在国外培育出许多新品种

狮头　　狮头　　金鱼

锦鲤鱼

许多国家均有培育，日本产的品种最好

锦鲤　　锦鲤　　锦鲤

海水鱼

品种极多，水族箱中可饲养数百种

东方胡椒鲷　　黄面神仙　　电光蓝魔鬼

认识观赏鱼

　　鱼类是体被骨鳞、以鳃呼吸、通过尾部和躯干部的摆动以及鳍的协调作用游泳和凭上、下颌摄食的变温水生脊椎动物，属于脊索动物门中的脊椎动物亚门。观赏鱼具备鱼类的总体特征。

　　鱼类中大部分品种是冷血动物，极少数为温血动物，用鳃呼吸，具有腭和鳍等。

眼睛和视力

鱼类的晶状体是圆球形状的，太远地方的物体所反射的光线，通过晶状体折射而形成的物体影像只能落在视网膜的前方，这样导致它们无法看清太远的物体

听力

很多鱼外部没有长耳朵，但是有特别设计的声音接收器，可将声波传到内耳里充满液体的管状结构

红肚凤凰

嘴和牙齿

口位于上、下颌之间，口内无唾液腺，鱼类的口咽腔内有真正的牙齿，能积极主动地摄食和捕食，较圆口纲更高级；一般以浮游生物为食的鱼类，牙齿细弱而呈绒毛状排列成齿带；食肉性鱼类的牙齿大而呈圆锥形、犬齿状、臼齿状或门齿状；杂食性鱼类的牙齿呈切割形、磨形、刷形或缺刻形等

鳃

多数鱼类的鳃弓内缘着生鳃耙，起着保护鱼鳃和咽部滤食的作用

鳞

鳞在表皮与真皮之间或真皮中，是鱼类特有的皮肤衍生物，由钙质组成，被覆在鱼类体表全身或部分（一定部位），能保护鱼体免受机械损伤和外界不利因素的刺激，故有"外骨骼"之称；根据鳞片上环生的年轮（每轮表示过一冬），判知鱼的年龄，亦可较为准确地掌握其生长、死亡率及健康状况

体形

纺锤形也称基本形，是一般鱼类的体形，适于在水中游泳；其他有侧扁形（燕鱼）、棍棒形（鳗鱼）和平扁形（魟、鳐等）

鳍

游泳和维持身体平衡的运动器官，由支鳍担骨和鳍条组成。鳍条分为两种类型：一种是角鳍条，不分节，也不分支，由表皮发生，见于软骨鱼类；另一种是鳞质鳍条，或称骨质鳍条，由鳞片衍生而来，有分节、分支或不分支，见于硬骨鱼类，鳍条间以薄的鳍条相连

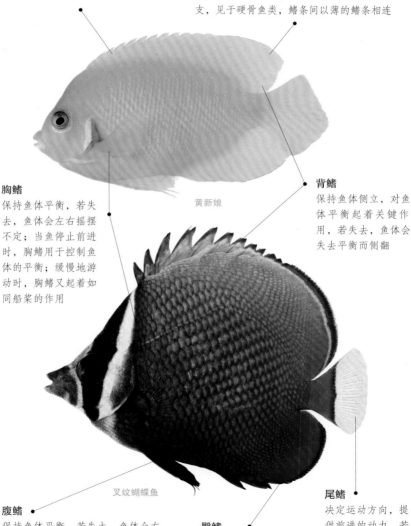

黄新娘

叉纹蝴蝶鱼

胸鳍

保持鱼体平衡，若失去，鱼体会左右摇摆不定；当鱼停止前进时，胸鳍用于控制鱼体的平衡；缓慢地游动时，胸鳍又起着如同船桨的作用

背鳍

保持鱼体侧立，对鱼体平衡起着关键作用，若失去，鱼体会失去平衡而侧翻

腹鳍

保持鱼体平衡，若失去，鱼体会左右摇摆不定，相当于陆生动物的后肢，具有协助背鳍、臀鳍维持鱼体平衡和辅助鱼体升降拐弯的作用

臀鳍

协调其他各鳍，起平衡作用，若失去，则身体会轻微摇晃

尾鳍

决定运动方向，提供前进的动力，若失去，鱼体将不会转弯。有圆形尾鳍、歪形尾鳍、正形尾鳍等

布置水族箱

水族箱的安装分三个阶段：基本设施安装、栽种水草、熟化放鱼。每两个阶段间要间隔一段时间作为调整、适应期。不按规程操作，容易死鱼。

一个小石穴可供鱼儿躲藏、小憩

设施安装

1. 选好位置，稳固地放妥水族箱座架，铺垫子，放上水族箱，检查其稳固性和高度。

2. 将过滤板和提水管组装并安放好。

3. 加入少量淘净的底砂，大颗粒在下，小颗粒在上，平均厚度约3cm。

4. 放上石块和摆件装饰。

5. 根据设计要求确定是否放入沉木，竖放时基部要用尼龙线与大石绑扎在一起，假水草可以跟石、木一起安装好。

6. 用塑料小吸盘将加热器固定在箱内两边的玻璃上。加热器斜放，位置放低的散热效果更好，在未放水时不要通电使用。

7. 缓慢地向水族箱中注水，注意水流轻缓（可在水管口上系布条以减少冲击力），不要冲起底砂，注水完毕后调整加热器高度至合适位置。

8. 安装气泵、水温计和顶盖照明灯。

9. 按照正式养鱼的要求连续通电3天，在第2天可以进行一次换水操作，检查各方面工作状态是否良好，对不足之处进行调整。

最能营造出自然效果，又可和水草完美融合的要数沉木了

水草附着的媒介，鱼虾栖息、躲藏的"港湾"

栽种水草

提前规划要栽种的品种和位置，一次性买齐并种下。

买回水草后冲洗干净，修剪枯叶、烂根、老叶，适度摘心，同种水草栽成一丛效果更自然，要分成单株种下。

种草时，先关闭所有附属设施，将水抽出一部分放在容器中，然后在底砂上挖洞，用镊子夹住水草垂直插下，确定位置深浅后，轻拨周围底砂将根埋住。

栽种好后，将抽出的水慢慢注回水箱，开启所有附属设施。

熟化放鱼

一周后，水草会开始生长并变得自然。

在放鱼前不需要再换水，但照明一定要按今后正式养鱼的时间开。有了水草，水中的有机物会增加，藻类滋生，投几只小虾进去可控制藻类生长，还利于观察水体质量。

两周后，种草的水族箱可以放鱼，不种草的水族箱放鱼的时间应该推迟。

为了防止鱼儿挖砂，可将石块压在水草根部附近，避免水草漂浮在水族箱中

箱底放几颗漂亮的卵石，可作为鱼儿嬉戏的玩具

城堡造型的箱内装饰，可给鱼儿遮阴，供其躲藏

箱底假山造型的石块，孔隙可供小型鱼儿穿游而过

选购观赏鱼

养鱼第一步，选鱼是关键。选到健康的、适合自己饲养的鱼，对于接下来的观赏鱼养殖非常重要。

选购原则

1. 选购观赏鱼要考虑气候情况，寒冷地区最好不要选热带鱼类，而应养殖适应本地气候的鱼类。

2. 要考虑空间大小，小鱼缸最好选小型鱼来养，大鱼缸可养大型鱼类。

3. 要考虑购置和养殖成本。不同的鱼种需要选择配套的鱼缸和鱼饲料，有的还需要增氧器、保温器。

4. 要考虑养护是否方便，是否符合观赏心理。

挑选要点

1. 到熟悉的观赏鱼店或口碑佳的观赏鱼市、鱼店购买。

2. 慎买新品种，要买已适应了人工环境的观赏鱼，这种鱼更容易养活。

3. 选择活力十足、体色光亮、体形完整丰满、鱼鳍完整无伤痕及眼珠明亮的鱼。

4. 购买昂贵鱼种时，最好请专业人士帮忙挑选。

仔细观察，选择那些游姿好的、活泼有精神的鱼；躲在角落处不喜欢动的鱼，急躁游动或浮在水面嘴一张一合的鱼，以及身上有白点、腹部肿胀或腹部、背部消瘦的鱼都不要选

鱼眼乌黑亮丽、食欲良好、游姿矫健的基本都是生命力强、健康的鱼

捞鱼时，将网兜顺着鱼的游向伸出，下探然后兜起比较不容易伤到鱼

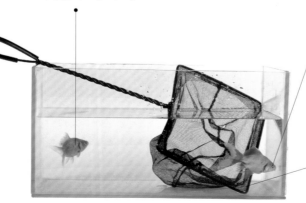

购买陷阱

1. 买到涂色鱼。有人会给鱼涂上美丽的花纹，然后卖出高价。这样的鱼往往买回几天后就会死亡。

2. 买到激光打色鱼。有人会给鱼身上打上"招财"或其他图案。虽然买回家是为了图个吉利，但过一段时间后图案就褪去了。

3. 买到人工美容鱼。有人会给血鹦鹉、金鱼等红色鱼注射催红剂，使其更红亮，但会弱化其体质。这样的鱼往往买回几天后颜色就变淡，也很难成活。

4. 买到仿冒鱼。即将外貌相近的低价鱼冒充高价鱼来卖。

买鱼时顺便买一只"清道夫"，投入淡水水族箱中，它吸食藻类、底栖动物和水中的垃圾，利于保持水质清洁

许多人买鱼时，会顺便在鱼店购买鱼缸、水族箱和全套养鱼用具，要注意报价涵盖物品和服务事项以及使用方法，避免多花钱、使用不当

用心对待鱼儿，鱼儿就会回报你以悠然和美丽。

养淡水鱼

水族箱中要选好鱼种：大鱼要少放，性情凶猛的鱼不宜跟温和的鱼类一起混养。

善用过滤装置：这里指生化过滤，不是简单地将水中的杂质去掉，而是建立良好的以微生物来消除水中有害物质的循环系统来改善水文环境。

水流速度适合鱼的习性：模拟自然的水流状况。

每日监视检查水质和鱼的状态：检查水的酸碱度、亚硝酸盐含量等水文指标；观察鱼的身体上有无异状，形态和动作有无异常。

定期换水：每3~7天换一部分水，新水可帮助鱼及水草进行新陈代谢。

上述通用饲养技巧也适合养热带鱼等。

泰国斗鱼美丽，性情凶猛，不宜混养　　　捞鱼时，不要碰伤了珍珠马甲美丽的"外衣"

"狮头"喜欢住在长方形或正方形的缸里，对水质要求较高，气温高时喜欢加新水，前提是经过晾晒且溶解氧充足

棋盘凤凰很好养，只要定期换水，并防止水中的亚硝酸盐含量过高即可

养海水鱼

海水鱼是生活在海洋中的鱼，饲养它们必须有相应设备和措施，模拟海洋中的生活环境。温度应控制在25℃左右，盐度1.020%～1.023%之间，放入海里的动植物，如珊瑚、海葵、海蟹、海草等。掌握要领，它们比金鱼、热带鱼要好养，一年须换一次水，每次换1/3，关键是水质和盐度的控制。

养热带鱼

鱼缸必须带有过滤系统。水温不能过低，最适合热带鱼生活的水温是24~28℃，还需要保证水质优良，水中氧气充足。不同品种不能随便混养，建议新手只养同一品种的热带鱼。

养金鱼

养金鱼的水一定要先晒，让水里的氯元素充分挥发掉，给鱼纯净的水，另外还要保证鱼缸的卫生清洁，这样金鱼才不会因缺氧而死。

水族馆饲养的鱼儿不仅可供观赏，还可用于医学、遗传选种、鱼类养殖、放射生物学和环境保护等实验

饲养热带鱼的鱼缸必须选用规格稍大的长方形玻璃鱼缸，初养者首选孔雀鱼，它并不算昂贵的鱼种，售价便宜，对生活环境的要求不高，却活泼、美丽，尤其是雄鱼——绿褐色的身体上掺杂着红、橙、黄、绿、青、蓝、紫等各种色彩，仿佛天上的彩虹一般

养金鱼时鱼缸要摆放在每天能晒到一段时间太阳的地方，这样金鱼会长得更漂亮

食物与投喂

根据食性，观赏鱼可分为三大类：肉食性、杂食性和素食性。鱼儿通常爱吃的食物有以下几种。

水蚤：颜色艳红，在水中群集，跳动速度慢，含有较丰富的蛋白质、脂肪和钙质。分布较广，几乎所有淡水水域均可见。其缺点是生命较短，夏季只能活一两天。要捞取活的水蚤冲洗干净后喂鱼。

仓虫：个体较大，皮厚，适合于喂养成年鱼。在捕捞时死亡较多，喂时要注意冲洗和筛选。

红线虫：身体细长，颜色暗红，生活在水质较差的水沟、水沟边缘的浅水中，身体一半在淤泥里，一半在水中不停地摆动。其营养丰富，含有较多蛋白质和脂肪，是成年鱼较理想的食物。喂鱼时要将红线虫散开，以免聚成球，影响鱼的摄食。

其他鱼虫在自然水域中也有其活动规律，如傍晚和黎明时大都浮在水表层，此时是捞取的最佳时刻。

鱼食不是投喂得越多越好，鱼儿也不是吃得越饱越好。如投喂过多，会导致鱼缸里剩有大量残饵，与鱼争夺水中的溶解氧，并且使水质变坏、缺氧，导致鱼大量死亡。鱼吃得过饱会消化不良，长时间不愿吃食。

正确的方法是最好一天喂两次，早、晚各一次，每次以鱼总重量的百分之二左右为宜，少喂，勤喂，宁少勿饱。对幼鱼的喂养要更细心。

给观赏鱼投放买来的颗粒饲料时，一般每天投喂一次，投喂量以使鱼吃七八成饱为宜，投喂时间应规律，晚上最好不要投喂，否则容易引起消化不良

防病治病

春季：气候转暖，观赏鱼开始活跃，但体质相对虚弱，投饵量应逐渐增加。遇到气温变化巨大时要注意保温，而且因细菌病毒繁殖迅速，易流行鱼病，要注意水质净化，捞鱼时应避免渔网碰伤鱼。

夏季：观赏鱼生长旺季，水温通常在30℃以上，鱼很少生病。饵料充足，勤换水，利于鱼生长。本季节鱼对氧气需求量增大，要防止水体缺氧，具体措施是：降低饲养密度，勤换水，勤排污，注意充氧，尤其是闷热、暴雨降临时。还要注意防暑降温，可遮挡1/3～1/2的水面。

秋季：初秋时适当增加饵料中脂肪和蛋白质等营养成分含量，深秋天气转凉时投饵应减少。该季节易暴发烂鳃病、白点病、肤霉病等，需预防鱼病。

冬季：防寒保温，适当投饵。可用加热设备使水温一般不低于20℃，保证正常的养殖及繁殖，防止水温骤降导致鱼患病或被冻伤、冻死。

养鱼新手一开始不要入手名贵鱼或海水鱼种类，可以先从冷水鱼中的金鱼、锦鲤，或最常见、价格较便宜、适应力强的中、小型淡水热带鱼品种开始养，以免它们生病时束手无策，造成经济损失；如果决定养名贵鱼或海水鱼种类，新手最好找一位养鱼专家或顾问，在其指导下饲养

鱼缸里饲养的观赏鱼不可随意倒进河流里，以免造成生态危机，例如食蚊鱼，繁殖力极强，产仔量大，可占据其他淡水鱼以及蛇、蛙、龟、鳖等本土生物的生存空间

繁殖

许多观赏鱼的产卵、繁殖过程比较自然，雄鱼与雌鱼追逐嬉戏，交配，然后产卵。

步骤一：细心的主人可以把亲鱼挪到单独的产卵缸里。若雌、雄鱼来自不同的缸，请留意换缸后新缸中的pH值、水温不可变化太大。另外，缸内如有食剩的余物，应及时吸走，避免水质遭受污染。

步骤二：产卵缸里放置生化棉，作为水质控制中心。建议产卵缸中放置水草数量多一些，便于承接黏性卵，以免卵黏附在缸的内壁上；另外，水草也利于保护不带黏性的卵，防止其被亲鱼吞食。

步骤三：产卵结束后，应将亲鱼尽快捞出,将鱼卵放到干净的水中；也可以原缸孵化，但鱼卵感染病菌的可能性会增加。

步骤四：鱼卵在pH4.5～5.5时孵化，成功率较高。幼鱼孵化后，可以脱离缸壁、水草表面自行游动，此时宜投放草履虫、水蚤等饵料。

神仙鱼遵循严格的一夫一妻制，做亲鱼的两条鱼相处非常和谐，几乎形影不离。其繁殖比较烦琐，需要单独配小缸，可选择50cm长、空间大小适中的鱼缸，选用毛玻璃、不锈钢板等做产卵板，并注入原缸的水

也有一些观赏鱼适合新手饲养，不用特意去营造环境和配对，养着养着就繁殖了。

孔雀鱼：卵胎生，繁殖力强，在充足营养下生长很快，3~4个月后便可繁殖后代。雌性23~28天为一个繁殖循环期，即使在没有雄鱼的情况下，也可以将精子在自己体内保存一个月。

黑玛丽鱼：卵胎生，仔鱼出生后5~6个月就能繁殖。雌鱼30天左右可繁殖一次，最多时一次可产200余尾仔鱼。

红剑鱼：卵胎生，幼鱼6~7个月可繁殖，雌鱼4~6周生产一次，每次可产30~300尾仔鱼。

PART 1
038~153页

淡水观赏鱼

血红鹦鹉

性情： 活泼、温和、幽默、贪食、适应能力强

养殖难度： 容易

血红鹦鹉俗称红财神，远观像一团燃烧的烈焰在四处游荡，凑近看才发现它呆愣地盯着前方，嘴角挂着微笑，随着水流胡乱漂游。呆萌的外表源于作为其父母代的红魔鬼及紫红火口，但性格与父母代截然相反。

讨喜的面部表情配合一身火红，符合中国传统审美特征

鱼体后半部分上下对称

形态 血红鹦鹉为人工繁殖出现的变种。头部形似鹦鹉，较小；鱼体厚实饱满，体形偏胖，体长15～20cm。背鳍修长，背鳍末端及臀鳍相互对称，末端尖长；胸鳍、腹鳍较小，胸鳍边线圆润，腹鳍末端平齐；尾鳍硕大，呈扇形。通体一色，主要颜色有火红色、鲜红色、淡红色、橙红色。雌鱼颜色较淡，腹部浑圆，略微肿胀；雄鱼颜色较深，体形更大，通体火红，像一个燃烧的火球。

习性 **活动：** 力气很大，如箱内布景不牢固容易被其撞翻；性情非常温和，可以混养，混养对象以中南美洲的中、大型慈鲷为佳。**食物：** 杂食性，贪食，可喂食人工饵料、红虫、水虱、虾子、丰年虾等，虾子中含有的虾红素可以使其体色逐渐变红。**环境：** 饲养时需要根据鱼群密度适当增加氧气泵的数量。

繁殖 卵生。繁殖时需准备好雄性红魔鬼及雌性紫红火口，将水温控制在26～28℃，pH值在6.0左右，硬度为2～7.5mol/L，在箱底铺入砂石，摆入板面平滑的摆件，放入亲鱼。产卵前亲鱼会先上演一场追逐戏码，随后雌鱼会将卵产在箱底的砂石或平滑的板面上，每次可产卵1000粒左右。受精卵会在1日后孵化为仔鱼。

多成群生活，对氧气需求量非常高

父本为红魔鬼，母本为紫红火口，杂交鱼，本身不具备繁殖能力，雌鱼可以产卵，但卵并不会孵化

体长： 15～20cm　|　**水层：** 中层　|　**温度：** 25～30℃　|　**酸碱度：** pH6.0～7.2　|　**硬度：** 2～7.5mol/L

▶　**别名：** 血鹦鹉、红财神、圣诞老人鱼、财神鱼　|　**自然分布：** 人工杂交

七彩神仙

性情: 胆小、易受惊、悠然缓慢
养殖难度: 不易饲养

七彩神仙又名铁饼,背鳍飘逸、动作缓慢悠然,细长的腹鳍为其增添了不少仙气,从侧面观看形似飞燕,体形似圆盘,十分独特;远观时头部、躯体及鳍融为一体、难以区分,与田径场上飞旋的铁饼极为相似。

名字因其形态或体色而来,如蓝松石、红松石、松石、发光大饼等

形态 七彩神仙体形扁圆,体长15~20cm,背鳍及臀鳍对称,飘逸且排列整齐;腹鳍细长柔软,游动时来回漂浮,形似飘带,尾柄极短小。身体呈蓝色、棕褐色或深绿色。鳃盖至尾柄段共分布8条等间距条纹。该鱼种种类繁多,最为普遍的为松石类,分为宽鳍型、高身型及高身宽鳍型。

习性 **活动:** 适合成群饲养,10~20条为宜,较胆小且容易孤单,拍打缸壁会令其受惊,并于水族箱中乱窜。**食物:** 杂食性,偏好动物性饵料及活食,如水生昆虫、面包虫等,也可喂食部分瘦肉、鸡心、鱼虾肉等。**环境:** 高温高氧鱼种,对饵料及水质要求极为严格,须保证缸内水呈弱酸性,且需要软水,保持足够的含氧量以及适宜的光照。

繁殖 卵生。将缸内温度调节至26~28℃,水质保持为弱酸性,挑选年龄在1.5~2岁的一对成鱼,雌鱼在受精后会在任何表面上产卵,如缸壁、缸内装饰物等皆可能成为产卵地。产卵过程中需保证相对安静的环境,每次可产卵200~300粒,需2~3天孵化。

体色会随光线变化,光线较暗时体色变深,光线明亮时体色较鲜艳

仔鱼会在孵化后的5日内靠母体的黏液为食,同时需要喂食无节幼虫,每隔2~3小时喂食一次,随后慢慢将时间延长,但不可少于每日四次,需持续到仔鱼长至6cm左右为止。

游动时姿态优雅,变幻闪烁

| 体长: 15~20cm | 水层: 中、下层 | 温度: 23~28℃ | 酸碱度: pH5.5~6.0 | 硬度: 5~15mol/L |

埃及神仙

性情: *温和*
养殖难度: *难度较高*

神仙鱼几乎就是热带鱼的代名词,而埃及神仙鱼更是其中最为时髦的一种,它体态高雅,游姿翩翩,或三三两两,或成群结队,在水草丛中悠然穿梭,这样的画面,不知陶醉了多少水族爱好者。

形态 埃及神仙体形比神仙鱼略大,鱼体侧扁,呈菱形。幼鱼时鳍条较为圆钝,成年后鳍条逐渐变尖锐,且背鳍、臀鳍对称生长,仿佛连成一片的翅膀,形似燕子。吻部上方的前额有凹槽,故嘴型略向上翘起。体色常呈浅黄灰色,背部稍深。背部带有棕色小斑点,体侧有四条垂直黑色条纹,从背鳍延伸至臀鳍。

习性 **活动:** 虽然性情温和,但对声、光、震动都非常敏感,受惊后会迅速愤怒抗争,故不宜混养。**食物:** 宜喂食牛心汉堡、血虫(但对幼鱼不宜)、丰年虾等,也可喂食薄片的人工饲料,不宜喂食颗粒饲料。**环境:** 耐高温,不耐低温,喜欢弱酸性、偏软的含氧量丰富的宽阔水域,由于其是群居性鱼类,若在鱼缸中饲养最好达到6条以上,且要勤换水。

繁殖 卵生。繁殖比较困难,发情后的埃及神仙领地意识很强,直到有心仪对象,才会表现求偶的姿态。繁殖时需使用0~9mol/L、pH5.8~6.0的弱酸性水质,温度维持在26~28℃,然后在水族箱的四周种些小水兰、大水兰等水草,摆设些岩石和沉木,并将其他鱼的幼鱼或其他活饵料喂食给配对成功的亲鱼,这样可以促进它们繁殖。

如此黄黑相间的色彩在植物丛中成了非常好的保护色;合宜的光照也可以在一定程度上改变埃及神仙的体色

体长:10~15cm | 水层:顶层 | 温度:25~31℃ | 酸碱度:pH4.5~7.0 | 硬度:0~9mol/L

▶ 别名:横纹神仙鱼 | 自然分布:南美洲

黑神仙

性情： 温和
养殖难度： 难度较高

饲养恰当的话体色会越来越黑，相对于色彩缤纷的美显得个性而高贵

黑神仙是神仙鱼中较著名的品种之一，它全身漆黑而鲜亮，泳姿翩翩，仿佛就是水中的燕子。

形态 鱼体较圆，呈菱形，体侧扁，头部小而尖。背鳍、臀鳍对称生长，鳍形较宽，仿佛燕子的一对翅膀。腹鳍特别长，仿佛一条丝带。尾鳍末端平直，仅两端鳍条特别长。全身体色漆黑如墨，光泽鲜亮。

习性 活动：性情温和，但偶尔也会攻击其他鱼鳍较大的鱼类，成年后最好单缸饲养。食物：对饵料要求较高，喜欢吃细小的动物性饵料或者大个的新鲜活饵料，但不能喂太饱，容易腹胀而死。环境：黑神仙鱼在神仙鱼的品种中是很难饲养的一种，对水质要求较高，水缸体积要宽大，水质要注意保持清洁，且要添置若干阔叶类水草，宜有光照，但不能直射，冬季水温不能低于21℃。

繁殖 卵生。亲鱼6~8个月达到性成熟，可自行配对。挑选好形影不离的亲鱼后将其放入繁殖箱单独饲养。繁殖水温宜调到27~28℃，水质宜调到弱酸性或中性。喜欢将卵产在光滑的绿色水草面上。产卵时雌鱼在前排排卵，雄鱼在后排授精，每次产卵100~200粒，产卵结束后会共同看护。仔鱼48小时孵出，7天后可游水觅食。

雄鱼体形比雌鱼大，头顶圆厚微微凸出；雌鱼的头顶则较为平直

体长：10~15cm | 水层：顶、中层 | 温度：23~28℃ | 酸碱度：pH6.0~6.5 | 硬度：0~9mol/L

别名：黑燕、墨燕 | 自然分布：南美洲亚马孙河流域

黑神仙

| 七彩凤凰 | ▶ | 慈鲷科 | *Apistogramma ramirezi* Myers & Harry | Ram cichlid |

七彩凤凰

性情：平静、温和

养殖难度：中等难度

色彩丰富艳丽，闪烁着亮蓝色的光斑

七彩凤凰原栖息于南美洲热带草原的池塘或水坑中，喜爱偏高的温度和充足的阳光。它们非常护短，在成为父母后，温和的性格荡然无存，为了幼鱼的安全着想，常会欺负强壮的邻居。多个变异种，颜色、外形各有千秋

形态 七彩凤凰拥有丰富艳丽的颜色，体长6～7.5cm，雄鱼身体狭长，雌鱼腹部较大，膨起。身体主要颜色为蓝色，尾鳍、臀鳍及背鳍呈浅红色，带有亮蓝色光斑；腹鳍呈红色，边缘部分呈黑色。鳃盖带有黄色斑块，眼睛中间贯穿着一条黑带，周围带有亮蓝色斑块，身体后半段及鳍条呈蓝色，深浅不一。

习性 **活动**：生活在阳光直射的温暖水域，亲和沉稳，讲求和平，对幼鱼呵护备至，具有一定攻击性，混养时需要注意。**食物**：杂食性，以动物和植物为食，喜爱活食，普通饵料也能使其满足。**环境**：原生于南美洲热带草原的池塘或水坑中，长期接受高温日晒，喜欢偏高水温，可选择日晒良好的地方摆放水族箱。

繁殖 卵生。将水温调至27～29℃，硬度5mol/L，pH值5.0～6.5，在缸底放入鹅卵石及泥沙，种植少量水生植物，挑选适合繁殖的雄鱼及雌鱼。雌鱼每次可排卵150～300粒，将水温保持在29℃较利于孵化。孵化后5日内幼鱼会在双亲庇护下觅食，并不会自主活动，双亲为保护幼鱼变得彪悍好斗，会主动攻击邻居。饵料以丰年虾幼虫、鱼虫、红虫及水蚯蚓为主。

| 体长：6～7.5cm | 水层：中、下层 | 温度：25.5～29.5℃ | 酸碱度：pH5.0～6.5 | 硬度：2.5～6mol/L |

| ▶ | 别名：拉氏小噬土丽鲷、拉氏彩蝶鲷、马鞍翅 | 自然分布：南美洲 |

熊猫短鲷

性情： 好斗、易受惊
养殖难度： 容易

熊猫短鲷的外观与其名字极为匹配，其眼睛周围、躯干及尾部皆带有黑色斑块，尤以眼部为最，漆黑的眼珠与黑色的斑块融为一体，似熊猫一般。

十分小巧，且容易受惊，却拥有好斗的性格

形态 熊猫短鲷体形小巧，体长5～7cm，雌鱼、雄鱼颜色各不相同。鱼体花纹较少，本身并不具备观赏价值，但雌鱼身上的黑色斑块具有很高的观赏价值，其名字便是由雌鱼鳃盖上的黑色斑块而来的。雄鱼身体呈白色，后段带有少量浅蓝色，背鳍呈白色，前端及边线为黑色，胸鳍呈白色，臀鳍呈黄色，尾鳍呈蓝紫色，末端呈朱红色，鳃盖及躯体带有黑色斑块。

习性 **活动：** 成群居住，较好斗，饲养密度不宜过大，较易受到惊吓，产卵期间雌鱼非常敏感，可能会出现神经质表现，受惊会下意识地吞卵。**食物：** 肉食、杂食性鱼种，偏爱活食及肉类但并不挑食，主要食物为人工饵料、冷冻饵料及活食。**环境：** 原生于秘鲁乌卡亚利河，喜欢偏酸性软水，产卵期间需要栖息于洞穴内。

警告 幼鱼的性别特征并不明显，甚至会出现变性情况，购买时建议选择成鱼。

繁殖 洞穴式卵生。将水温调至26～28℃，在缸底铺设小石块，种植少量水生植物，摆放几件陶罐类装饰物，供其产卵藏匿，准备好一对发情期成鱼放入缸内。产卵后要将雄鱼移出，使雌鱼独自待在缸内等待孵化，照顾幼鱼。

雌鱼身体呈黄色，背鳍前端为黑色，其余部分为黄色，胸鳍呈黑色，臀鳍及尾鳍呈黄色，尾鳍带有金橙色外边，鳃盖及躯体带有黑色斑块

产卵期间极易受惊，需单独准备水族箱以供其繁衍，如有其他鱼在，无论是否同一种族，雌鱼都有可能将鱼卵吃光

体长：5~7cm | 水层：中、下层 | 温度：26～28℃ | 酸碱度：pH5.0～7.0 | 硬度：2.5～5mol/L

▶ 别名：尼氏隐带丽鱼 | 自然分布：秘鲁

| 地图鱼 | ▶ | 丽鱼科 | *Astronotus ocellatus* Agassiz | South American cichlid |

地图鱼

性情：温和

养殖难度：中等难度

　　地图鱼因其身上的斑纹形似地图而得名，且其憨态可掬，惹人喜爱。又因其打盹儿如猪，又得名猪仔鱼。

长大成熟的地图鱼，肉味鲜美，是高档食用鱼

形态 地图鱼体形宽厚，鱼体椭圆形，且头大嘴大。背鳍基部很长，从胸鳍上方一直到尾部，靠后的鳍条很长，腹鳍尖形，尾鳍扇形。按体色可分为红花地图和白地图。红花地图以黑褐色为底色，上有若干不规则的橙黄色斑块和红色条纹，尾部有金色环。白地图以淡黄色为底色，上有若干不规则的红色斑块和红色条纹。2个月的幼鱼体长约为3.5cm。雄鱼头的位置略高，体色较为鲜艳。雌鱼则体幅较宽，腹部明显。

习性 活动：虽然平时游动缓慢，但性格凶猛，有时同类也会互相争斗，只能单独饲养；它很聪明，能认出自己的饲养者，且会表示友好。食物：肉食性的鱼种，体长4cm前喜食浮游动物，长大后喜食小型鱼、虾及猪肉碎块等，且食量不断变大。环境：对水质要求不高，但对水中溶解氧量要求比较高。

繁殖 卵生。繁殖不难，在水族箱内放养6~8条幼鱼培育成亲鱼，然后挑选出自行匹配好的亲鱼放入产卵缸，把水温调节到26~29℃，水质调软，当亲鱼生殖突越来越明显时放入平滑的石块或瓷盆，待雌鱼在上面产完卵，雄鱼会赶来授精，受精卵24小时后可孵出。

对光有一定敏感度，会出现不同的体色斑纹

| 体长：30~40cm | 水层：中层 | 温度：24~30℃ | 酸碱度：pH6.5~7.5 | 硬度：2~9mol/L |

▶ 别名：眼斑星丽鱼、猪仔鱼、尾星鱼 | 自然分布：亚马孙河流域

火鹤鱼

性情：粗暴、凶猛

养殖难度：中等难度

火鹤鱼以头部的肉瘤闻名，其圆形的造型与寿星的额头相似，且憨态可掬，也被称为寿星鱼。

成鱼体色艳丽，一身火红轻漂于水中

性格粗暴、凶猛，只能与体形相似的凶猛鱼类混养

形态 火鹤鱼体形与金鱼相似，头部较大，头顶正上方长有圆形肉瘤，圆润剔透。体色为粉红色，幼鱼体色为灰黑色，会随其生长逐渐变红；成鱼体色为火红色，也有橘红色或黄色。

习性 活动：适合成群饲养，行为粗暴凶猛，只能与其能力、性格相仿者或大型猛鱼一起混养，不可和银龙鱼混养，发情期较暴躁，容易吞卵或发生打斗，需特别注意。食物：除去鱼饲料外，还喜欢吃水蚯蚓、小活鱼、小虾等活食，每隔四天需要进食一次。环境：将平整光滑的岩石或大理石选为卵板产卵，产卵后会将脱落的白卵吞噬殆尽，喜欢清洁的水域，每隔7天左右清理一次水质环境。

繁殖 卵生。性腺8～10个月发育成熟，可以进行繁育。准备好繁殖箱，放入平整光滑的岩石或大理石，将水温调节至27～29℃，pH值近似于7，呈弱酸性，在挑选雄鱼时以背鳍及臀鳍末端尖且长者为佳；雌鱼以腹部较大、膨胀，背鳍及臀鳍末端圆润者为佳。产卵前会轮流清理产卵板，每次产卵在200～500粒，产卵结束后将成鱼捞出，受精卵会在72小时之内孵化，2～3日后仔鱼会游向水面。

根据其身上斑块及体色可分为10种：红寿星、红白寿星、黑寿星、五花寿星、红兰寿、红白兰寿、黑兰寿、红头白兰寿、红黑兰寿和五花兰寿

体长：26～33cm | 水层：中层 | 温度：23～33℃ | 酸碱度：pH6.8～7.5 | 硬度：5～15mol/L

▶ 别名：寿星鱼、寿星头、金刚红财神 | 自然分布：中美洲

| 火口鱼 | ▶ | 慈鲷科 | *Cichlasoma meeki* Brind | Firemouth cichlid |

火口鱼

性情：粗暴、急躁、好斗

养殖难度：容易

火口鱼具有鲜艳的色彩和强壮的体魄，其鳃盖呈火红色，故称火口鱼。相对身体而言，较庞大的头部是它的一大特色。

身体上半部分呈青色，下巴至腹部一段呈火红色，部分侧面带有黑色斑块或条纹

形态 火口鱼是一种凶猛且艳丽的大型观赏鱼，拥有迷人的色彩、粗暴的性格和强健有力的身躯，呈纺锤形，体长为10～15cm，头部较大，身体较小，整体基调呈灰色或灰褐色。背鳍颜色鲜艳迷人，多与身体同色，部分带有光斑，在灯光下别具一格，非常有魅力。尾鳍呈扇形，边缘平且直；胸鳍、腹鳍、臀鳍皆与身体同色；背鳍及臀鳍较宽、大且长，末端呈尖状。鳃盖呈火红色，周围带有深绿色及艳蓝色斑块；眼眶呈绿色，口裂中等。

习性 活动：喜欢在水族箱内横冲直撞，常会袭击其他鱼种，尤其是体形较小的常被其吞噬入腹，尽量避免混养，建议选择较大的水族箱成群饲养。**食物**：不挑食，较喜食动物性的活饵料，除鱼饵料外还可喂食面包虫、红虫、鱼虫等。**环境**：原生长于危地马拉，喜欢栖息于岩石之间，对水质无严苛要求，较喜欢中性水。

繁殖 卵生。准备好繁殖用水族箱，将水温调节至25℃左右，硬度3～4mol/L，pH值6.5～7.5，放至避光处，在缸内放入卵基、倒置花盆等，准备好一对亲鱼。交配期间雌雄亲鱼的体色会发生变化，呈现出鲜艳的婚姻色。雌鱼产卵方式为开放式产卵，鱼卵本身具有黏性，每次可产卵400粒左右。结束产卵后需将一对亲鱼捞出，以防发生吞卵现象。受精卵会在3日内孵化为仔鱼，5日后仔鱼可以开始游动，自行觅食。

外表憨厚迟钝，实际十分凶猛暴躁，会袭击其他鱼种，将同缸内其他小鱼吃掉，且食量不小

| 体长：10～15cm | 水层：中、下层 | 温度：20～30℃ | 酸碱度：pH6.5～7.5 | 硬度：3～4mol/L |

▶ | 别名：红胸花鲈、红肚火口 | 自然分布：墨西哥、危地马拉

紫红火口

性情： 凶猛、彪悍
养殖难度： 容易

紫红火口是目前为止市面上非常抢手的大型观赏鱼，紫红色的身躯鲜艳美丽，在灯光照射下绽放异彩，是繁殖血红鹦鹉所需的亲鱼之一。

天生大力士，可将水草连根拔起或吃掉

身体侧面带有少部分不规则的黑色斑块

形态 紫红火口的体形较大，魁梧彪悍，额顶突出，口裂大小中等，最大体长可达40cm。身体前半部分略带金黄色，后半部呈黄绿色，尾部呈鲜艳的深紫色，从头部至尾部的颜色呈渐变状态。鳃盖呈紫红色；胸鳍、腹鳍略带亮蓝色；背鳍带有亮蓝色及金黄色，外边线呈紫红色；尾鳍略带一点橙黄色。

习性 **活动：** 具有领地意识，会攻击侵入领地的其他鱼种，有时吃水草，与银鱼等体形更大的鱼种混养可以使其粗暴性格有所收敛。**食物：** 不挑食，为杂食性鱼种，吃饵料、活食、冷冻食品等。**环境：** 喜欢开阔且干净的水域，钟情于软水。

繁殖 卵生。繁殖难度较低，需将水温调节至25℃，硬度控制在3~4mol/L，pH值为7.2 ~ 8.0。选用年龄在1岁以上且体格相近的亲鱼。雌雄特征较难分辨，挑选亲鱼时需反复确认，发情期雄鱼非常凶猛，甚至会将雌鱼攻击致死，因此需留意。雌鱼会选择洞穴式或开放式产卵，产卵后会将受精卵吸入口中孵化。

身体呈紫红色渐变，喉部至胸部段颜色鲜艳，红如烈火，"火口"之名由此而来

体长：30~40cm　水层：上、中、下层　温度：25~29℃　酸碱度：pH7.0~8.5　硬度：2~4mol/L

别名：粉红副尼丽鱼、联斑丽鱼、红头立体鱼 | 自然分布：墨西哥南部

特蓝斑马　▶　慈鲷科　|　*Pseudotropheus demasoni* Konings　|　Demasoniciklide

特蓝斑马

性情： 粗暴、阴险、好斗

养殖难度： 容易

特蓝斑马于20世纪90年代出现在非洲坦桑尼亚的马拉维湖中，因其迷人的外表被冠以"浅水凤凰"之称，全身以蓝色为主，具有极高的观赏价值。它的外表小巧可人，实则是十足的阴谋家，会扎堆欺负水族箱内的"新人"。

形态 特蓝斑马为小型观赏鱼，体长超过8cm者甚少。头部呈三角形，大小适中，整体比例协调；唇部呈浅蓝色，略微透明；眼睛周围呈深蓝色。鳃盖呈群青色；胸鳍呈深蓝色至淡蓝色渐变，带有太空蓝色外边线；腹鳍造型独特、不规则，末端尖刺较多，颜色与胸鳍相同；背鳍较长，外边较圆，从内侧至外边线呈浅蓝→深蓝→浅蓝渐变；尾鳍呈梯形，颜色较为温润，呈深蓝至浅蓝渐变。

习性 活动：善于利用小巧的身体灵活地在缸内装饰物及排水管附近穿梭，较为"阴险"，在导入新鱼种时需要将它们隔离，否则新鱼种将会遭到其大范围的"追杀"。食物：不挑食，为杂食性鱼种，喜爱活饵。环境：岩栖类鱼种，喜欢生活在岩石附近，在摆放缸内布景时可以放入部分石质装饰物，喜爱中软水。

繁殖 卵生。准备好孵化用的水族箱，在缸内摆放少量大型石块观赏物，准备好处于发情期的一对亲鱼，雌鱼开始抱卵后，雄鱼会变得异常兴奋，出现激烈的打斗现象。繁殖方式分为三种：一是口孵法，雌鱼将受精卵含在口中待其孵化；二是基底孵化，即将卵产在基座上后，由亲鱼共同保卫鱼卵；三是将前二者结合，即将受精卵产在巢穴的底床中待其孵化，孵化后将仔鱼含在口中，以此来起到保护作用。

鱼体基础色为深蓝色，带有显眼的太空蓝竖排条纹

生气时鱼鳍向外伸展，颜色也会有细微变化

| 体长：6.3～8cm | 水层：中、下层 | 温度：24～27℃ | 酸碱度：pH7.5～8.5 | 硬度：4.5～5.5mol/L |

▶　别名：迪麦森、浅水凤凰　|　自然分布：非洲

闪电王子

性情： 好斗、领地意识强
养殖难度： 容易

闪电王子是一种极具观赏性的淡水观赏鱼，色彩浓重，外形周正美丽，通体以蓝色为主，喜欢在小岩石之间生活嬉戏、繁衍后代。

生性好斗，并不好客，高冷的气质和好斗的天性赋予其独特的观赏价值

形态 闪电王子整体呈椭圆形，侧扁平。头部为三角形，略微偏大，头顶突出；眼睛呈金黄色，瞳孔呈黑色；鳃盖呈群青色或黑色。背鳍狭长，末端向后延伸，呈深蓝色，带有亮蓝色外边线；部分尾部呈金黄色；胸鳍较软，呈群青色；腹鳍为三角形，呈群青色；臀鳍形状不规则，呈群青色至深蓝色渐变；尾鳍呈扇形，基本为黄色或群青色；黄色者鳍棘呈亮蓝色，群青色者鳍棘呈群青色；皮肤颜色发白。

习性 **活动：** 栖息于带有岩石及洞穴的环境中，空间狭窄会使其相互斗争、争夺领地；天性好斗，不易与其他鱼种友好相处，混养会打斗，如需混养，可以尝试令其与同科的马鲷一起居住。**食物：** 起源于小岩石区域，主要食物为藻类植物，饲养时除鱼饵料外还可以喂食部分素食。**环境：** 原产于非洲马拉维湖，喜欢栖息于小岩石之间，建议以小石块铺底，摆入大量石块观赏物，并植入水草。

繁殖 卵生。准备好繁殖用的水族箱，将温度调节至23～25℃，pH值为7.5～8.0，中硬水。雌鱼会自行选择繁殖对象，将受精卵排入准备好的巢穴底床内，孵化过程中双亲有明显的护卵行为，不宜与其他鱼类同缸，以免发生打斗。雌鱼会将受精卵含在口中直至孵化，雄鱼则负责站岗，保护雌鱼及受精卵。仔鱼能够自由游动之前，部分亲鱼会将仔鱼含入口中保护。

臀鳍，带或不带黄色边缘线

鱼体群青色，带有竖排亮蓝色条纹，在较暗的环境下，条纹似夜空中炸开的闪电

体长： 10～12cm　|　**水层：** 中层　|　**温度：** 22～28℃　|　**酸碱度：** pH7.5～8.0　|　**硬度：** 4.5～10mol/L

▶　**别名：** 虎皮黑蜜蜂　|　**自然分布：** 非洲

花老虎

性情：粗暴、领地意识强
养殖难度：容易

　　花老虎体形硕大，浑身布满条纹，与老虎非常相似，故得名。它在原产地是一种非常受欢迎的食用鱼。它具有极强的领地意识，喜爱清净，一旦有鱼打扰到其清修，便会立刻化身为鱼类杀手，在领地范围内开展打击报复活动。

形态 花老虎的体长可达到40cm，属于大型观赏鱼，外表粗暴冷淡，全身上下布满斑纹，似老虎，更似豹子。头部较小，呈三角形；眼睛至唇部段呈金黄色或土黄色；唇部厚实，口较大。躯干硕大，侧面扁平。背鳍前端鳍棘较短小，末端向后延伸；胸鳍及腹鳍平行，颜色与眼睛周围相似，较深，部分呈黑灰色，半透明；腹鳍前短后长，与背鳍一同向后延伸，边缘部分呈黑色；尾鳍末端较薄，飘逸自然；背鳍及尾鳍与鱼体同色。

习性 **活动**：喜爱独自生活，多生活于中、下水层，具有极强的领地意识；凶猛粗暴，应避免与小型或中型鱼种混养。**食物**：肉食性，会咬同缸内其他的鱼，喂食时尽量使用鱼饲料，避免食生肉而感染寄生虫。**环境**：喜爱热带或温带水域，在原产地多栖息于岩石和礁石之间，故可在水族箱内放入岩石观赏物。

繁殖 卵生。准备好大型繁殖用的水族箱，在缸内铺设石板等表面平滑的摆件，用以充当卵巢；将水温控制在27～29℃；挑选好一对亲鱼。产卵前亲鱼会挑选适合产卵的石块，将其啄食干净，将卵产在表面，每次可产卵500粒左右；产卵结束后雄鱼为鱼卵授精；受精卵3～5日内孵化，期间亲鱼具有极强的攻击性和领地意识；孵化后5～8天仔鱼可以自由游动。

位于鱼体两侧正中间部分有一排整齐的斑块，颜色从灰色至黑色不等，深浅不一

喜欢清净整洁的生活空间，需要定期清洗水族箱，保持水质干净，因其体质强壮，故对于水质没有特别需求

雌鱼及雄鱼没有明显性别特征，不易分辨

体长：25～40cm　|　水层：中、下层　|　温度：25～30℃　|　酸碱度：pH6.8～8.0　|　硬度：4～7.5mol/L

▶　别名：花豹石头鱼　|　自然分布：洪都拉斯等的河流湖泊

| 红肚凤凰 | ▶ | 慈鲷科 | *Pelvicachromis pulcher* Boulenger | Kribensis |

红肚凤凰

性情：温和、适应性强

养殖难度：容易

　　红肚凤凰躯体纤细修长，延伸的背鳍使其如凤凰一般，也使其倍显高傲霸气，在灯光下闪烁着金属般的光泽，耀眼夺目，不禁令人为之吸引。

"红肚"二字因腹部红色斑块而来

形态 红肚凤凰为中小型观赏鱼，在慈鲷科中属于短鲷，为西非短鲷的代表性品种。鱼体修长，小巧可人；头部呈三角形；眼部略小；口部大小适中。背鳍呈琴弦状，鳍棘质地坚硬，较短，鳍条修长，向后延伸；胸鳍呈扇形；腹鳍向后伸长；臀鳍向后延伸，较大；尾鳍形状不规则，色彩鲜艳美丽。

习性 **活动**：喜欢在箱内砂石中挖掘洞穴以供躲藏，十分爱护周围水草，不会随意啃食，十分温和，为穴居性鱼种。**食物**：杂食性，生存能力强，偏爱动物性饵料，喜食丰年虾、卤虫及蚊子幼虫，也可喂食薄片或颗粒状饲料以及部分蔬菜。**环境**：对水质没有特殊要求，可快速适应气候及环境变化，每隔7日换一次水。

繁殖 卵生。雌鱼及雄鱼具有一定区别，雄鱼背鳍末端及尾鳍上部皆带有暗淡的色斑，雌鱼只有背鳍后端有色斑，繁殖水温为25～27℃，pH值为6.2～6.8，硬度为4～6mol/L，在繁殖箱底部放入鹅卵石及泥沙，并种植少量水草。雌鱼每次排卵60～80粒，产卵数较少，需将水温保持在27℃。受精卵需2～3日孵化，仔鱼经3～4日可自由游动。双亲具有护卵及保护仔鱼的特性，在仔鱼独立之前绝对不会离开。

鱼体色彩鲜艳，带有金属质感；头部呈金黄色，背鳍及胸鳍带有蓝色及淡红色，背鳍末端为橙色，臀鳍呈柠檬黄色，尾鳍上半部分与背鳍末端同色；雄鱼带有黑色斑点，下半部分与臀鳍同色

| 体长：8～10cm | 水层：下层 | 温度：24～28℃ | 酸碱度：pH6.2～8.0 | 硬度：4～6mol/L |

▶ | 别名：矛耙丽鱼 | 自然分布：非洲

红肚凤凰

非洲凤凰

性情: 凶猛、领地意识强

养殖难度: 容易

　　非洲凤凰为岩栖类鱼种，原产于非洲马拉维湖，鱼体上黑色横排条纹似斑马一般，十分抢眼。

躯干部分带有两条粗黑横排条纹，一条位于背脊附近，另一条从前额出发，穿过眼睛、鳃盖，直达鱼尾

形态 非洲凤凰身长10～12cm。雌鱼基本颜色为黄色，雄鱼为棕黑色或黑色，上半部分以黑白黄相间的横排条纹为主。前额略微突出，鳃盖呈黄色，带有黑色粗条纹；唇部呈黄色。背鳍较长，鳍棘较短，整体呈黑色，带有白色边缘线；胸鳍几乎透明；腹鳍较小，靠近边缘处带有黑白条纹；臀鳍半透明，带有黑色条纹；尾鳍呈扇形，下半部分呈黄色，带有黑色细条纹，上半部分呈白色，带有黑色斑点。

习性 **活动:** 雄性非常好斗，攻击性强，严重时会将其他岩栖类鱼种攻击致死。拥有极强的领地意识，不喜欢其他鱼类靠近，混养时需种植大量水草并摆放大量岩石等供其他弱势鱼种躲避。**食物:** 杂食性，喜爱活饵，多以藻类植物、水蚤以及其他幼鱼为食。**环境:** 岩栖性鱼种，喜欢偏热水温，习惯于生活在岩石缝隙中，布置水族箱时可放入石形观赏物。

繁殖 卵生。繁殖容易，推荐大小为50cm×30cm×35cm繁殖用水族箱，水温27～29℃，pH值7.2～8.0。该鱼种6个月大性成熟，雄鱼出现婚姻色，雌鱼腹部膨胀变大。雌鱼每次可产卵30～60粒，会将鱼卵含入口中，雄鱼释放精液从而使雌鱼口中的卵授精。受精卵约3日孵化成仔鱼，遇到危急情况，雌鱼会将仔鱼含入口中迅速撤离。1～2周后可将雌鱼捞出。

体形周正，笔直流畅

体长: 10～12cm | 水层: 中层 | 温度: 22～29℃ | 酸碱度: pH7.2～8.0 | 硬度: 4～7.5mol/L

▶ 别名: 马拉维金鲷、纵带黑丽鱼 | 自然分布: 非洲马拉维湖

非洲王子 ▶ 慈鲷科 | *Labidochromis caeruleus* F. | Electric yellow cichlid

非洲王子

性情： 温和、胆小

养殖难度： 容易

非洲王子最为引人注目的要数其明黄色的外表，鲜艳亮丽的颜色使人一眼就可以看到。

一身明黄色十分抢眼，在灯光下鱼尾呈深黄色

形态 非洲王子体形适中，头部较大，呈三角形；唇部略突出；眼睛呈黄色，瞳孔呈黑色；鳃盖呈柠檬黄色。背鳍带有一条黑色条纹，从前端鳍棘延伸至背鳍末端，较粗，鳍棘较短；胸鳍细长，游动时于水中漂浮，似两根胡须；腹鳍黄色，半透明；臀鳍三角形，白色，于边缘带有一条黑色条纹，外边线呈白色；尾鳍呈黄色至柠檬黄色渐变，至末端带有半透明效果。

习性 **活动：** 有争夺领地的习惯，是天生的侵略者，但十分温和，并不具备攻击性，常会过度紧张，在缸内放入细沙可以起到缓解作用。**食物：** 杂食性，在起源地主要以蜗牛、昆虫及软体动物为食，可以尝试喂食各式鱼饵料及冰冻血虫，切勿喂食水蚯蚓。**环境：** 原栖息于热带淡水湖中的岩石区，深度约20m，布置有石形观赏物并种植水草的水族箱更适合它们栖息。

繁殖 卵生。口孵性鱼种，在繁殖用水族箱内放置石形观赏物及少量水草，为亲鱼制造一个较舒适的环境，将水温调节至27～28℃，pH值为7.5左右。雌雄难辨，挑选亲鱼时需仔细辨认，适合繁殖的雌鱼腹部膨胀，雄鱼体形略大于雌鱼。雄鱼会先将卵巢准备好，雌鱼将受精卵产在卵巢上，每次约产250粒；产卵结束后雌鱼会将受精卵含入口中并离开卵巢，此时最好将雄鱼从水族箱内捞出。

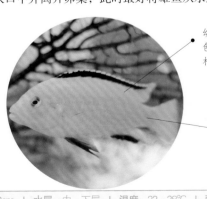

幼鱼鱼体呈橙黄色，成年后会变成明黄色或依旧保持橙黄色；雌鱼及雄鱼体色相同，没有明显差异，较难分辨

常会由于对领地的争抢欲过强而导致精神紧张，此时会找缸内的细沙"诉苦"来缓解紧张情绪

体长：10～12cm | 水层：中、下层 | 温度：22～28℃ | 酸碱度：pH7.2～9.0 | 硬度：4～7.5mol/L

▶ 别名：黑边王子、柠檬鲷、黄丽鱼 | 自然分布：非洲马拉维湖

红钻石 ▶ 慈鲷科 | *Hemichromis lifalili* Loiselle | African jewelfish

红钻石

性情: 温和、领地意识强

养殖难度: 容易

红钻石鱼拥有极高的观赏价值,背鳍末端飘逸柔软,游动时左右摇摆,如梦似幻,浑身上下布满蓝紫色光斑,在光线照射下似美丽的星辰。

非常温和,但当领地受到侵犯,会即刻化身为卫士保卫领地

形态 红钻石鱼体形适中,略微偏小,体长最长可达15cm。头部呈三角形;鳃盖带有亮蓝色光斑,眼睛带有红色,瞳孔呈黑色,略微偏棕色,虹膜呈黄色。背鳍基部较长,末端宽大,游动时飘逸随和,悠然自得;鳍棘坚硬,较短;胸鳍呈半透明状,略呈红色;腹鳍收起,向后延伸;臀鳍外边线较圆润,带有蓝紫色光斑;尾鳍大,呈扇形,带有蓝紫色光斑。

习性 **活动:** 平日里以挖掘水族箱底部砂石为乐,可以在底部放入石子及细沙;较温和,但具有较强的领地意识,进入繁殖期后性格变得比较暴躁。**食物:** 肉食或杂食性鱼种。**环境:** 原生长于溶解氧量极丰富的河流中,故而所需氧气量较大,人工饲养时需要注意缸内的含氧量,最好多放置一些制氧装置。

繁殖 卵生。对于水质及温度没有过多需求,在缸内放入平滑石子和细砂石,保持充足溶解氧量即可。雄鱼及雌鱼的特征并不明显,较难鉴别;雌鱼的肛突较雄鱼更长、圆、钝。处于发情期的亲鱼会非常暴躁,需单独准备一个水族箱供其繁殖。产卵前亲鱼会四处游动寻找合适的产卵点,一般会选择平滑的石板,雌鱼每次可产卵250~300粒,呈环状分布,3日后可孵化为仔鱼,5~6日后仔鱼可以自由游动。

鱼体基础色为红色,由暗红色至深红色不等

鱼体大部分部位呈赤红色、暗红色或红色并带有蓝紫色或亮蓝色光斑,部分从额顶开始,沿背脊向后直至鱼尾,呈黄绿色或橙黄色,游动时浑身上下飘忽闪烁,似红宝石一般

| 体长: 7~15cm | 水层: 下层 | 温度: 22~24℃ | 酸碱度: pH6.8~7.0 | 硬度: 2~7.5mol/L |

▶ 别名: 玫瑰伴丽鱼、红花鲈、宝石鱼 | 自然分布: 非洲

红宝石 ▶ 慈鲷科 | *Hemichromis bimaculatus* Gill | Jewel cichlid

红宝石

性情: *胆小、暴躁*

养殖难度: *容易*

红宝石鱼之名源于该鱼种在繁殖期间会出现鲜艳美丽的红色,外表与红钻石非常相似,不同的是尾柄前部带有大块黑斑。

形态 红宝石鱼拥有鲜艳诱人的色彩,体长最长可达15cm。鱼体呈纺锤形,侧面较扁;头部呈三角形;眼睛呈金色,瞳孔呈黑色,眼睛中间带有一条黑色竖排条纹;唇部下半部分略微突出。背鳍修长,末端较宽,飘逸柔软,鳍棘短小;胸鳍几乎透明;腹鳍向后延伸,末端较尖;臀鳍边缘较圆润,较大;尾鳍呈扇形。前额、背部呈绿藻色或橙黄色;腹部呈红色;背鳍、尾鳍及臀鳍皆带有大量亮蓝色光斑及红色边缘线。

习性 **活动:** 适合同种族成群居住,比较容易暴躁,常会攻击水族箱内的其他鱼种并趁机吞食它们的幼鱼。**食物:** 肉食性、鱼食性,食量较大,有时会吃掉同缸内的小鱼,非常喜欢动物性饵料。**环境:** 最好不要同其他鱼种混养,尤其不可与灯类鱼混养;饲养时尽量不要在水族箱内种植水草。

繁殖 卵生。不难繁殖,对水质要求不高。准备好繁殖用水族箱,在箱底放入砂石及平滑的石块来充当卵巢。挑选好亲鱼放入箱内。雄鱼会先选择适合做卵巢的石头在上面制作产床,引导雌鱼在其上产卵,鱼卵呈环形排列。雌鱼每次可产卵250~300粒,3日后受精卵孵化为仔鱼,5~6日后仔鱼可自由游动,在自行捕食之前,亲鱼都会守在它们身边仔细照顾。

鳃盖带有大量亮蓝色光斑

鱼体上光斑排列整齐,似浑身嵌满了宝石

体长: 12~15cm | 水层: 中、下层 | 温度: 26~28℃ | 酸碱度: pH6.0~8.0 | 硬度: 2~15mol/L

▶ 别名: 双斑伴丽鱼 | 自然分布: 尼罗河流域

皇冠三间　▶　慈鲷科　|　*Cichla ocellaris* B&J.G.Schneid　|　Peacock bass

皇冠三间

性情：凶猛、粗暴
养殖难度：容易

　　皇冠三间鱼体形庞大，外表凶猛，拥有非常美丽的花斑，从尾部开始一路向前，像是镶嵌在鱼体上闪烁的黄金一般。

躯干侧面带有三条黑色竖排条纹，与金色斑点相互呼应，气场强大

形态　皇冠三间鱼是慈鲷科中最大型的鱼种之一，最大可达70cm。头部非常有特色，呈三角形；眼睛呈朱红色；瞳孔呈黑色；鳃盖边缘呈金色。背鳍呈凹字形，末端较宽，略微向后延伸，鳍棘长度适中；胸鳍小巧灵活；腹鳍形似海龟的前肢；臀鳍向后；尾鳍呈扇形。躯干部分鳞片细腻，排列紧实。颜色鲜艳明快，基本色为黄色；尾鳍带有包裹着金边的黑色大型斑块，下半部分呈橘红色，上半部分带有钴蓝色边缘线；背部带有青灰色；下颌、腹部底端、臀鳍连成一线，呈橘红色。

习性　**活动**：性情凶悍，对待猎物残暴，常会袭击同箱内弱小的鱼类，饲养时应尽量避免与其他体形小的鱼类同箱，可与金龙鱼等大型凶猛观赏鱼混养。**食物**：食量很大，一张大嘴及宽大的下颌是制服难缠猎物的完美工具，在原产地非常受游钓客欢迎。**环境**：原生于静水湖沼或平缓河流之中，喜爱平稳的水域，饲养时无须特意营造出水波流动。

繁殖　卵生。人工繁殖不易。准备好繁殖箱，在箱底铺入砂石，挑选一对发情期的亲鱼放入箱内。亲鱼会在浅水区域挖掘出巢穴作为卵巢；雌鱼将受精卵产于其中，每次产卵数量庞大。亲鱼有护卵及护仔意识，双亲会对仔鱼密切关注并呵护有加，在仔鱼具有自理能力之前，双亲中尤以雌鱼为主，会变得异常凶猛。

唇部大，下唇尤为突出，长过上唇

体长：30～70cm　|　水层：中层　|　温度：22～28℃　|　酸碱度：pH6.4～7.5　|　硬度：2～15mol/L

▶　别名：金老虎、眼点丽鱼　|　自然分布：南美洲亚马孙河流域

皇冠六间 ▶ | 慈鲷科 | *Cyphotilapia frontosa B.* | Frontosa cichlid

皇冠六间

性情： 温和、稳重
养殖难度： 容易

　　皇冠六间鱼是一种非常普遍的大型观赏鱼，是非洲慈鲷的代名词。它具有稳重温和的性格，加上形似一把胡须的胸鳍，给人觉觉像是一位饱经风霜的老前辈。

幼鱼身材娇小可人，成鱼宽厚壮实

形态 皇冠六间鱼体形偏大，头部充满特色，呈头包状，似鹅，额头突出；体侧较扁，厚实；嘴部较大，突出；唇部厚实，口裂中等大小，下唇呈白色，鳃盖颜色较浅；眼睛圆，呈棕红色，瞳孔呈黑色。胸鳍灵活；背鳍长，末端向后延伸，鳍棘长度适中；腹鳍最前端鳍棘细长；臀鳍呈倒三角形；尾鳍偏小。鱼体带有六条黑色宽条纹，与体轴垂直，基础色为蓝色；额顶鳞片带有亮蓝色边线；背鳍呈亮蓝色至深蓝色渐变；腹鳍、臀鳍皆呈深蓝色；尾鳍呈普蓝色。

习性 **活动：** 喜欢成群结队生活在一起，10条以上比较理想；性格温和，不适合与凶猛鱼类一起生活。**食物：** 肉食性，喜食水生昆虫及其幼虫、蚯蚓等小型无脊椎动物，可以喂食动物性鱼饵料。**环境：** 喜欢生活在较深水域中，对水质要求高。

繁殖 卵生。口孵性鱼种，习惯生活在较深水域，繁殖需要准备一个较深的水族箱，建议大于120cm，摆在光线温和处，箱内铺设大块石子粒，摆设少量灌木及岩石。挑选一对合适的亲鱼。雌鱼会将产下的鱼卵含入口中，此时雄鱼会上前为鱼卵授精，并将鱼卵排列好；雌鱼每次可产卵50~80粒，口中一次可以含下10~50粒，因此鱼卵的存活率并不高。

隆起的额头、突出的嘴部，种种特征皆给人以白鹅似的感觉，故又被称作鹅头六间

躯干部位颜色偏浅，呈浅蓝色至银白色，与黑色宽条纹相间

| 体长：35~38cm | 水层：中、下层 | 温度：23~28℃ | 酸碱度：pH7.2~8.0 | 硬度：4~7.5mol/L |

▶ **别名：** 鹅头六间、布隆迪六间 | **自然分布：** 非洲

| 红魔鬼 | ▶ | 慈鲷科 | *Amphilophus labiatus* Günther | Red devil cichlid |

红魔鬼

性情： 凶猛、贪食、领地意识强

养殖难度： 容易

红魔鬼鱼身披鲜艳的红色彩衣，是体色最红的淡水鱼，发源于中美洲，体形硕大，五官像一张笑脸，憨厚呆萌，十分可爱。

形态 红魔鬼鱼鱼体呈纺锤形；眼睛较小，呈圆形，眼球呈红色，瞳孔呈黑色或深灰色。背鳍末端尖细修长，鳍棘短小；胸鳍较大；腹鳍末端突出，尖细笔直；臀鳍与背鳍末端相互呼应，末端向后延伸，较尖细；尾鳍呈扇形，大小适中。

它的家族就像一个颜料盒或一个调色盘，灰白、黄褐、橙红、鲜红，多变的体色令人应接不暇

与罗汉鱼杂交所孵化的品系被归为财神类

习性 **活动：** 经常攻击其他生物，不宜混养；具备慈鲷科强大的领地意识，还具备极强的侵略性，不易与其他鱼种和睦相处。**食物：** 属于肉食性鱼种，喜爱活鲜、冻鲜，饲养时可以选择动物性鱼饵料，搭配活鲜或冻鲜一起喂食。**环境：** 身体非常健壮，拥有良好的适应能力，尤其是在水质方面，但仍需每隔5~7天换一次水。

繁殖 卵生。产卵量庞大，仔鱼生长速度较快，尽量选择较大的繁殖用水族箱。pH值需大于6，在箱底铺设砂石或小石块，亲鱼12~16个月大性成熟。产卵前会先在底部砂石中挖一个坑，随后搬运砂石制作卵巢；准备妥当后，雌鱼开始产卵，每次可产1000粒左右；孵化期间亲鱼时刻处于精神紧绷状态，具备慈鲷科的主要特征，有明显的护卵现象。

外形与火鹤鱼非常相似，容易令人混淆，它们最大的区别在于头部：红魔鬼鱼的头部略微隆起，雄性比雌性更加明显；火鹤鱼的头部则带有巨大的肉瘤，十分夸张

性格并不像外表那般憨厚老实

体长：25~30cm ┃ 水层：上、中、下层 ┃ 温度：20~28℃ ┃ 酸碱度：pH6.0~8.0 ┃ 硬度：4~15mol/L

▶ 别名：凹头鲷、皇冠鱼 ┃ 自然分布：尼加拉瓜、哥斯达黎加

珍珠虎

性情：粗暴、好斗
养殖难度：中等

珍珠虎是人类在坦干尼喀湖中发现的
第一种群居性鱼种，夸张的大嘴和慵懒的表情
使它独具特色，人们会被它霸气的神情所吸引。

按花色可分为黑水泼、黑喷点、白喷点及黄喷点四种

形态 珍珠虎鱼体较长，侧扁，头部形状给人以锋利之感，嘴部
大；背鳍长，鳍棘长，末端尖长；胸鳍小巧；腹鳍第一根鳍棘修长，末端平齐；
臀鳍末端尖长，与背鳍后半段对称；尾鳍大小中等，呈扇形。鱼体带有大量黑
色、棕黄色或棕红色竖排条纹，躯干部位及鱼鳍带有白色斑点。

习性 活动：面对入侵者，会弯曲身体展示锋利的鳞片，以此来威慑对方；虽然凶
残、粗暴，但并没有侵略意识，不会随意抢夺其他鱼种的领地。**食物**：肉食性，
凭借其强大的爆发力、速度以及超群的眼力来捕食，主要食物为其他鱼种的鱼
苗，可以喂食活饵或冰冻丰年虾等。**环境**：习惯于热带气候，喜欢成群栖息于开
阔水域，饲养时建议选用较大型的水族箱。

繁殖 卵生。从出生到成熟需要一年时间，雌性比雄性慢一些，雄性长到5cm时具
备繁殖能力，雌性则需长到10cm。发情期雄性会为争夺雌性争斗，此时需要将雄性
分开，以免受伤。建议挑好亲鱼单独放入水族箱内进行繁殖，亲鱼会选择贝壳、石
块较光滑的一面作为产卵地；雌性每月可产卵一次，受精卵3日便可孵化，7~8日
后可将仔鱼或亲鱼取出，便于亲鱼再次产卵。

凶猛、粗暴，
却不具备侵略性

突出的口部像一把利刃
的尖端

体长：15~16cm	水层：中层	温度：25~28℃	酸碱度：pH6.0~8.0	硬度：4~7.5mol/L

▶ **别名**：喷点珍珠虎 | **自然分布**：非洲坦干尼喀湖

凤尾短鲷 ▶ 慈鲷科 | *Apistogramma cacatuoides H.* | Cockatoo dwarf cichlid

凤尾短鲷

性情： 好斗、喜活食
养殖难度： 容易

凤尾短鲷多栖息于白浊水或清澈的水域，这一自然分布习性证明了它非常适合人工饲养。它具有丰富的色彩，尾部似挂了两条橙色的短彩绸，形似凤尾，小巧的身躯则披着淡黄色的纱衣，绣着黑色的纹路，十分雅致。

形态 凤尾短鲷修长小巧，眼前部分骨骼突出，口部宽大。背鳍似琴弦，成熟的雄性带有5根鳍棘，质地坚硬，鳍棘修长；胸鳍细长；腹鳍向后伸长；尾鳍呈扇形，较大，带有橙红色或橘黄色斑点。躯干上带有黑色横排条纹。体色多种多样：红色、大红色、橘色、蓝色、黄色、暗黄色等。花色分为全花、碎花及半花。

习性 活动：多生活于清澈的水域或白浊水中，好争斗，喜欢袭击其他鱼种，但不会将对方致死，同种族之间也存在斗争现象。食物：肉食性，喜爱活食，主要食物以冰冻丰年虾及鱼虫为主。环境：适应能力很强，偏爱弱酸性及中性软水，喜爱清澈的水域，需要5～7天换一次水，也可在箱内放入榄仁叶来调节水质。

繁殖 卵生。可采取一雄一雌或一雄二雌的方式繁殖。将温度调节至26℃左右，pH值为6.5，硬度为3mol/L，建议选用40L的水族箱，种植水草并摆放沉木。洞穴式及开放式产卵，每次可产卵100粒左右，雌鱼产卵后会对雄鱼的鱼鳍造成破坏；仔鱼2个月大时出现性别特征，5个月大开始拉鳍，拉鳍需要15日完成基本定形；孵化后3个月内将水温保持在24℃恒温，孵化出的仔鱼公母比最为均衡。

雄性体形比雌性大，可达8cm，背鳍较高，发情期体色会变深，较平时更加鲜艳

混养对体色有影响，要想保持最佳体色，可单品成群饲养

体长：5～8cm | 水层：中层 | 温度：24～26℃ | 酸碱度：pH6.0～7.2 | 硬度：2～15mol/L

▶ 别名：凤尾隐带丽鱼、丝鳍隐带丽鱼 | 自然分布：南美亚马孙河流域

酋长短鲷

性情： 威严、稳重、温和、喜活食

养殖难度： 容易

　　酋长短鲷的造型非常夸张，背部突出的鳍棘、身上五颜六色的条纹及斑块以及认真严肃的表情，都散发着浓郁的部落酋长气息。

观其泳姿，不难想象一位部落酋长巡视时的场面

形态 酋长短鲷体长8～10cm，体形及体色皆十分夸张。鱼体修长，头部呈三角形；眼睛大，瞳孔周围带有蓝色光圈，鳃盖带有亮蓝色不规则斑点，后部带有红色斑点；背鳍高耸修长，鳍棘为10根，最前端几根非常突出；胸鳍小巧透明；腹鳍鳍棘修长；臀鳍向后延伸；雄鱼尾鳍呈竖琴状，上下两端开叉，向后延伸；雌鱼尾鳍略圆，背鳍较短，没有延长，体色多以黄色为主；两者尾鳍皆带有规则的方形斑点。鱼体侧黑色纵带上方鳞片为方形，呈胭脂色；腹部为黄色及淡蓝色。

习性 **活动：** 出没于含有适量黑水的水域中，温和，可与其他鱼种混养。**食物：** 杂食性，喜爱肉食及活饵，喂食鲜活或冷冻饵料皆可。**环境：** 栖息于原产地几厘米厚的残叶雨林中，人工饲养时需添加黑水以处理水质，可以在过滤泵中添加草泥丸。

繁殖 卵生。繁殖是一大难题：雌鱼每次仅产卵40～60粒，孵化率不高，还出现严重的亲鱼吞卵现象。繁殖前需在水族箱内放入瓦片、岩石等装饰物，繁殖所用的水可以通过活性炭过滤、离子交换树脂等方式过滤，也可使用经过过滤的雨水。发情期的雌鱼体色会变成鲜黄色，产出的受精卵3日后孵化；孵化出仔鱼后，雄鱼可能出现攻击雌鱼的现象，需将雌鱼捞出。

产卵数量过低，如何大量繁殖还是一大问题

混养时雄鱼所占比例不可太高，否则同箱内较弱小的雄鱼会感觉到压抑

体长：8～10cm | 水层：下层 | 温度：25～27℃ | 酸碱度：pH6.0～7.0 | 硬度：2～4mol/L

▶ 别名：双带隐带丽鱼 | 自然分布：秘鲁、哥伦比亚境内的河流水系

黄金燕尾

性情：温和、不具备攻击性
养殖难度：容易

　　黄金燕尾长相大气得体，神情温和自在，配合修长小巧的身材，将不具备攻击性的本质彰显得淋漓尽致。

略微翘起的嘴角像是在微笑

尾鳍非常美丽，似一把立于月光下的七弦琴

眼睛周围带有一圈黄色

形态　黄金燕尾身材修长，口裂较大。眼睛呈蓝色，瞳孔呈黑色。背鳍修长，前端鳍棘较短，后端鳍条修长柔软，向后延伸；胸鳍透明小巧；腹鳍边线平齐，最前端一根尖细修长；臀鳍与背鳍末端相互对称，鳍条向后延伸，长短不一，落差较大；尾鳍呈琴状，两端修长。雄性及雌性没有明显的性别特征，雄性头部额顶略微突出，背部微隆。鱼体呈淡黄色；鱼鳍呈黄色，背鳍颜色尤其鲜艳；眼睛至鳃盖边缘带有两条深褐色或黑色竖排条纹，鳃盖前后皆带黄色。

习性　**活动**：群居性，可以与月光鱼、孔雀鱼等一起混养，尽量避免与体形较大的鱼种混养；十分温和，不喜争斗。**食物**：杂食性，可用饵料、薄皮、颗粒饲料及活饵喂食。**环境**：主要生活在靠近岩壁的浅水区及岩石区内，喜欢强烈光线，饲养时可在箱内摆放大型石块观赏物。建议选择60L以上的水族箱，置于光线充足的地方，每隔5~7天换一次水。

繁殖　卵生。基质繁殖型，使用平台式产卵，亲鱼发情期内可进行多次产卵。可选择单独准备繁殖箱或留在原先的水族箱内繁殖。雌鱼每次可产卵100~200粒，孵化出的仔鱼会和长辈们一起居住，未发情的鱼始终退居繁殖区以外，形成完美的保护伞，由鱼群一起共同保护仔鱼。

体长：7~9cm　｜　水层：上、中、下层　｜　温度：24~29℃　｜　酸碱度：pH8.0~9.0　｜　硬度：4.5~9.5mol/L

▶　别名：帝王雪燕　｜　自然分布：非洲坦干尼喀湖

女王燕尾 ▶ 慈鲷科 | *Neolamprologus brichardi* Poll | Princess cichlid

女王燕尾

性情: *温和、团结*

养殖难度: *容易*

女王燕尾外形淡雅简朴，鱼鳍的
外边线发白，周身似散发着米白色的光晕，
好比来自仙界的游鱼。

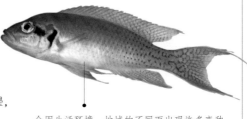

会因生活环境、地域的不同而出现许多变种

形态 女王燕尾外形周正、鱼体修长，可达12cm。头部呈三角形；眼睛呈黑色，
中间带有一圈金色，似黑暗中闪烁的明星；唇部略厚；鳃盖带有黄色斑块，末端
及眼后带有黑色条纹。背鳍修长，鳍棘短，鳍条长，末端向后延伸、尖长；胸鳍
通透小巧；腹鳍尖长；臀鳍与背鳍末端对称，向后伸长；尾鳍呈弓形，两端修
长，向后延伸，似一把弯弓。鱼体呈黄色、淡黄色；鱼鳍米黄色，边缘线白色。

习性 **活动:** 社会意识很强，可以占据水族箱内的大部分地盘，是箱内彻头彻尾
的大地主；非常温和，成鱼不会随意袭击其他鱼种及仔鱼。**食物:** 杂食性，可以
接受多种人工饵料，如喂食薄片、颗粒饲料及活饵。**环境:** 原产于非洲坦干尼喀
湖，群居性，最大群体可达10万只，繁殖期会成对居住在一起。

繁殖 卵生。亲鱼会采用洞穴式产卵，每次可产卵100～200粒，可在繁殖区内放入
一些花盆，或用石块搭建出洞穴，便于亲鱼产卵。受精卵需要7日左右孵化，孵化
后5日内，亲鱼会将仔鱼藏在洞穴里以保证其安全。

雄鱼和雌鱼差别不明显，相较雌鱼而言，雄鱼头部与
背鳍略为隆起，腹鳍较长，可达臀鳍前端

喜爱群居生活，拥有属于自己
的社会，在其原产地非洲坦干
尼喀湖内，几乎每一条鱼都拥
有成千上万的邻居

繁殖期间，每一对亲鱼会自发地充当邻居们的哨兵，
通过相互守望来确保安全；幼鱼们也会帮助父母看护刚出世的弟弟妹妹们

体长: 6～12cm | 水层: 中层 | 温度: 24～27℃ | 酸碱度: pH7.2～8.5 | 硬度: 4～7.5mol/L

▶ 别名: 仙女鲷、布隆迪王子 | 自然分布: 非洲坦干尼喀湖

德州豹

性情：粗暴、凶猛

养殖难度：容易

德州豹的外表粗犷大气，不拘小节，一身斑点似碎玉珍珠一般，五彩斑斓，容易受到青年鱼类爱好者的喜爱。

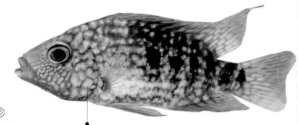

雄性及雌性相似，雄性的背鳍较长，头部隆起，宽阔厚实；雌性背鳍相对较短，头顶平坦，并不突出

形态 德州豹体形硕大，高而短，体幅宽厚健壮，背部突出。头部大；眼睛位置偏上，呈金色，瞳孔呈黑色；口裂适中。背鳍修长，鳍棘短小，鳍条修长，向后伸展，长度可达尾鳍；臀鳍与背鳍后半段相互对称；胸鳍较大，呈三角形；腹鳍较小，尾柄短小；尾鳍呈截形。鱼体为灰色调，通体布满白色、青色或浅灰色斑点及深灰色或青色斑纹，成鱼躯体后半部分的深灰色珠点极具立体感。

习性 **活动**：具有极强的领地意识，凶猛彪悍，喜欢捕捉小鱼小虾，在水族箱内横冲直撞，粗暴易怒，基本不可混养，就算是同一鱼种也需为其准备较大的水族箱。**食物**：肉食性，喜食活食，如红虫、水蚯蚓、小型鱼虾及面包虫等。**环境**：体魄强健，对水质几乎没有任何要求，水温达到20℃即可生存。

繁殖 卵生。繁殖比较容易，发情期自主配对。繁殖箱需40cm以上，水温以26℃为宜，pH值6.5～7.0，铺底，放置花盆及平滑石块并种植水草。亲鱼先相互追逐，选择产卵点；雌鱼产卵后会将鱼卵含入口中口孵，此时雄鱼会为鱼卵授精；每次可产卵200～500粒，2～3日可孵化为仔鱼。

幼鱼成长到5～6cm时开始变红

体长：20～30cm | 水层：中、下层 | 温度：22～26℃ | 酸碱度：pH6.5～7.2 | 硬度：4.5～6.5mol/L

▶ 别名：蓝点丽鱼、金钱豹、德州丽鱼 | 自然分布：北美

| 红斑马 | ▶ | 鲤科 | *Maylandia estherae* Konings | Red zebra |

红斑马

性情： *活泼、温和*

养殖难度： *容易*

红斑马体形小巧，颜色漂亮，活泼的性格为水族箱添加了无限生机，生存及繁殖能力强大，饲养起来既赏心悦目又不占地方，深受人们喜爱。

雄鱼修长，鱼鳍偏大，体色偏黄；
雌鱼体态肥硕，体色偏淡

形态 红斑马呈纺锤形，头部小，略尖；吻部较短；眼睛大，呈黑色。背鳍短小；胸鳍硕大，全部展开似一对羽翼；腹鳍较小；臀鳍大小适中；尾鳍呈叉形，似人鱼尾，非常漂亮，尾柄修长。通体呈红色，鱼鳍皆为透明；躯干、臀鳍及尾鳍带有细小的横排条纹，从鳃盖后方延伸至尾鳍外端，条纹呈金黄色或银白色。

习性 **活动：** 性情非常温和、活泼，群居性，大部分时间会在水族箱内四处游动，鱼群数量庞大时集体向同一个方向游动，场面壮观。**食物：** 杂食性，喜食摇蚊的幼虫，选购饵料时，动物性饵料是首选。**环境：** 生存能力较强，繁殖期对水质及温度无特殊要求，24~26℃为最佳繁殖水温。

繁殖 卵生。4个月大时性成熟，5个月大可进行繁殖。繁殖箱大小以25cm为宜，将水温调至25~26℃，pH值为6.5~7.5，箱内铺设鹅卵石。可选择一雄二雌的搭配方式进行繁殖，亲鱼入箱后，雄鱼会立刻追逐雌鱼。雌鱼会将鱼卵产在繁殖箱底部，产卵持续约10个小时，每次产卵200~600粒，7天为一个周期，一年内可产卵6~7次。产卵结束后需立即将亲鱼捞出，防止吞卵。受精卵2~3日后孵化，7~8日后仔鱼可以正常进食。

观其泳姿，似身披火红鬃毛成群结队奔跑在原野上的马群，故被冠以红斑马之名

体长： 4~6cm | **水层：** 上、中层 | **温度：** 18~26℃ | **酸碱度：** pH6.5~7.5 | **硬度：** 3~4mol/L

▶ **别名：** 花条鱼、斑马担尼鱼 | **自然分布：** 印度、孟加拉国

斑马雀　▶　慈鲷科　|　*Maylandia lombardoi* W. E. Burgess　|　Lombardoi

斑马雀

性情： 温和、具有一定的领地意识
养殖难度： 中等

斑马雀是一种中小型短鲷，雌鱼体色与薰衣草颜色非常接近，呈现淡蓝色，略微泛紫，在水族箱中来回游动似跟随暖风摇摆的薰衣草。

雌鱼会保留幼鱼时的基本体色，略微偏淡紫色，体侧条纹会逐渐增长

躯体上一排排竖排条纹，好似斑马一般

形态 斑马雀头部呈三角形；唇部厚实；眼位偏上；躯干部位较大，带有六条竖排条纹；背鳍修长，鳍棘短小，鳍条向后延伸，长度适中；胸鳍中等大小；腹鳍较小，向后方伸展，较尖细；臀鳍较圆，大小适中；尾鳍呈梯形。幼鱼体色呈淡蓝色，体侧带有六条竖排深蓝色条纹，分布均匀。

习性 **活动：** 幼鱼阶段团结友好、和平共处，成熟后繁殖期雄鱼会为争抢雌鱼而争斗不止，具有慈鲷的典型特性；温和，不具备侵略欲，平日里可以和体形相似的鱼种混养。**食物：** 以藻类及浮游生物为主要食物。**环境：** 在原产地主要生活在岩石区中，习惯带有泥沙的环境；对水质要求不高，需要定期换水，每7天换一次为佳。

繁殖 卵生。口孵性鱼种，会在泥沙上建筑巢穴。将水温调整至26℃左右，在箱底铺设砂石及泥沙，摆入岩石或石块。发情期的雄鱼会为争抢雌鱼而打斗，如在养殖箱内发现已经配对好的亲鱼，需留意一下有没有雄鱼受伤。亲鱼入缸后会一起寻找合适的产卵点，相互追逐，一般会选择将鱼卵产在平滑石块上；雌鱼产卵结束后会立刻将鱼卵含入口中，在仔鱼可以自由游动之前，雌鱼会一直将其含在口中保护。

成熟后雌鱼及雄鱼体色会发生不同程度的变化，雄鱼体色变化较大，会逐渐由淡蓝色变为橙黄色，鱼鳍逐渐变为淡黄色，臀鳍上会出现卵斑

| 体长：9～16cm | 水层：中、下层 | 温度：22～28℃ | 酸碱度：pH7.5～8.5 | 硬度：4～7.5mol/L |

▶　别名：黄色拟丽鱼　|　自然分布：非洲马拉维湖

棋盘凤凰

性情：温和、无攻击性
养殖难度：容易

棋盘凤凰身上的斑纹酷似西洋棋的棋盘，故得名。

臀鳍及尾鳍带有淡蓝色斑点及亮蓝色外边线

形态 棋盘凤凰头部大小适中，呈三角形；眼部上方骨骼突出；下唇饱满，口裂较大；背鳍基部修长，鳍棘短，鳍条较鳍棘而言略长，末端向后方延伸；腹鳍尖长，呈三角形，腹部上收；臀鳍与背鳍后半部分相互对称；尾鳍硕大，呈扇形，尾柄修长。鱼体胸鳍呈黄色；背鳍带有亮蓝色边线，靠近外部颜色呈灰色；腹鳍前端呈亮蓝色；臀鳍及尾鳍呈黑色或深灰色。

习性 **活动：**温柔和善，不喜争斗，不具攻击性，适合与其他体形相似的慈鲷科鱼种混养，但须避免与1cm大小的幼鱼一起混养，以防幼鱼遭到追赶。**食物：**杂食性，可接受多种人工饵料。**环境：**在原产地生活在岩石之间，人工饲养时合适的布景有利于其生长，布景可以岩石为主，在箱底铺设砂石，并种植少量水草。

繁殖 卵生。洞穴式产卵，利用天然地形保护鱼卵及仔鱼。布置繁殖箱时可用放倒的花盆来代替，也可用石块堆积成洞穴，还需在箱底铺设砂石及泥沙。雌鱼将鱼卵产在洞穴内，孵化过程中双亲共同护卫，部分出现吞卵现象，需酌情判断是否将亲鱼捞出。此阶段需保持水温稳定，前后温差不要超过1～2℃，为亲鱼营造安静的环境，以免它们受惊后吞卵。

通体带有黑白相间的花纹，侧身厚实，颇具立体感

滚圆呆萌的形象，配合硬朗的岩石造景，在巨大的反差下显得别有一番风味

体长：7～13cm | 水层：中层 | 温度：24～26℃ | 酸碱度：pH7.2～8.5 | 硬度：4～7.5mol/L

▶ 别名：黑皇冠凤凰、黑格凤凰 | 自然分布：非洲坦干尼喀湖

燕子美人灯 ▶ 银汉鱼科 | *Iriatherina werneri* M. | Threadfin rainbow fish

燕子美人灯

性情：温和、开朗、贪玩
养殖难度：中等难度

燕子美人灯之名，不禁令人联想到身似飞燕、曼妙多姿的小鱼，在光线照射下散发出迷人的光芒。事实上，它的魅力远不止这些：伸展的鱼鳍、修长的躯干，游于灯下似身着五色彩衣，色彩斑斓、变化莫测，着实令人为之倾覆。

形态 燕子美人灯鱼体除去背鳍前半段及胸鳍外，呈上下对称，尖梭形。头部呈三角形，略小；嘴部尖细，口小；眼大，位于头部正中间；腹部微圆，尾柄细长。背鳍分为前后两节，第一背鳍呈椭圆形，似烛灯；第二背鳍细长，飘逸如丝，向后方延伸，与臀鳍对称，似燕翅，长度可达到甚至超过尾鳍；胸鳍小；腹鳍细长；尾鳍呈弓形，两端细长，向后方延伸。

习性 活动：栖息于清澈水域，不喜阳光直射，多出没于植被较多的水域中；温和平缓，喜欢缓慢水流。食物：杂食性，喜食红虫、丰年虾、水蚤及动物性饵料等，由于口部非常小，无法一次性吃下大块食物，建议选择颗粒较小饵料。环境：多栖息于水流缓慢、水质清洁及周边带有繁茂植物的水域，饲养时需要定期换水，每隔7日换一次为佳；较难适应温差变化，一般只能接受1℃的温差浮动。

繁殖 卵生。繁殖起来并不像大型慈鲷那样容易，生存环境中拥有充足的植被、水质清澈干净、水流缓慢，对于繁殖非常重要。在将亲鱼放入繁殖箱内之前，应先行布置，稳定水温。繁殖过程中最重要的一点（也是繁殖的诀窍所在），便是准备好足够浓密的墨丝团，供其产卵。刚孵化的仔鱼非常细小，需要用绿水和小型微生物才能喂食，这一点决定着仔鱼的存活率，也是仔鱼饲养失败最常见的原因。

身形修长，背鳍收拢时形似飞燕，背鳍展开似顶了一盏烛灯

鱼体泛银色金属光泽，部分偏蓝色或橙红色；背鳍及腹部皆带有黄色，在光线的照射下色彩斑斓，美轮美奂

体长：3～5cm | 水层：上层 | 温度：26～28℃ | 酸碱度：pH6.0～8.0 | 硬度：2～7.5mol/L

▶ 别名：伊岛银汉鱼 | 自然分布：爱尔兰西部、澳大利亚

红苹果美人

性情：温和
养殖难度：容易

红苹果美人带有金属光泽的鲜红鱼体仿佛就是一团火焰，在嫩绿的水草间显得分外惹眼。

彩虹鱼中比较珍贵的体形较大的品种，体色鲜红，特别是雄鱼

形态 红苹果美人头部较尖，且微微上翘，身体呈卵圆形，稍侧扁。体高约是体长的一半，故背部呈拱形，且长有前后两个背鳍，尾鳍叉形。腹部为鲜红色，背部为茶褐色，鱼鳍都为鲜红色。雌鱼的体色稍偏茶灰色，雄鱼的体色则比较鲜艳，体色偏酒红色，且带有金属光泽。幼鱼体形较小，生存能力较弱。

习性 **活动：**性格温和，喜欢群居，能与其他体形相同性格温和的鱼和平共处，故可以与之混养。**食物：**杂食性，喜欢吃小型的活饵料，如小鱼虫、摇蚊幼虫、水蚯蚓等，也可喂食适量的人工饵料。**环境：**体质比较强健，比较好饲养，喜欢偏碱性并带有盐分的水，可以添置些珊瑚砂以保持水质的弱碱性和硬度。

繁殖 卵生。繁殖并不难，且会持续好几天。繁殖水温宜调到25~27℃，并在繁殖箱水底铺上细沙、水草。挑选好亲鱼后放入繁殖箱中，待其交配产卵后将亲鱼捞出，以防吞噬鱼卵。每次可产卵100~300粒，受精卵有黏性，一般会黏附在水草叶上，10天后受精卵孵化，再3天后仔鱼开始游动觅食。

能承受较低的温度，但对其生长和体色不利

体长：11~12cm | 水层：中层 | 温度：22~27℃ | 酸碱度：pH7.0~8.0 | 硬度：4~10mol/L

别名：舌鳞银汉鱼、红美人 | 自然分布：巴布亚新几内亚北部

石美人 ▶ 银汉鱼科 | *Melanotaenia boesemani A.& C.* | Boeseman's rainbow fish

石美人

性情： 温和、活泼、好动

养殖难度： 容易

　　石美人最令人瞩目的莫过于鱼体前后不一的两种颜色——之间没有任何过渡，拼接在一起，为观赏者带来精妙的视觉冲击感。

鱼体前半段散发着金属光泽，光照下熠熠生辉，层层叠叠，十分绚烂

眼睛带有一圈银色，瞳孔呈灰色

形态 石美人鱼体呈纺锤形，侧面扁平，头部小，眼大，位偏上，口部小巧。躯干占比大，背鳍基部长度适中，鳍棘及鳍条皆短小；胸鳍中等大小；腹鳍小；臀鳍基部修长，鳍条短；尾鳍较大，呈叉形。鱼体前半段基础色呈银灰色，后半段基础色呈黄色；头部呈浅灰色；鳃盖下方至腹部靠前段带有淡黄绿色，鳃盖后方至尾柄带有多根横向红色细条纹；背鳍、臀鳍皆为银灰色至黄色渐变；胸鳍呈淡黄绿色；尾鳍呈黄色，边缘部位颜色较浅。

习性 **活动：** 生性活泼好动，身手敏捷，动作迅速，运动量较大，每天大部分时间在四处游来游去；温和，无斗争之心，可与其他体形相近的鱼种和睦相处，适合混养。**食物：** 杂食性，可以快速接受人工饵料。**环境：** 具备很强的适应能力，能够快速接受新环境，对疾病也具备较强的抵抗能力；需尽量选择较大的水族箱饲养。

繁殖 卵生。繁殖容易，准备好足够的棕丝置于水中浸泡一周，然后摆入繁殖箱内充当卵巢。可采用一对亲鱼一个繁殖箱产卵的分配方式，也可多对亲鱼同箱产卵。雌鱼一次可产卵100～200粒，孵化期间水温27～30℃，6～7日后可孵出仔鱼。多对亲鱼同箱产卵时，产卵数建议控制在1000粒左右，否则鱼卵过多容易导致拥挤和混乱，宜控制在4～5对亲鱼同箱产卵。

鱼体越靠近背脊处，颜色越深、越鲜艳

鳃盖部带有小块浅红色或红色斑块，斑块周围呈淡黄色或浅黄绿色

体长：10～15cm | 水层：中层 | 温度：22～30℃ | 酸碱度：pH7.0～8.0 | 硬度：4～15mol/L

▶ 别名：马达加斯加虹鱼 | 自然分布：澳大利亚北部

霓虹燕子

性情：*温和、灵巧*

养殖难度：*容易*

　　霓虹燕子通体晶莹剔透，近乎透明，透过皮肤能够观其骨骼，观赏价值极高，可谓自然界的鬼斧神工之作，深受广大鱼友喜爱。它灵巧温和，善于跳跃，热爱群居生活，于20世纪中叶的一次地区挽救考察中被发现。

形态 霓虹燕子头部小；眼大，眼位微靠上，瞳孔呈黑色，依次向外呈银色、天蓝色，极具金属质感；口裂较大。背鳍鳍棘坚硬修长，鳍条长短均匀；胸鳍位置偏高，伸展时似飞翼；腹鳍及臀鳍与背鳍上下对称，配合叉形的尾鳍，形似飞燕。鱼体大部分透明，呈黄绿色，鱼身底部从下唇开始至尾鳍末端处呈明黄色；鱼鳍基础色为黄色，背鳍基部呈黑色，臀鳍透明，外边线呈黄色，尾鳍中间透明，两端呈淡黄色，胸鳍及腹鳍带有少量橘黄色。

习性 **活动**：群居性，活泼好动，具有一定的团体意识；具有极佳的跳跃能力，纵情飞跃时稍不留神便会跃出水族箱，因此需要准备一个安全顶盖；性情十分温和，适合与其他体形相似、性情温和的热带鱼一起混养，如三角灯、孔雀鱼、斑马鱼等。**食物**：杂食性，偏爱动物性饵料。**环境**：喜爱清澈、流动的水域。

繁殖 卵生。繁殖过程长但并不困难，采用开放式产卵。布置繁殖箱时，需在箱底铺设砂石及沙土，并种植少量水生植物。需确保亲鱼在箱内不会感到拥挤，否则雄鱼容易攻击雌鱼。亲鱼在配对时会上演一场求偶大戏，雄鱼的鱼鳍会全部竖起、展开，以此来吸引雌鱼。雌鱼会分多次产卵，每日可产5~10粒，最多不会超过20粒，7~10日孵化出仔鱼。

似一件精致的琉璃工艺品一般

鱼体通透、修长，透过表层皮肤可以看到里面的骨骼及内脏

体长：5~6cm | 水层：上、中层 | 温度：25~30℃ | 酸碱度：pH6.5~8.0 | 硬度：4~15mol/L

▶ 别名：叉尾鰡银汉鱼 | 自然分布：巴布亚新几内亚

锦鲤　▶　鲤科 | *Cyprinus carpio* L. | Koi

锦鲤

花色繁多，各有千秋，大多带有吉祥如意、财源滚滚的美好寓意

性情：温和、喜群居

养殖难度：容易

　　锦鲤是当今最为家喻户晓的淡水观赏鱼，风靡全世界，有"水中活宝石"之称，因其优美的泳姿、水墨般的花纹及健壮的身躯，被誉为"观赏鱼之王"。

形态　锦鲤头部呈三角形，大小适中；眼位略微偏上；背鳍基部修长，鳍条柔软；胸鳍大小适中，造型周正，似一对短小的飞翼；腹鳍较长，质地柔软；臀鳍较小，呈三角形，外边平滑；尾鳍呈叉形，开叉大小因品种而定。鱼体颜色一般为1～3种，普遍为白色、橙色、红色、黄色、黑色及蓝色。此外，同一种颜色会因是否带有光泽而被分为两种。

习性　**活动：**群居性，生性温和，不喜争斗，可以混养，常与同种族鱼种结伴同游。**食物：**杂食性，以软体动物、底栖动物、藻类植物以及高等水生植物碎片为食，可喂食人工饵料、豆饼、面包屑、蟹肉、鱼虫、浮萍等。**环境：**体形庞大，生长时间较长，选择水族箱时应根据鱼的大小及密度来定夺，如15～20cm的锦鲤在60cm大的水族箱内约可饲养6尾。

繁殖　卵生。需2～3年才能够性成熟。每年5月前后繁殖，按照其体格大小选择繁殖箱，将水温调节至16℃以上，最好控制在21～25℃，按一雄三雌的比例放入繁殖箱内。排出的鱼卵带有黏液，会自行吸附于箱内的植物或观赏物上，产卵结束后需将亲鱼捞出。5～7日后，受精卵会孵化为仔鱼；3～4日后，仔鱼会浮于水面，开始觅食，可以喂食蛋黄、藻类植物、豆浆及软鱼虫等。

冷水鱼，对水质没有过多要求，具有强大的适应性

鱼体肥硕饱满，强健有力，雌鱼与雄鱼在体形上存在一定差别，雌鱼腹部肥大，雄鱼细瘦修长

体长：10～150cm | 水层：中、下层 | 温度：5～30℃ | 酸碱度：pH6.8～8.0 | 硬度：2～15mol/L

▶　别名：红鲤鱼 | 自然分布：中国

金鱼

性情： 温和、喜安逸
养殖难度： 容易

　　金鱼最早由鲫鱼进化而成，为世界上最早的观赏鱼品种，已经伴随人类走过了十几个世纪，发展至今已成为非常庞大的家族。金鱼形态各异，姿态万千，或周正大气，或圆润讨喜，或另类新奇，种种姿态令人应接不暇，深得广大人民群众的喜爱。

形态 金鱼品种繁多，每种皆各有特色，被分为文种、龙种、蛋种、草种四大品系。颜色为红、橙、蓝、紫、墨、银白及五花等。按照头型分类，可分为狮头、虎头、高头、蛤蟆头及鹅头。按眼睛分类，可分为龙眼、朝天眼、水泡眼及正常眼。雌鱼与雄鱼的外观有一定差别，雄鱼鱼体略长，雌鱼鱼体圆润；雄鱼尾柄较粗壮，胸鳍略长，雌鱼胸鳍则呈圆形。

习性 **活动：** 群居性，喜新水，温和，喜爱安逸，不会主动挑起争端，体形较大者也不会袭击体形较小者，除较为敏感的繁殖期，几乎大部分金鱼都可一起混养。**食物：** 杂食性，食性极广，喜食动物性饵料、水生植物、浮游生物、面包、米饭、鱼虾肉、内脏等。**环境：** 适应能力极强，为变温动物，对水质要求很低，只要水质清澈、无过多氯气，保证溶解氧充足即可。

繁殖 卵生。进入繁殖期后，雌鱼腹部会明显变大，雄鱼腹部则出现几个白色小点。布置繁殖箱时，需放入大量水草、棕丝，便于鱼卵黏附其上，要避免鱼卵沉底而被吞食，繁殖箱以1~2m为佳。临产前雄鱼追逐雌鱼，并用嘴啄咬雌鱼尾部。雌鱼1~2周产卵一次，产卵后将雌鱼捞出令其休养。孵化中需将水温控制在16~17℃，保持充足日照，6~7日后受精卵可孵化为仔鱼。

从颜色角度，可分为橙黄色色素细胞、淡蓝色的反光组织及黑色色素细胞三种，所有金鱼颜色变化皆基于这三种成分，或改变密度，或改变强度，进行不同的排列组合

体长：20~50cm | 水层：下层 | 温度：15~35℃ | 酸碱度：pH7.2~7.8 | 硬度：2~15mol/L

▶ 别名：金鲫鱼 | 自然分布：中国

狮头

性情: 温和、不具备攻击性
养殖难度: 中等

头部有突出的肉瘤,肉瘤越大者观赏价值越高,其次是圆润的身材 ●

狮头是金鱼大家族中的一员,滚圆的腹部配上头部的肉瘤,呆头呆脑的样子令人心生喜爱,加之开叉的尾鳍似漂浮的罗裙般缀于身后,别出心裁。

肉瘤似一个整体,实则由数十块小软质肉瘤组成,左右对称,是一种病态变异

形态 狮头体形滚圆,最显眼的要数头部的肉瘤。头部大,滚圆;眼睛较小,眼部与口部皆陷入肉瘤之中;背鳍鳍条修长;胸鳍小巧;腹鳍向后延伸呈三角形;臀鳍没于尾鳍之中;尾鳍呈叉形,为四开大尾。躯干几乎呈球形,腹部丰满胀大。

习性 活动:群居性,动作缓慢、温吞,不具备攻击性,适合混养,可以和体形、习性及性格相似的鱼种友好相处。食物:杂食性,饲养过程中除喂食人工饵料外,还可喂食动物性饵料、摇蚊幼虫、水蚤等。环境:喜爱微碱性且稍硬的水质,难适应大起大落的水温变化,至多可接受上下4℃的温差浮动,幼鱼则更甚,为2℃;需每7天换一次水,换水时仍需保持水温。

繁殖 卵生。可自然繁殖,也可人工繁殖。进入繁殖期后雌鱼的腹部会变大,雄鱼则是于腹部出现几个小白点。已经过配对,并即将临产的狮头会出现追逐现象,雄鱼会追着雌鱼游来游去,啄咬雌鱼的鱼尾。此时需准备好一个繁殖箱,在箱内铺设沙土,种植植被,放入棕丝,将温度控制在19~21℃,雌鱼产出散性卵,受精卵会黏附在水生植物或棕丝上或落入箱底沙土中,3~4日后受精卵孵化为仔鱼。

按花色可分为多种,最常见的为红狮头

尾鳍呈叉形,为四开大尾,形似罗裙,美妙绝伦、飘逸舒然

| 体长: 10~12cm | 水层:下层 | 温度:15~30℃ | 酸碱度:pH6.8~7.5 | 硬度:5~7.5mol/L |

别名:红狮头、狮头金鱼 | 自然分布:东亚地区

三角灯

性情：温和、喜群居、贪玩
养殖难度：容易

　　三角灯小巧可爱，通体散发着金属光泽，体色鲜艳美丽，蓝灰色的尾鳍仿佛要融入夜色之中，银亮的躯干似夜间的明灯一般闪烁。

形态 三角灯呈纺锤形，侧面扁平，鱼体可达5cm长。头部较小，呈三角形；眼大，位于头部正中央，瞳孔呈黑色，外边呈金色；鳃盖后方带有一条黑色条纹。背鳍、胸鳍、腹鳍、臀鳍皆短小，呈三角形，尾鳍呈叉形，尾柄修长。鱼体基本色为蓝色或红色，背鳍、腹鳍、臀鳍及尾鳍皆带有橙色，背鳍、胸鳍及腹鳍带有透明或白色边线，部分尾鳍偏蓝色。

习性 **活动**：群居性，非常喜欢整个群体一起来回畅游，且十分贪玩，故选择水族箱时在大小上需斟酌考量；性情温和，适合与体形相似者混养。**食物**：杂食性，平日里以吃动物性饵料为主，因其体格小巧，选择饵料时应尽量选择小型的。**环境**：对水质及水温的要求较高，过大的温差对其健康会产生极大的影响，昼夜间温差浮动不可超过3℃，水质需为弱酸性，可以适当加入一些腐殖酸。

繁殖 卵生。准备好繁殖箱，先在箱内铺设砂石，种植大量水生植物并摆入棕丝，将温度调节至26℃。准备妥当后，将亲鱼按一雌一雄的搭配放入箱内。发情期的亲鱼入箱后会即刻发情，在雌鱼产卵之前，雄鱼会在上方来回游动，雌鱼产卵时会与雄鱼一起围绕水草及棕丝来回游动，并将鱼卵蹭于其上。鱼卵带有黏液，会自动黏结。雌鱼每次可产卵80～200粒，产卵结束后需将亲鱼捞出，受精卵需1～2日孵化，仔鱼在1～2日后可游动。

鱼体靠近背脊部分呈银灰色

鱼体正中央，从尾柄至背鳍前端处，带有一条黑色或墨蓝色条纹，略似三角形，胸前至腹部呈亮蓝色

鱼体配色极为协调，处处透露出和谐美感

体长：3～5cm | 水层：上、中层 | 温度：22～28℃ | 酸碱度：pH6.0～7.2 | 硬度：2～7.5mol/L

▶ 别名：三角波鱼、三角鱼、蓝三角鱼 | 自然分布：印度尼西亚、泰国

| 樱桃灯 | ▶ | 鲤科 | *Barbus titteya* Deraniyagala | Cherry barb |

樱桃灯

性情：活泼、温和、胆小

养殖难度：容易

樱桃灯性情活泼好动，穿梭于绿意盎然的水草之中，美丽的红色与之交相辉映，十分赏心悦目，加之容易饲养，令许多鱼友爱不释手。

身体呈纺锤形，侧扁，口角皆小，鳞片偏大 ●

形态 樱桃灯为小型淡水热带观赏鱼，体长不超过5cm。头部呈三角形，较小；眼位于头部正中央，呈红色，瞳孔呈黑色；背鳍小，无鳍棘，只有柔软的鳍条；胸鳍小；腹鳍位置靠后；臀鳍中等大小，腹鳍与臀鳍几乎等大；尾鳍偏小，呈叉形，裂口较小。鱼体正中从口部至尾柄有一条贯通全身的黑色横排条纹，额顶开始直至尾柄亦带有一条黑色条纹，颜色较中间一条浅。

习性 **活动**：多藏匿于水草之间，温和、胆小，容易受惊，激动时可能会跳出水族箱，同箱内出现中型观赏鱼会令其感到紧张，如遇到较大的声音，如拍击箱壁等，会令其感到不安，从而四处乱窜。**食物**：杂食性，喜食动物性饵料、水蚤及水蚯蚓等。**环境**：可以与体形及性情相似的观赏鱼混养，注意控制好比例，需准备较安静的环境，尽量不要去打扰它们。

繁殖 卵生。建议选用约39cm×30cm×24cm大的水族箱，在箱底铺设砂石，放入棕榈皮、棕丝或种植水草，以接住鱼卵。将水温稳定在25℃左右，确保充足溶氧量，将亲鱼按雌雄1:1比例放入繁殖箱内。雄鱼会追逐雌鱼，雌鱼排出的鱼卵会自动黏在准备好的水草、棕丝及棕榈皮上，每次可产150～300粒。亲鱼会出现吞卵现象，此时需将亲鱼捞出。受精卵需经过1～2日孵化。

● 身形小巧，玲珑可爱，通体布满淡淡的樱桃色，不深不浅，看着令人惬意

● 通体呈红色、橘红色，鳃盖、胸鳍、腹鳍及尾鳍颜色最浓厚，腹部略呈淡黄色，背部带有紫红色、魅力独特

体长：4～5cm ｜ 水层：中层 ｜ 温度：22～27℃ ｜ 酸碱度：pH6.0～7.5 ｜ 硬度：2～15mol/L

▶ 别名：樱桃鲤、樱桃鱼、红玫瑰鱼 ｜ 自然分布：南亚

火翅金钻

性情： 温和、活泼、喜群居
养殖难度： 容易

火翅金钻是一种外表非常张扬、充满活力的淡水热带观赏鱼，观其外观，便可意会其名字的由来。

形态 火翅金钻为小型观赏鱼，体长2～3cm，头部大小适中；眼大，几乎占据了整个头部，呈银灰色，极具金属质感，瞳孔呈黑色，口裂中等。背鳍鳍条短，无鳍棘，鳍条修长柔软；胸鳍细长；腹鳍小巧；臀鳍大，几乎与背鳍等大，略带对称状态；尾鳍呈叉形，开叉小，中间较薄。

习性 **活动：** 群居性，适合5条以上一起居住，栖息于中、下水层，游动起来速度较快，非常活跃；雌性温顺和善，适合混养，雄性好斗，具有一定的领地意识，并不具备包容性。**食物：** 杂食性，对活饵的接受能力较高，可喂食无节幼虫、冷冻丰年虾以及干燥的人工饵料。**环境：** 对水质要求较严格，需要定期换水，以一周1次为宜。

警告 尾鳍中间较薄，非常脆弱，较容易开裂，开裂后会影响观赏价值，在饲养中需要多留意，在布置水族箱时也不要摆放过于坚硬的物品。

繁殖 卵生。进入繁殖期后需严格把控水质，注水前先在繁殖箱内铺入砂石，种植水草（蜈蚣草及细叶直立茎的水生植物），摆入棕丝（先浸泡一周）。亲鱼交配时会贴近身体，相互追逐，并大力抖动身体，产卵时会躲入棕丝内。鱼卵并不具备黏性，容易滑落。产卵后需将亲鱼捞出，以防吞卵。受精卵经2～3日孵化，从仔鱼长至成鱼需3个月。

鱼体呈深蓝色或蓝紫色，躯干部位带有许多橙色斑点

雄鱼拥有足以令人惊艳的美丽体色，深蓝色、蓝紫色的体色配合橙黄色的斑点，似夜空中绽放的烟火

带有橙红色条纹的鱼鳍，给人以活力四射之感

体长：2～3cm | 水层：中、下层 | 温度：22～25℃ | 酸碱度：pH6.8～7.2 | 硬度：3～4.5mol/L

▶ 别名：火翅金钻灯、银河斑马、金点火翅斑马 | 自然分布：泰国、缅甸

火翅金钻

| 斑马鱼 | ▶ | 鲤科 | *Danio rerio* F. Hamilton | Zebra danio |

斑马鱼

性情: 温和

养殖难度: 容易

斑马鱼是一种常见的
入门级观赏鱼,体形小巧玲
珑,色彩鲜艳醒目,游姿优美
曼妙,且容易饲养,深受水族观
赏鱼爱好者的喜爱。更难能可贵的是,它在医药研究上具有重要的价值。

因其身上的条纹类似斑
马纹而得名

形态 斑马鱼稍侧扁,外形呈纺锤形,头部略尖,胸鳍较小,臀鳍宽大,尾鳍略呈
叉形。背部一般为橄榄色,腹部较浅。雄鱼呈深蓝色与柠檬色相间,体形稍大于
雄鱼,腹部突出,特别是怀卵期。雌鱼呈蓝色与银灰色相间,身形相对修长,但
尾鳍较发达。幼鱼体长约1~4mm,鱼身透明。

习性 **活动:** 性格温和,可以和其他品种的鱼混养。**食物:** 喜欢各种鱼虫以及人工
饵料,比如血虫、红虫、水蚯蚓等,极好喂养,但因为其食量小,建议少食多餐。
环境: 适应力强,对水质要求不高,喜欢中性的水质,生存温度相对较广,但温度
最低不能低于10℃,若置于缸内饲养需勤换水。

繁殖 卵生。4~6月龄就进入性成熟期,即可繁殖,繁殖周期为10天左右,一年可
连续繁殖多次,且产卵量大。繁殖前需将亲鱼放在水位35cm,水温26℃,水质偏软
的暂养箱中分开饲养,然后
等成熟度较好后放入繁殖
箱,产卵后再将亲鱼分
缸饲养,以防亲鱼吃
掉鱼卵。鱼卵孵化
时间约为60小时。

若干条银蓝色的细长纵纹
从鳃盖后一直延伸到尾鳍
末端以及臀鳍

| 体长: 5~7cm | 水层: 中、顶层 | 温度: 18~26℃ | 酸碱度: pH6.5~7.2 | 硬度: 2~6mol/L |

▶ | 别名: 蓝条鱼、花条鱼、印度鱼 | 自然分布: 印度、巴基斯坦、缅甸等

虎皮鱼

性情： 粗暴、好动、活泼

养殖难度： 容易

虎皮鱼之名对于该鱼种来说非常形象，浅褐色的鱼体、黑色的竖排条纹，配合一副严肃的表情，不禁令人感叹自然之奇妙，巧妙地为幼小的它们制作了一副强大的皮囊。

粗暴、蛮横不讲理，常啃食其他鱼种的鱼鳍

形态 虎皮鱼为小型观赏鱼，体长不超过7cm，多为5~6cm。头部较小，呈三角形，口裂大；眼睛呈黑色，被黑色的竖排条纹所覆盖。背鳍基部短小，位置靠后，鳍条修长；胸鳍及腹鳍短小；臀鳍位置偏后，基部一直延伸至尾柄末端；尾鳍硕大，呈叉形。鱼体呈红褐色或浅褐色，靠近鱼体下方则逐渐显白，背鳍由内至外呈黑色、橙色及透明，黑色部分最大，腹鳍呈橘黄色，胸鳍、臀鳍及尾鳍皆为透明。

习性 **活动：** 适合群居，群体意识强，喜欢集体四处游动，如果鱼群密度太大，部分会被挤入上层或下层水域，对身体造成负担；性格过于粗暴，蛮横不讲理，喜欢啃食其他鱼种的鱼鳍。**食物：** 肉食性，较贪食，喂食需注意控制好食物量，以免令其食入过多。**环境：** 理想水温为24~26℃，18℃为可维持其生存的最低水温，喜弱酸性老水，需要较高的含氧量，繁殖期间理想水温为27℃。

繁殖 卵生。繁殖容易。将水温控制在25℃，pH值6.4 ~ 7.0，硬度2.5 ~ 3.5mol/L，在繁殖箱内放入棕丝并种植水草。挑选好亲鱼后将雌鱼放入，一天之后再将雄鱼放入，雌雄比例可按1:1或1:2配置。鱼卵吸附在棕丝及水草上。雌鱼一年产卵多次，每次产卵200 ~ 300粒。亲鱼吞卵，产卵结束后需立刻捞出。经2 ~ 3日受精卵可孵化为仔鱼。

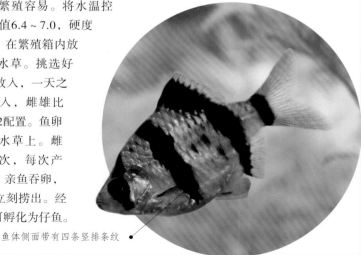

鱼体侧面带有四条竖排条纹

| 体长：5~6cm | 水层：中层 | 温度：22~27℃ | 酸碱度：pH6.4 ~ 7.1 | 硬度：2.5 ~ 5mol/L |

▶ 别名：四间鱼、四间鲫鱼 | 自然分布：马来西亚、印尼

条纹小鲃 ▶ 鲤科 | *Puntius semifasciolatus* Günther | Chinese barb

条纹小鲃

性情：温和

养殖难度：容易

条纹小鲃乍一看相貌平平，不考虑鱼体大小，与我们平日吃的河鲫鱼有些相像。

鱼体呈银青色，背脊颜色最深，向下逐渐变浅

雌鱼体侧带有4～6块横向斑块，雄鱼腹部呈鲜红色

形态 条纹小鲃为小型观赏鱼，体长5～7cm。鱼体呈纺锤形，体侧扁平，须一对，鳞片较大。头部呈三角形，偏小；眼睛较大，呈鲜红色，瞳孔呈黑色；口部大小适中。背鳍呈帆状，基部短，鳍条修长；胸鳍短小、细长；腹鳍及臀鳍呈三角形，中等大小；尾鳍大，呈叉形，分叉较大。鱼体带有竖排黑色条纹，条纹分布均匀，为四条；尾柄部分带有黑色斑点，背鳍呈橘红色，胸鳍、腹鳍、臀鳍及尾鳍呈橘黄色，胸鳍颜色最淡。

习性 **活动**：自然环境下多出没于清澈的田沟或水渠，喜成群居住，时常与石鲋类小鱼一起活动，十分温和，不喜争斗，饲养时可以考虑混养。**食物**：杂食性，主要以藻类植物及小型无脊椎动物为食，喂食时以动物性饲料为主。**环境**：原栖息于平原中河川中下游的水塘、溪流、水渠或田沟内。

繁殖 卵生。每年5月为繁殖时节，此时需准备好一个40cm×60cm的繁殖箱，水深15cm，在箱内种植水草（蜈蚣草），放置棕丝，将水温调节至22℃左右，确定溶氧量充足。雄鱼追逐、诱导雌鱼产卵，鱼卵分散在箱内的水草及棕丝上，产卵结束后尽快将亲鱼捞出，以防鱼卵被亲鱼吞食。受精卵需2日左右孵化。

小巧的身材、鲜红的眼睛、闪闪发光的鱼体

拥有强大的生存能力及适应能力，最低可以在17℃的水温中生存，能够快速适应温差

体长：5～7cm | 水层：中层 | 温度：21～26℃ | 酸碱度：pH6.0～8.0 | 硬度：3～9mol/L

▶ 别名：条纹二须鲃、五线小鲃、五线无须鲃 | 自然分布：中国南部

玫瑰鲫 ▶ 鲤科 | *Puntius conchonius* F. Hamilton | Rosy barb

玫瑰鲫

性情： 温和、活泼

养殖难度： 容易

玫瑰鲫在外形上活脱脱就是缩小版的鲫鱼，身材小巧可人，玫红色的体色以及尾柄处独特的黑斑，使其别具一格。

鱼体呈玫瑰色，背脊处略带银白色，颜色最深，向下逐渐变浅，带有红色、绿色及黄色

形态 玫瑰鲫为小型观赏鱼，拥有"热带金鱼"之称，体形最大不超过10cm，多为5～7cm，人工饲养则更小。鱼体呈纺锤形，体侧扁平，体高，鳞片大小适中。头部呈三角形，偏小；眼睛中等大小，带有金属质感，瞳孔呈黑色；口裂大小适中。背鳍呈帆状，始于体躯干部位正中央，基部短，鳍条长度适中；胸鳍短小、细长；腹鳍细长；臀鳍呈三角形，大小适中；尾鳍呈叉形，宽阔硕大，分叉较大。

鱼鳍皆呈橘红色，基部颜色最深，向外呈渐变状态，逐渐变浅

习性 **活动：** 群居性，适合与体形相似的鱼种混养，燕鱼是极佳混养对象，对待体形比它小的鱼种比较粗暴，混养时需要注意。**食物：** 杂食性，喜食动物性饵料，不挑食，可喂食水蚯蚓、鱼虫等，推荐使用少食多餐的喂食方式。**环境：** 拥有强大的生存能力，能够快速适应较大的温差。

繁殖 卵生。容易繁殖。将繁殖箱的水温调节至24℃，对水质没有特殊需求，种植水草（丝状为佳），放置棕丝。入箱一晚后，雄鱼会追逐雌鱼并诱导其产卵，雌鱼产出散性卵，每次产卵300～400粒。受精卵会吸附在水草或棕丝上，未吸附的会落入箱底，容易被亲鱼吞食。吞卵现象并不严重，可酌情考虑是否将亲鱼捞出。受精卵1～2日孵化，15日后仔鱼可食用鱼虫。

性情温和，活泼好动，略带橘黄色的玫红色躯体活力十足，生机勃勃

最低可以在16℃的水温中生存，22～25℃最适合其生长

| 体长：5～7cm | 水层：上、中层 | 温度：22～25℃ | 酸碱度：pH6.0～7.2 | 硬度：4～7.5mol/L |

▶ **别名：** 寿玫瑰刺鱼、印度鲫鱼、咖啡鱼 | **自然分布：** 印度

| 彩虹鲨 | ▶ | 鲤科 | *Epalzeorhynchus frenatus* Fowler | Labeo frenatus |

彩虹鲨

性情： 粗暴、领地意识强

养殖难度： 容易

　　彩虹鲨体形修长、体侧方正，一身深灰色的外皮与鲨鱼格外相似。它不仅具有观赏价值，还是水族箱内的清洁工，这一特性与"清道夫"相似。

形态 彩虹鲨为中型观赏鱼，头部呈三角形，中等大小；口部较尖；眼睛大小适中，带有金属质感，颜色暗淡，呈深灰色，瞳孔呈黑色；口裂大小适中，须子为两根。背鳍呈帆状，于鱼体正中央起始，基部长度适中，鳍条修长；胸鳍细长，位置靠下；腹鳍、臀鳍呈帆状，大小及形状极为相似，皆为中等；尾鳍呈叉形，宽阔修长，分叉较大。鱼鳍呈橙红色；胸鳍、腹鳍及臀鳍颜色较淡，臀鳍带有黑色外边线，颜色似黑色与红色相叠的水墨。

习性 **活动：** 不适宜群居，喜水草及沉木，具极强的领地意识，同箱内不要超过3只，性情粗暴，同种之间互相攻击，但对其他鱼种非常温和、宽容。**食物：** 杂食性，主要食物为水蚯蚓、鱼虫等动物性鱼饵料。**环境：** 十分容易饲养，对水质几乎没有任何要求，喜欢老水，无须多换新水，较省事，水温24～26℃下可发育至最佳状态。

繁殖 卵生。繁殖困难。雄鱼进入繁殖期后出现鲜艳的婚姻色，雌鱼腹部胀大。对水质要求严格，pH值为6.6～7.0，水温控制在24～28℃。繁殖箱大小为40cm，需在箱底铺设深色砂粒，种植水草，以皇冠草为最佳选择，摆入放倒的陶罐或瓦盆，以充卵基。该鱼种为一夫一妻制，双亲皆贪食鱼卵，产卵结束后需及时将亲鱼捞出。受精卵需2日左右孵化。

鱼体呈深灰色，在灯光照射下会变得五彩斑斓，尾柄最末端与尾鳍相交处有一块黑斑

| 体长：10～15cm | 水层：上、中、下层 | 温度：24～28℃ | 酸碱度：pH6.0～7.6 | 硬度：9.5～11mol/L |

▶　别名：红鳍鲨 ｜ 自然分布：泰国

红尾黑鲨

性情：*胆小、同种攻击、粗暴*
养殖难度：*容易*

红尾黑鲨的外观可以给人留下非常深刻的印象，除去尾鳍及尾柄外，通体墨黑，自带亚光效果，十分高贵神秘。尾鳍及尾柄鲜红似血，非常惊艳。

形态 红尾黑鲨鱼体修长，呈纺锤形，体侧扁平，体高适中，鳞片较小。头部偏小，呈三角形；眼睛中等大小，呈深灰色或黑色，带有金属质感，瞳孔呈黑色，口裂大小适中，带有两根短小的须子。背鳍呈帆状，似鲨鱼鳍，位于躯干正中央，基部长度适中，鳍条长度适中，第一根偏长，至末端则越来越短；胸鳍细长，大小适中；腹鳍、臀鳍皆呈三角形，大小适中；尾鳍呈叉形，分叉较大，强健有力。

习性 **活动**：游动速度快，身姿矫健、十分敏捷，成年后较粗暴，会攻击其他鱼种，十分胆小，受惊后会躲入茂盛的水草丛或陶罐及洞穴中，需要花很长时间确认没有危险后才再次游出来。**食物**：杂食性，喜食水蚯蚓、鱼虫等动物性鱼饵料，同时也会吮吸箱内的青苔，是一位称职的清洁工；喂食细碎的菜叶，如菠菜等，可以使其体色变得鲜艳明亮。**环境**：放置水族箱时，需选择一个较暗的地方，不能有过强的光线及嘈杂的噪声。

繁殖 卵生。繁殖难度较低，在原产地条件较恶劣处，如泥潭、沼泽等地也可进行繁殖。需在繁殖箱内种植丝状水草，放置棕丝等以充当卵基，并放置陶罐等物；将水温控制在28℃左右，可采用雌雄1∶2或1∶1的比例繁殖。亲鱼入箱后雄鱼会立刻追逐雌鱼，雌鱼排出带有黏性的鱼卵，鱼卵会自动黏合在水草及棕丝上。产卵结束后需酌情考虑是否将亲鱼捞出，以防受精卵被吞食殆尽。受精卵需2日左右孵化。

名字霸气粗暴，实则非常胆小，喜欢藏匿于茂密的水草之中

通体呈黑色，部分带有墨蓝色，尾柄末端及尾鳍呈鲜红色或橙红色，颜色反差极大

体长：10~12cm | 水层：下层 | 温度：22~30℃ | 酸碱度：pH6.0~8.0 | 硬度：2~15mol/L

▶ 别名：两色野鲮、红尾鲛、黑金鲨、红尾鱼、红尾鲨 | 自然分布：泰国

黑线飞狐

性情: 顽皮、温和

养殖难度: 容易

鱼体中间有一条贯通整个鱼身的黑带,远看像一粒瓜子

黑线飞狐小巧灵敏的身体内蕴含着一颗顽劣的内心,混养时会互相追逐为乐,但不会攻击对方,似一位顽皮的孩童,同时具有吃黑毛藻的特性,深受喜爱草缸的鱼友青睐。

形态 黑线飞狐为中小型观赏鱼,人工饲养体长约7cm,野生可长至15cm。头部细长,眼睛大,被条纹所覆盖。鱼体呈纺锤形,背鳍呈帆状,胸鳍细长,腹鳍及臀鳍呈三角形,腹鳍较臀鳍大,尾鳍大小适中,呈叉形,裂口较深。鱼体呈灰褐色,背脊深绿色,腹部偏白,带有金属光泽。

习性 **活动:** 十分活跃且顽皮,不具备攻击性,喜欢追逐同箱内的其他鱼类,无关乎鱼种,它非常享受这个过程,但不会去攻击所追逐的鱼类,同时还喜欢跳出水族箱,虽然扰民,但可以混养。**食物:** 杂食性,喜食藻类植物,会吃食箱内的黑毛藻。**环境:** 非常适合饲养在草缸之中,生长速度缓慢,几乎不占地方,非常好养。

繁殖 卵生。繁殖过程具有典型的鲤科特征,难度较高,繁殖较成功者非常少。繁殖箱大小在40~60cm左右,环境好坏直接关乎鱼卵的孵化率及幼鱼的存活率。放入亲鱼之前,先布置繁殖箱,种植丝状水草,放置棕丝,将水温稳定在22~25℃,上下温差不要超过1℃。亲鱼进入繁殖期后会互相追逐,雌鱼腹部明显胀大,双方皆会变得比较敏感,故进入繁殖期后尽量不要去打扰亲鱼,待其自行交配产卵并保持环境稳定便可。

粗细占据鱼体身侧的三分之一

体长: 7~15cm | 水层: 中层 | 温度: 20~25℃ | 酸碱度: pH6.0~7.5 | 硬度: 2~15mol/L

▶ 别名: 暹罗飞狐 | 自然分布: 东南亚

银鲨

性情： 温和、安逸
养殖难度： 容易

在凶猛的外表下，银鲨的内心
纤细温和，不喜争端，此等"表里不
一"的可爱性格也是很多人喜欢它的原因。

缩小版的鲨鱼，十分高冷霸气

通体呈银灰色，带有金属光泽，略偏黄色

形态 银鲨为中、大型观赏鱼，野生银鲨可长至40cm，人工饲养一般为30cm左右。头部呈三角形，偏小；眼睛大小适中，呈银灰色，偏黄，带有金属质感；瞳孔呈黑色；口部大小适中。背鳍呈三角形，基部极短，鳍条修长；胸鳍短小、细长；腹鳍及臀鳍呈三角形，偏小；尾鳍庞大，呈叉形，分叉较深。背鳍、胸鳍、腹鳍、臀鳍带有黑色外边线，边线较粗，十分骨感、醒目，背脊处颜色最为浓郁，金属光泽最为明显；腹部发白，略带奶黄色。

习性 **活动：** 拥有强健的体格，温和，十分活泼，喜欢跳跃，常会跳出水族箱，需要为水族箱准备盖子，以防跳出箱外的悲剧发生。**食物：** 杂食性，偏植食性，亦可喂食活饵，较贪食，食量大，生长速度极快。**环境：** 喜欢集体活动，会一起四处畅游，因此需准备较大的水族箱；幼鱼可以与许多鱼种一起混养，它不会扰乱箱内世界的治安，长成成鱼后则只能和体形相似者混养；对水质要求并不高。

繁殖 卵生。繁殖难度极高，繁殖所需条件只能依照其习性、生存条件及所在科目的特性推断。适合生活在种有水草或摆有沉木的水族箱中，最理想的生存水温在24～26℃，需要开阔的生存空间。分散性产卵，一雌二雄或一雌一雄的搭配方式，在繁殖箱内种植丝状水草并摆入棕丝，亲鱼普遍带有吞卵特性。

外形酷似鲨鱼，鱼体呈纺锤形，纤细修长，体侧周正，鳞片大小适中

体长：30～40cm | 水层：下层 | 温度：24～28℃ | 酸碱度：pH6.4～7.1 | 硬度：4～5mol/L

▶ 别名：黑鳍袋唇鱼 | 自然分布：东南亚

| 玫瑰旗 ▶ | 鲤科 | *Hyphessobrycon bentosi* Durbin | Ornate tetra |

玫瑰旗

性情： 活泼、喜群居
养殖难度： 中等、容易

观其外表，玫瑰旗似一个质地柔和、玲珑通透的灯罩，也被称为玫瑰灯。

鱼体呈浅玫瑰色，略微偏肉色，通体晶莹剔透，色彩温润柔和，身体结构骨感有力

不喜拥挤，否则会攻击对方，撕咬，变得暴躁

形态 玫瑰旗在外形上与玫瑰鲫有相似之处，但相较玫瑰鲫更加骨感精灵，通透可爱。鱼体呈纺锤形，体侧扁平，体位高。头部偏小，呈三角形；眼睛大小适中，透出淡淡的玫红色，瞳孔呈黑色，口裂中等大小。背鳍基部短小，鳍条修长；腹鳍细长，较小；臀鳍基部修长，延伸至尾柄末端，鳍条长短适中；尾鳍呈叉形，宽阔硕大，开叉深。

习性 活动：群居性，适合至少6条同箱饲养，喜欢群体活动，非常活泼，会追逐鱼鳍较长的鱼种，并撕咬其鱼鳍，混养时需要注意。食物：杂食性，喜食动物性饵料，如小型活饵料等，基本上不挑食，也可喂干燥的饲料。环境：不喜拥挤，如所处空间过于拥挤，便会追逐同箱内的小鱼并撕咬其鱼鳍。

繁殖 卵生。7月大时性成熟，在繁殖箱内加入莫丝产卵架，种植水草，水质过硬会使鱼卵腐烂，需将硬度控制在每升水含50～70mg的碳酸钙，将繁殖箱置于背光处，雄鱼比雌鱼早一日入箱。雌鱼每次可产卵200～500粒，具吞卵现象，产卵结束后需将亲鱼捞出。受精卵需1～2日孵化。

繁殖期雄鱼出现漂亮的婚姻色，体色变为玫瑰红，雌鱼腹部变圆变大

鱼鳍除胸鳍外皆呈玫红色，背鳍颜色从内到外依次为玫红色、黑色及白色

腹鳍及臀鳍为玫红色带白边；臀鳍后端有橙红色；尾鳍中间呈橙红色，两端呈玫红色，外侧透明

体长：3～4cm | 水层：上层 | 温度：24～27℃ | 酸碱度：pH6.8～7.5 | 硬度：5～15mol/L

▶ 别名：玫瑰灯、特氏宝莲灯鱼、红扯旗 | 自然分布：南美洲

银屏灯

眼部上方带有鲜红色斑，虹膜带有红色反光点，瞳孔呈黑色

性情： 胆小、粗暴

养殖难度： 中等

银屏灯通体呈银灰色，似覆盖着一层薄冰。眼部上方红色可谓点睛之笔，为鱼体增添了一笔重彩，突显生趣。

尾部一黑一白两条粗条纹

形态 银屏灯头部大小适中，呈三角形；眼位靠上，大小适中，呈银灰色，具有金属光泽，口裂较大。背鳍短，鳍条修长，柔软；胸鳍较小，几乎透明，收起时很难观察到；腹鳍小巧，臀鳍修长硕大，甚至大于背鳍，直至尾柄末端；尾鳍呈叉形，开叉较大。基础颜色为银灰色，鳞片边缘带有黑色细纹，鳃盖后方带深灰色色块，尾柄末端呈白色，尾鳍与尾柄交界处带有黑色竖排条纹，鱼体通体呈银灰色，颜色庄重典雅，大方美丽。

习性 **活动：** 群居性，喜爱成群活动，主要活动区域为水族箱上层，粗暴，会袭击其他鱼类，喜欢啃咬水草嫩芽，连同观赏虾都不放过。**食物：** 杂食性，喜食活饵，如水蚤等，也可喂食人工颗粒状饲料。**环境：** 对水质没有特殊要求，从酸到碱皆可，喜酸性软水，拥有强大的耐性及适应力，最低可以在15℃水温中成活。

繁殖 卵生。雌鱼及雄鱼较难鉴别，繁殖期才会出现明显的性别特征，这时雌鱼的腹部会胀大，游动速度明显减缓，相对来说较易分辨。准备好一个30cm×25cm×25cm大小的繁殖箱，将水温调节至25℃，pH值为6.0～6.5，在箱内种植水草，需用蒸馏水进行繁殖，导入亲鱼前先充氧2～3日。雌鱼每次可产卵300～500粒，产卵结束后将亲鱼捞出。为保持水质清澈，需进行人工捡卵，用吸管将未受精的白卵吸出。受精卵2日后便可孵化。

通体灰色

鱼体呈纺锤形，体侧扁平，体高，尾鳍基部有一黑色宽横带纹

体长： 5～7cm | **水层：** 中层 | **温度：** 22～25℃ | **酸碱度：** pH6.0～8.0 | **硬度：** 2～15mol/L

别名： 银屏鱼 | **自然分布：** 南美洲

宝莲灯

性情: 温和

养殖难度: 容易

宝莲灯是一种珍贵的为人瞩目的热带鱼种,体形娇小,游姿欢快,喜欢成群结队地出游,在阳光的照射下,身上的色带反射着一道道时蓝时绿的色彩,胜似霓虹,让人过目难忘。

形态 宝莲灯娇小纤细,体形为纺锤形,体侧扁,头部和尾柄较宽,吻部圆钝,尾鳍呈叉形。背鳍、胸鳍、腹鳍和尾鳍均较为透明。体侧从眼后缘到尾柄处有两条并行的色带,上方是蓝绿色带,下方是红色带。

习性 **活动:** 性格温和,抵御敌害能力较弱,故喜欢群居,可与性格同样温和的热带鱼混养。**食物:** 对饵料要求不高,不挑食,水蚤、线虫、丰年虾及干饲料都可喂食。**环境:** 原生活在亚马孙河上流树荫下比较平静的水域,喜欢微酸性的软水,普通水也可饲养,但微酸性的水会使其体色更好看,置于水族缸内饲养时可多添置一些水草,以此提供部分隐蔽地区,换水时要注意维持水质稳定。

繁殖 卵生。6~8月即进入性成熟期,此时雌鱼体形略大于雄鱼,腹部突出,而雄鱼的体色则比以往更为鲜艳。挑选好亲鱼放入带金丝草或棕丝的繁殖箱内,繁殖用水需保持酸碱度为微酸性,水温为25~26℃,并且要遮光,保持阴暗,待雌鱼产卵后要马上捞出,否则会吞噬鱼卵。鱼卵在24~36小时后孵化成仔鱼。

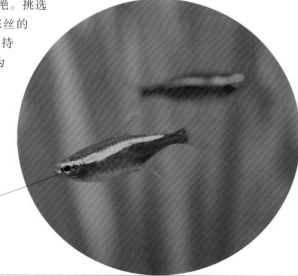

鱼体上的蓝色荧光带十分醒目,在阳光的照耀下会呈现出炫目的时蓝时绿的色彩

体长:4~5cm | 水层:底层 | 温度:23~29℃ | 酸碱度:pH4.5~7.0 | 硬度:0~4mol/L

▶ 别名:日光灯鱼、新红莲灯鱼 | 自然分布:南美洲

红绿灯

性情： *温和*

养殖难度： *容易*

红绿灯是一种极其出名的小型热带观赏鱼，在世界观赏鱼贸易中贸易数量最多的便是它了。它因其身上红绿色带而得名。当它们在水里翩翩游动时，仿佛闪着时红时绿的亮光，别有一番情趣。

形态 红绿灯体形细长。臀鳍略长于背鳍，尾鳍叉形，胸鳍圆扇形。身体上半部分从头部到尾部前端为蓝绿色带，身体下半部分从头部到腹部为淡蓝白色带，身体下半部分从腹部到尾部为红色带。雌鱼体形比雄鱼稍微宽厚，特别是产卵期。仔鱼细小，且游动量较小。

习性 **活动**：性格温和，喜群居，可以和其他热带观赏鱼品种混养。**食物**：不挑食，好喂养，喜吃活饵料，如普通水蚤、水蚯蚓等，也可喂干饲料。**环境**：喜欢清澈的微酸性软水，喜欢荫蔽而幽静的环境，不能有强光直射，否则对其生长不利。

繁殖 卵生。红绿灯一年四季都可繁殖，但对繁殖水质要求极高，需将pH调到6.5，硬度调到4mol/L，温度调到25℃左右，且最好为软水，并要在繁殖箱内放置好丝状水草，等到亲鱼性成熟后将其放入繁殖箱。由于红绿灯的鱼卵在强光下会死亡，故等其适应一天后遮蔽调光线，只留微光，缓慢淋入原养殖箱的水，刺激亲鱼发情、交配。24小时后受精卵孵化，四五天后仔鱼开始自由游动。

鱼鳍均为无色透明

全身笼罩着青绿色光彩,从头部到尾部有一条明亮的蓝绿色带

体长：3~4cm | 水层：底层 | 温度：20~25℃ | 酸碱度：pH5.5~7.5 | 硬度：0~4mol/L

▶ 别名：红莲灯、霓虹灯、红灯鱼 | 自然分布：秘鲁

红绿灯

黑裙灯 ▶ 脂鲤科 | *Gymnocorymbus ternetzi* Boulenger | Black tetra

黑裙灯

性情：温和、喜群居

养殖难度：容易

黑裙灯是一种非常可爱的小型观赏鱼，它外表美丽、价格低廉、生存能力强，深受养鱼新手喜爱。

通体略带金属质感，似乎质地透明

受到惊吓时体色会突然变淡

形态 黑裙灯体高，侧面扁平；鱼体呈菱形，头部大小适中，呈三角形；眼睛较大，位于头部中间偏上处，呈银灰色，瞳孔呈黑色；口裂较小。背鳍基部短小，鳍条柔软，长度适中；胸鳍较

后半身呈黑色，如水墨一般，仿佛身着一条黑色礼裙

小、透明；腹鳍小巧尖细，质地透明；臀鳍修长硕大，约为背鳍的两倍左右，直至尾柄末端；尾鳍呈叉形，开叉较大，尾柄细窄。鱼体前半部分呈银灰色，具有明显的金属光泽，后半部分呈黑色，胸鳍、腹鳍及尾鳍呈白色，质地通透。

习性 **活动**：群居性，喜欢一起畅游，速度极快；十分温和，可以和其他小型灯鱼一起混养。**食物**：主食为活饵，所食人工饵料需颗粒细小，食量大，喜欢一边游动一边寻找食物。**环境**：对水质要求不高，将水温保持在20～30℃，水质清澈即可。

繁殖 卵生。8～10个月大时性成熟，繁殖起来并不困难。需将水温保持在26～28℃，pH值为6.8～7.0，硬度为2mol/L，在繁殖箱内种植水草，摆放棕丝，无需铺底。按雌鱼雄鱼2：1或3：1的比例搭配。亲鱼入箱后，雄鱼会追逐雌鱼，为了完成产卵，这种现象会反复多次，产卵结束后需尽快将亲鱼捞出，以免鱼卵遭到吞食。受精卵经过1日便可孵化，2～3日后，仔鱼可以自由游动并自主寻觅食物。

黑色会随年龄增长变淡

有吞食水草嫩芽的习惯

体长：3～6cm | 水层：中层 | 温度：20～30℃ | 酸碱度：pH6.0～8.0 | 硬度：2～15mol/L

▶ 别名：黑裙鱼 | 自然分布：南美洲亚马孙河流域

柠檬灯

性情: 胆小、温和

养殖难度: 中等

　　柠檬灯非常纤细，十分脆弱，却懂得以群居方式来壮大自己，鱼群数量庞大，同进同出，四处游动，场面十分壮观。

眼位靠前，偏上，上半部呈朱红色，下半部呈银灰色

小巧的体形、通透的鱼身，透过表层可以看到内部的骨骼

形态 柠檬灯为小型观赏鱼，鱼体呈纺锤形，头部呈三角形，大小适中；眼睛中等大小，口裂适中。背鳍基部短小，鳍条长且柔软；胸鳍大小适中、透明；腹鳍小巧，质地透明；臀鳍修长，约为背鳍的 2～3 倍，直至尾柄中段，前端鳍条修长；尾鳍呈叉形，开叉极深，尾柄较窄。鱼体沿脊椎处带有一条条纹，呈柠檬黄；鳃盖呈银灰色；胸鳍略带橘红色，背鳍、腹鳍、臀鳍呈柠檬黄，臀鳍只有前端呈黄色，基部透明，带有黑色外边线。

习性 **活动:** 群居性，具有强大的群体意识，喜欢鱼群一起出行，温和且不具备攻击性，适合与其体形相似的鱼种混养，多出没于长有水草的水域。**食物:** 杂食性，偏爱活食，可喂食水蚤、红鱼虫、摇蚊幼虫等。**环境:** 对水质要求极高，喜爱酸性软水，为防止水中产生过度的亚硝酸盐而引发疾病，需要定期换水。

繁殖 卵生。繁殖难度高，对水质要求严苛。6个月大性成熟，体长超过4cm的鱼可进行繁殖。准备一个30cm大的繁殖箱，摆放在光线柔和处，铺设砂石，种植水草（狐尾草或金丝草）作卵基，繁殖用水为1:1蒸馏水和冷开水，水温25～27℃，pH值6.6～6.8。雌鱼每次产卵100～300粒，双亲皆有吞卵特质。受精卵1～2日后孵化。

在原产地主要栖息于小型河川、湖泊及潮湿草丛地带，水流缓慢、水草浓密、水中布满枯枝烂叶，水呈酸性，水族箱无法严格达到此要求，鱼的成色会稍逊色

体长: 4～5cm | 水层: 中层 | 温度: 21～30℃ | 酸碱度: pH6.6～6.8 | 硬度: 1～2mol/L

▶ **别名:** 丽鳍望脂鲤、美鳍脂鲤、柠檬翅鱼 | **自然分布:** 南非亚马孙河

柠檬灯

| 帝王灯 ▶ | 脂鲤科 | *Nematobrycon palmeri* C. H. E. | Emperor tetra |

帝王灯

性情：温和、好斗

养殖难度：容易

帝王灯内心温和却非常好斗，气场之强大迫使部分体形大于它的鱼种对其充满畏惧。

粗壮有力，全身最引人瞩目的莫过于鱼体中间偏下的一条黑色条纹，贯通全身，庄重大气

形态 帝王灯为小型观赏鱼，体长不超过5cm。鱼体呈纺锤形，头部偏小，呈三角形；眼睛中等大小，眼位略偏上，呈银灰色，具有金属光泽，瞳孔呈黑色；口小。背鳍基部短，鳍条柔软，较长；胸鳍极小、透明；腹鳍小巧，质地透明；臀鳍修长，长度约为背鳍基部的2～3倍，延伸至尾柄，前端鳍条较长；尾鳍呈叉形，开叉深，尾柄宽窄适中。鱼体呈银灰色，背脊及鳃盖带有橘黄色。

习性 **活动：**体魄强健，非常好斗，领地意识极强，是霸王，十分具有威慑力，不适宜成群饲养，应尽量避免过多本种鱼一起居住，建议选择大的水族箱，混养时选择体形大且强壮的鱼种。**食物：**杂食性，喜食水蚤及摇蚊幼虫，也可喂食薄片、颗粒形饲料及冷冻鱼虫。**环境：**适应力极强，对水质要求不高，适合饲养在草缸中。

繁殖 卵生。繁殖有难度，对水质及环境要求严格。需将水温保持在23～27℃，不要有温差浮动，pH值6.3～7.4。种植水草或放入莫丝产卵架，以接住鱼卵。亲鱼入箱后会互相追逐、吸引。产卵结束后需尽快将亲鱼捞出，以免吞食鱼卵。在仔鱼可以自由游动前都必须严格控制水质。

雄鱼尾鳍为三叉，随着年龄增长，尾鳍中间及两端会逐渐向后延伸，待其完全成熟后，臀鳍边缘会带有漂亮的金黄色

| 体长：4～5cm | 水层：上层 | 温度：22～29℃ | 酸碱度：pH5.0～7.5 | 硬度：2.5～9mol/L |

▶ | 别名：巴氏丝尾脂鲤 | 自然分布：亚马孙河流域

盲目灯

性情：温和、喜群居
养殖难度：容易

盲目灯的祖先被水流冲入了几乎无光的地下洞穴中，日积月累，眼睛逐渐退化，直至消失，经过数万年的演变便有了今日的盲目灯。

最大的特点是没有眼睛，光秃秃的头部只有一张嘴，非常独特

成鱼通体一色，简约漂亮

形态 盲目灯鱼体形态多种多样，最常见长形或纺锤形；体侧略微扁平；头部大小适中，呈三角形，无眼；口部大小适中，口裂较小。背鳍基部短，鳍条柔软，起始于躯干部分正中间稍靠前的部位；胸鳍极小、细长，透明；腹鳍小巧，向上收起，质地透明；臀鳍偏小，呈三角形，边缘线较圆润，鳍条较长；尾鳍呈叉形，开叉深，尾柄宽窄适中。鱼体呈米白色、灰褐色或橘红色。

习性 **活动**：喜群居，十分温和，虽然没有眼睛，但其他感官十分灵敏，可以准确地找到投入箱内的食物，避开石块等观赏物及箱内其他鱼类，游动速度极快，但容易跳出水族箱。**食物**：杂食性，不挑食，喜食小型甲壳类动物、浮游生物等，可为其选择动物性饵料。**环境**：祖先常年居住在黑暗的洞穴内，需要较暗的生活环境，布置水族箱时可以放入洞穴型观赏物，并将水族箱放置在较暗的地方。

繁殖 卵生。7个月大时性成熟，为草上卵生鱼种。需在繁殖箱内铺设一层金丝草，将水温调节至22～24℃。亲鱼在入箱前需分开单独饲养一周左右，入箱后亲鱼会相互环绕、转圈，这种现象会持续几个小时，随后亲鱼将身体靠近，进行排卵授精。雄鱼授精结束后便会离去，雌鱼则继续排卵，同时出现吞卵现象。需将雄鱼捞出，待雌鱼排卵结束后亦将其捞出。每次可产卵600～1000粒，1日左右可孵化。

刚孵化的幼鱼有眼睛，随着成长眼睛逐渐退化，这个过程约2个月，其他各项感官逐渐变得灵敏，完全可像视力正常的鱼一样生活

体长：6～8cm | 水层：下层 | 温度：22～26℃ | 酸碱度：pH5.4～6.8 | 硬度：5～15mol/L

▶ 别名：盲鱼、无眼鱼 | 自然分布：美洲、欧洲、非洲、亚洲

| 钻石灯 | ▶ | 脂鲤科 | *Moenkhausia pittieri* C. H. E. | Diamond tetra |

钻石灯

性情： 活泼、温顺、喜群居
养殖难度： 容易

　　钻石灯体形小巧，身体散发着银亮的光泽，一大群游过像是从空中飞过的身着宽袍大袖的群仙，可谓"云之君兮纷纷而来下"。

非常活泼，可以妥善地处理邻里关系，不会主动挑起事端，更不会打架，非常温和

形态 钻石灯为小型观赏鱼，家养体长最大约7cm。鱼体呈菱形，体侧扁平。头部呈三角形，偏小；眼睛中等大小。背鳍基部短，鳍条极为修长、柔软；胸鳍极小、透明；腹鳍修长，向后方延伸，可达臀鳍；臀鳍硕大，长度约是背鳍基部的2倍，延伸至尾柄前端，鳍条亦极长；尾鳍呈叉形，硕大，开叉深，尾柄宽窄适中。体色呈白色，胸鳍、腹鳍及背鳍略微偏红色；臀鳍偏蓝；尾鳍呈金黄色。

习性 活动：喜欢群体居住，活泼温和，极善于游泳，在原产地可以逆流而上，丝毫不受阻碍，因此常出现跳缸现象，需要为水族箱加一个盖子。食物：杂食性，对于虫类饵料的接受度较强，可喂食红虫、线虫、丰年虾等。环境：喜欢清澈的水质和丰富的含氧量，饲养时需每隔一周换一次水，并时常关注含氧量是否充足。

繁殖 卵生。具有一定的繁殖难度，需严格控制水温、水质及繁殖环境等多种因素。在繁殖箱内铺设金丝草，将水温调节至26℃左右。亲鱼产卵及授精时会将身体靠近，互相晃动。雄鱼会吞食排出的鱼卵，需捞出，雌鱼也会吞卵，产卵结束后需捞出。

眼位偏上，呈银灰色，上边带有一条红色斑纹，具有金属光泽，瞳孔呈黑色

带有少量银灰色、金色及亮蓝色混搭，金属质感非常强烈，浑身上下闪闪发光，如钻石一般耀眼

体长：6～7cm ｜ 水层：中层 ｜ 温度：23～28℃ ｜ 酸碱度：pH6.0～7.5 ｜ 硬度：2～7.5mol/L

▶ 别名：闪光直线脂鲤 ｜ 自然分布：南美洲

红管灯

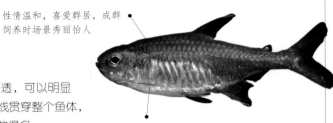

性情温和，喜爱群居，成群饲养时场景秀丽怡人

性情：温和

养殖难度：容易

红管灯全身皮肤通透，可以明显地看到一条橘红色的细线贯穿整个鱼体，仿佛发热的灯丝一般，故得名。

小巧紧致，十分讨喜，全身最引人注目的是鱼体中间一条贯穿全身的红色线条

形态 红管灯为小型热带观赏鱼，体长4cm左右，鱼体修长；头部较小，呈三角形。眼大，位于头部正中央，除虹膜上半部分外，呈银色，带有一些蓝色，瞳孔呈黑色。背脊呈蓝灰色；腹部在灯光下带有黄绿色光泽；背鳍呈三角形，呈深红色及蓝灰色相间；胸鳍小；腹鳍亦小；臀鳍呈三角形，略带蓝灰色；尾鳍硕大，呈叉形，开叉大小适中，呈蓝灰色。

习性 **活动**：群居性，喜欢参与集体活动，在原产地除产卵外几乎所有日常活动都和群体一起，具有一定的社会性，非常温和，适合混养。**食物**：杂食性，不挑食，喜爱活食，可喂食丰年虾、活鲜或冻鲜，也可喂食薄片、干燥的鱼饵料等。**环境**：和体形较大的鱼一起混养时需种植水草，供其躲避。

繁殖 卵生。繁殖具有一定难度。需准备一个20cm大的繁殖箱，在箱内铺设金丝草，温度为23～25℃，尽量避免温差，繁殖需要蒸馏水及白开水，在亲鱼入箱前先将繁殖用水放置4～5日。发情期，雌鱼及雄鱼会有明显变化。亲鱼入箱后会在水中来回盘旋，游来游去，产卵时会互相靠近，雄鱼结束授精后会吃排出的鱼卵，此时需将雄鱼捞出；雌鱼会迅速开始自产自销，吞卵现象严重，产卵结束后亦需捞出。

| 体长：4～5cm | 水层：下层 | 温度：20～28℃ | 酸碱度：pH5.8～7.5 | 硬度：2～7.5mol/L |

▶ 别名：玻璃灯、荧光灯、红灯管、闪光灯 | 自然分布：圭亚那的埃塞圭河

红鼻鱼　▶　脂鲤科　|　*Hemigrammus bleheri* G.& M.　|　Firehead tetra

红鼻鱼

性情：温和

养殖难度：容易

红鼻鱼头部鼻尖的
红色斑块就像锦鲤头部
的红色斑块一般，十分特
殊，观赏价值非常高；尾鳍带有
特殊的斑纹，与头部斑块相呼应，既
避免了头重脚轻的感觉，又不会显得多余，给人感觉非常稳重且平和。

眼睛偏上，上半部分呈橘红色或红色，下半部分呈银灰色，具有一定的金属光泽

除尾鳍外鱼鳍皆透明

形态 红鼻鱼体长4cm左右，鱼体修长，头部呈三角形，大小适中；眼睛中等大小。背鳍鳍条修长柔软；胸鳍小巧、透明；腹鳍长度适中，向后方延伸，呈刀状；臀鳍呈三角形，基部较长，延伸至尾柄前端，鳍条长度适中；尾鳍呈叉形，开叉深，尾柄宽窄适中。鱼体呈银灰色，部分头部的红色斑块呈线状延伸至躯干部位。

习性 **活动：**群居性，较温和，适合与灯鱼混养，不会挑起事端，安分守己，混养时注意控制比例，防止鱼群过度拉帮结派，占领水族箱的大部分空间。**食物：**杂食性，喜爱活食，如浮于水面的小昆虫等，可以喂食动物性饵料。**环境：**对水质要求并不严苛，偏爱弱酸性的软水，拥有强壮的身体，生存能力非常强。

繁殖 卵生。6～8个月大时性成熟，雌性及雄性的辨识度不高，繁殖期雌鱼的腹部会明显变大，雄鱼一经对比则显得消瘦狭窄。繁殖水温为25～27℃，pH值为6.0～6.8，需在繁殖箱底部铺设质地细密柔软的水草为其筑巢，摆放在避光的地方，做好遮光措施。产卵前亲鱼会进行交尾，产卵结束后亲鱼会十分疲惫，需要捞出后单独饲养并认真照顾，雌鱼每次可产卵100～200粒，待孵化为仔鱼后需将遮光帘移开。

头部以嘴部及鼻部为中心向外扩散且大小不一的红色斑块，是它名字的由来，与之相呼应的还有尾鳍上一黑一白的条纹，非常协调

体长：4～5cm　|　水层：下层　|　温度：20～28℃　|　酸碱度：pH6.0～7.2　|　硬度：2～4mol/L

▶　别名：红鱼剪刀、红头鱼　|　自然分布：巴西亚马孙河流域

红肚水虎 ▶ | 脂鲤科 | *Pygocentrus nattereri* Kner | Red piranha

红肚水虎

性情：凶猛、粗暴
养殖难度：容易

　　红肚水虎亦称红腹水虎，被誉为"最凶猛的淡水鱼"，即传说中的食人鱼，性情非常凶猛，说残暴也不为过。

眼睛略带金属光泽，瞳孔呈黑色

[形态] 红肚水虎鱼体略呈纺锤形，头部硕大，眼睛偏小，眼位偏上，呈深灰色；唇部厚实，口裂较大，带有锋利的牙齿。背鳍基部非常短，鳍条亦短小，柔软；胸鳍极小，向后方延伸；腹鳍亦向后方延伸；臀鳍修长，长度约为背鳍基部的2倍，延伸至尾柄前端，鳍条短小；尾鳍呈叉形，大小适中，开叉较浅，尾柄较窄。通体呈深灰色，脊背靠近头部后方的部位呈金色，腹部、鳃盖下方及臀鳍呈朱红色、橙红色或橙黄色，尾鳍末端颜色较浅，与前端呈渐变状态。

鱼体灰黑色，唯独腹部带有橙黄色、橙红色的色斑，总是下撇的嘴角更使其显得十分威严

[习性] **活动**：群居性，依靠感官寻觅、捕食猎物、辨别方向，视力较差，凶猛且粗暴，习惯将入眼的一切小型鱼类视为食物。**食物**：曾被认为草食性，后经鉴定为杂食性，可食昆虫、蠕虫、甲壳类动物、鱼类等，也接受人工饵料。**环境**：自然条件下多居住于白水河流和一些淡水湖泊，部分居住在被水淹过的森林中，对温度及酸碱变化的适应性较强，不需要过勤换水。

[繁殖] 卵生。具有极高的繁殖度，注意水质、水温、环境等因素，难度较低。需要一个较大的繁殖箱——考虑使用80~100cm的繁殖箱，在底部铺设砂石。雌性及雄性没有明显特征，进入繁殖期后可观察其腹部的薄厚进行分辨，选择一雌一雄搭配进行繁殖，雌鱼会将鱼卵产在箱底的砂石上，每次产卵700~2000粒，2~3日可孵化为仔鱼。

在原产地少则几条、多则百条集群生活，具有非常强大的群体意识

银板鱼 ▶ 脂鲤科 | *Metynnis argenteus* C. G. E. Ahl | Silver dollar

银板鱼

性情：温和、喜群居
养殖难度：容易

　　银板鱼的长相与平日里人们所食的鲳鱼非常相似，不同的是它拥有纷繁的体色及细腻的鳞片，一双大而明亮的眼睛十分引人注目，呆萌微笑的表情十分讨喜，具有一定的观赏价值。

最有特色的是其体长及体宽几乎相等，有点像一个平行四边形

眼睛十分有灵气，虹膜呈银灰色

形态 银板鱼体形中等，体侧扁平，头部极小，但眼睛硕大。口裂适中，上唇较厚实，十分可爱。背鳍位置较高，基部长短适中，鳍条略长，带有黑色斑点；胸鳍小巧灵活，腹鳍向后延伸，亦十分小巧；臀鳍基部修长，直至尾柄前端，鳍条短；尾鳍极为硕大，呈扇形。

习性 **活动**：群居性，性温和，喜欢参与集体活动；喜欢藏匿于水草茂盛区域啃食水草，藏着藏着就把水草啃秃了。**食物**：草食性，除人工饵料外还可喂食蔬菜，也可以接受水蚯蚓、肉块等。**环境**：选择水草时需注意水草是否有毒以及是否具备足够的生长速度；对氯气非常敏感，喜弱酸性水质，在饲养过程中需多加留意。

繁殖 卵生。准备较大的繁殖箱，水温控制在26～27℃，保持为弱酸性软水，即pH值6.0～6.8，硬度2～4mol/L。亲鱼入箱后会相互追逐，将身体靠近后激烈抖动。产出的鱼卵较大，受精率不高。受精卵在27℃的水温下3日左右孵化，一个月后仔鱼可生长至3～4cm。

性情温和，喜爱群居，无论混养还是单独饲养皆宜

体长：15～20cm | 水层：中层 | 温度：25～30℃ | 酸碱度：pH6.0～8.0 | 硬度：2～15mol/L

▶ 别名：银鲳、银盘鱼 | 自然分布：热带地区

刚果扯旗 ▶ 脂鲤科 | *Phenacogrammus interruptus* B. | Congo tetra fish

刚果扯旗

性情： 温和

养殖难度： 容易饲养

刚果扯旗是扯旗中比较珍贵的一种，因原产于刚果而得名，它体形小巧，有着青色混杂金黄色的体色，在阳光照耀下，反射出绚烂的金属光泽，加上晶莹剔透的鱼鳍，显得格外美丽。

背鳍高窄，腹鳍、臀鳍较大

形态 刚果扯旗鱼体呈纺锤形，头小而眼大，口裂向上。背鳍高耸而尖，尾鳍中间突出。体色为青色与金黄色相间，鱼鳍则透明。幼鱼体形非常小。雄鱼背鳍更为高尖，尾鳍中间也更为突出，且体色更为灿烂，雌鱼的腹部膨大，但体色偏淡。

习性 **活动：** 性格温和，体格强壮，喜欢群居，可以和相同体形的鱼混养，但不宜与比它小的鱼、虾混养，也不宜与鱼鳍宽大的鱼类混养。**食物：** 在适宜温度内食欲旺盛且稳定，喜欢吃活食，如鱼虫、水蚯蚓、纤虫、黄粉虫、小活鱼等，宜多投少食。**环境：** 喜欢弱酸性软水，比较难饲养，人工饲养时要特别注意保持水质清洁，且需要设置合理光照。

繁殖 卵生。9月龄左右进入性成熟期。繁殖前亲鱼的选择非常重要，培育亲鱼的同时要准备好繁殖箱，将水质调到弱酸性，水温调高1~2℃，并遮蔽掉光照。在发现雄鱼、雌鱼都进入性成熟期时挑选两尾8~10cm长的雄鱼放入繁殖箱适应一段时间后，再挑选一尾6~8cm雌鱼放入，交配完成后受精卵由于没有黏性会往下沉到水草叶上或箱底，大约3~4天后孵化。

体色基调青色中混合金黄色，大大的鳞片具金属光泽

体长：6~10cm | 水层：顶层 | 温度：23~28℃ | 酸碱度：pH6.0~7.5 | 硬度：2~9mol/L

▶ 别名：刚果美人、刚果霓虹鱼、断点脂鲤、刚果旗、刚果鱼 | 自然分布：非洲

泰国斗鱼

性情： 粗暴、凶猛、好斗
养殖难度： 容易饲养

泰国斗鱼是一种有名的观赏鱼，它的鱼鳍犹如舞者的曼妙裙摆，令人称奇，同时它也因善斗而得名。

鳃特殊，可透过水面过滤空气，吸收氧气

颜色极为缤纷，红、绿、青、蓝、紫、黑、白、黄，或单色，或彩色

形态 泰国斗鱼长而扁，躯干略呈纺锤形，背鳍较长且靠后，胸鳍向下，腹鳍在胸鳍下方，臀鳍如旗，往后微偏长，尾鳍则如扇。鱼鳍被撕裂后可愈合，但会留下伤疤。幼鱼躯干呈长椭圆形，尾部较长，形似蝌蚪，而后慢慢向成鱼形态变化。

习性 **活动：** 性格好斗，喜欢游来游去，若将两条雄鱼置于同一水族箱内，它们将很快进入战斗状态，各自展开鱼鳍，来回盘旋，进而铆足力气后互相冲撞，撕咬对方鱼鳍，直至一方毙命。**食物：** 杂食偏肉食性，喜欢吃活食，如红虫、水蚯蚓、血虫等。**环境：** 原生活在稻田里，故喜欢植物密集、较少阳光直射的水域，若置于缸内饲养的话水量最好在2L以上，每隔3~7天要做好水质清洁工作；与同类雄鱼不宜混养，与同类雌鱼混养也要小心，尤其发情期，与其他鱼类混养密度也不宜过大。

繁殖 卵生。在繁殖箱放置一层浮性水草，将水温调到27℃，pH值调到7.0，硬度4.5~5.5mol/L，放入发情期中的雌鱼、雄鱼。雄鱼会先修建气泡卵巢，并将雌鱼引至其下，然后用身体裹住雌鱼，待雌鱼排出卵后雄鱼使之受精，产卵完毕后雄鱼会一直悉心照料。一对亲鱼每次产卵可达200多个，受精卵在36小时左右孵化，孵化3天后仔鱼能自由游动。

雄鱼的背鳍、臀鳍、尾鳍通常比雌鱼长，颜色也更鲜艳

体长：6~8cm | 水层：中、底层 | 温度：23~30℃ | 酸碱度：pH6.2~7.9 | 硬度：2~12.5mol/L

▶ 别名：暹罗斗鱼、五彩雀鱼 | 自然分布：泰国

叉尾斗鱼 ▶ 斗鱼科 | *Macropodus opercularis* L. | Paradise fish

叉尾斗鱼

性情: 有攻击性
养殖难度: 容易

叉尾斗鱼是一种在中国及东南亚广泛分布的小型鱼类,它被德国著名的观赏鱼专家弗兰克·舍费尔在《迷鳃鱼大全》一书中评价为迄今为止最美丽的鱼种之一,但现在却因为环境污染而数量锐减,濒临灭绝。

和其他斗鱼一样拥有褶鳃,在含氧量极低的水中也能存活

形态 叉尾斗鱼鱼体略侧扁,头略尖,鳃盖上有蓝绿色盖斑,背鳍、臀鳍末端修长而尖,且有蓝色镶边,尾鳍呈叉形,红色。体色为咖啡色、红色相间的竖条纹,额头处为咖啡色、黑色的竖条纹。

习性 **活动:** 性格好斗,不宜与其他体形较小、体色鲜艳、游速缓慢的鱼类混养,也不宜与大型食肉性鱼混养。**食物:** 不挑食,是偏肉食性的鱼种,如孑孓、水蚯蚓、摇蚊幼虫等都是很好的饲料,有时也会吞噬其他热带小鱼。**环境:** 原生活在中国南方的溪流、稻田里,对水质没什么要求,非常容易饲养,喜欢隐蔽的环境,人工饲养时可人为营造一些可藏匿的区域。

繁殖 卵生。野生叉尾斗鱼一般在6月中旬开始繁殖,雄鱼会先修建气泡卵巢,然后向雌鱼周围游动,并将雌鱼引至其下,用身体裹住雌鱼,待雌鱼排出卵后雄鱼使之受精。受精卵为无色透明的圆球形,36~72小时左右孵化。

幼鱼发育经过仔鱼前期、仔鱼期、稚鱼期3个阶段,慢慢长出尾鳍、背鳍、臀鳍等

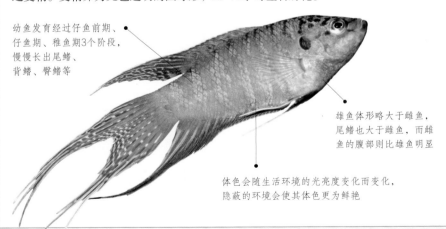

雄鱼体形略大于雌鱼,尾鳍也大于雌鱼,而雌鱼的腹部则比雄鱼明显

体色会随生活环境的光亮度变化而变化,隐蔽的环境会使其体色更为鲜艳

体长: 10~16cm | **水层:** 顶层 | **温度:** 16~26℃ | **酸碱度:** pH6.0~8.0 | **硬度:** 2.5~9.5mol/L

▶ **别名:** 中国斗鱼、普叉 | **自然分布:** 中国长江上游、广东、海南岛、台湾,以及越南等地

| 红丽丽 | ▶ | 斗鱼科 | *Colisa chuna* | Honey gourami |

红丽丽

性情： 有攻击性

养殖难度： 容易

红丽丽，顾名思义，此鱼有着美丽的红体色，尤其是繁殖期，体色更是鲜艳似火，非常奇妙。而且很特别的是，红丽丽喜欢将头伸出水面换气，然后迅速游回水里喷水，发出"啪嗒"的声响，十分可爱，令无数热带鱼爱好者喜爱不已。

形态 红丽丽体形较小，呈卵圆形，头部略尖，口小而往上翘，眼睛较大。背鳍较长，从吻部后端一直到尾部前端。臀鳍稍短于背鳍，从腹部一直到尾部。腹鳍为长丝带状，胸鳍较小，且无色透明。尾鳍略呈爱心形。体色为橙黄色或鲜红色。繁殖期时会出现婚姻色，即体色比平时更为鲜艳。雄鱼体长稍长于雌鱼，体色也较为鲜艳。幼鱼体形细小，呈黑棕色。

习性 活动：性格温和，可以和其他热带鱼一起混养。**食物：** 对食物要求也不高，可以喂食活饵料和干饲料。**环境：** 对水质要求不高，喜欢生活在温度较高、水质清澈的水域，人工饲养时需添置一些水草。

繁殖 卵生。繁殖较容易，6个月便能达到性成熟。性成熟时雌鱼腹部明显膨大，挑选好亲鱼后将其放入光线较暗的含较多浮性水草的繁殖箱内，待雄鱼筑好卵巢便开始追逐雌鱼，交配产卵后应将雌鱼捞出，以防雄鱼袭击雌鱼。一天后受精卵便能孵化，三天后仔鱼便能自由游动。

经常在空中换气后自水中喷水是因为它靠鳃上的辅助呼吸器官更换气体，以更好地在低氧环境中生存

体长：4~6cm | 水层：中层 | 温度：23~30℃ | 酸碱度：pH6.0~8.0 | 硬度：2~6mol/L

▶ 别名：拉利毛足鲈、小丽鱼、小密鲈、密鲈、核桃鱼 | 自然分布：东南亚地区

蓝曼龙

性情：温和、好斗

养殖难度：容易

　　蓝曼龙在美丽的外表下，隐藏着一颗好斗的心，浑身上下散发着高冷的气息，同时还具备一定的攻击性。

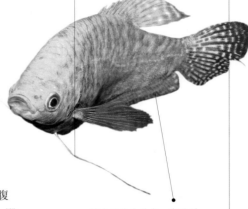

体色呈蓝色至蓝灰色渐变，斑斓美丽，令人炫目，腹鳍似两根须子，显得仙气十足

雌鱼及雄鱼具有一定差别，雌鱼体色较暗淡，背鳍圆滑、较钝，腹鳍饱满；雄鱼体色较鲜艳，背鳍尖细修长，腹鳍不够饱满

形态 蓝曼龙体形适中，呈椭圆形，略微修长，体侧扁平；头部大小适中，眼位偏低，中等大小，虹膜呈银灰色，瞳孔呈黑色。口裂较大，口部位置偏高，似在微笑。背鳍位置靠后，基部长短适中，鳍条略长；胸鳍透明；腹鳍修长，位于胸部，呈须状，向后延伸；臀鳍向后延伸，基部修长，从腹部一直延伸至尾柄末端，鳍条短；尾鳍大小适中，呈扇形。鱼体呈蓝色或蓝灰色，带有不规则条纹或斑点，腹部偏银灰色，尾鳍及臀鳍外边以及背鳍末端带有白色斑点。

习性 **活动**：适应能力及生存能力皆很强，感到缺氧时可将头部露出水面直接呼吸，幼鱼有时也将头部伸出水面呼吸；会攻击比自己幼小的鱼种，以及同群体内攻击力较弱的鱼；虽好斗，但生性温和，可以与体形相似的鱼种混养。**食物**：杂食性，对食物的接受度较高，可接受范围十分广泛，可食鱼虫、水蚯蚓等动物性饵料。**环境**：对水质无特殊需求，适应性较强，适合有水草的空间。

繁殖 卵生。准备工作所需时间较长，需提前一个月开始喂食小鱼苗或枝角类等活饵，以保证繁殖过程相对顺利。繁殖箱大小为50cm×35cm×35cm，水温为26~28℃，pH值为6.0~7.5，硬度为2.5~4mol/L。该鱼种的卵巢为建筑在水面上的浮巢，需在水面放置大叶水草或具有浮力的塑料板或木板。授精时雄鱼会弯曲身体，引导雌鱼，雌鱼每次可产卵500~1000粒，产卵结束后需拿出过滤系统及打氧装置，并保持环境安静。

体长：13~14cm | **水层**：上层 | **温度**：26~30℃ | **酸碱度**：pH5.5~8.0 | **硬度**：2.5~4mol/L

▶ **别名**：蓝三星鱼 | **自然分布**：东南亚

| 珍珠马甲 | ▶ | 斗鱼科 | *Trichogaster seeri* | Pearl gourami |

珍珠马甲

性情：温和

养殖难度：中等

珍珠马甲游动时长须舞动，优雅飘然，仙气十足，非常适合与假山石类的观赏物搭配，交相呼应，若隐若现。

臀鳍基部修长，向后延伸，从腹部一直延伸至尾柄末端，鳍条修长

形态 珍珠马甲为中小型观赏鱼，鱼体呈椭圆形，体侧扁平，头部大小适中，眼部略大，虹膜与鱼体同色，瞳孔呈黑色。背鳍位置靠后，基部长度适中，鳍条向后方延伸；胸鳍小巧透明，与鱼体同色；腹鳍呈须状；臀鳍基部修长；尾鳍略微偏大，呈扇形。鱼体呈棕褐色，头部下方、腹部、臀鳍呈橘黄色至橘红色渐变，背鳍及尾鳍呈橘黄色。

习性 活动：温和，热情好客，不会主动挑起争端，非常适合与体形及脾性相近的鱼种一起混养；缺氧时会主动浮出水面吞吐空气，可以适应密集度较高的区域。**食物**：杂食性，对各种食物的接受度较高，喜食水蚤、线丝虫、摇蚊幼虫、水蚯蚓、蟹籽等动物性饵料。**环境**：对水质要求不高，喜中性水质，需每两周换一次水。

警告 容易得烂鳃病，在饲养中需要时常关注，尤其是换水时。

繁殖 卵生。繁殖难度较低，需准备一个80cm大的繁殖箱，雄鱼通过吐泡在水面上筑浮巢，宜放置大叶水草或具有浮力的塑料板或木板，以及漂浮的棕丝。雄鱼会诱导雌鱼，弯曲身体进行授精。雌鱼每次产卵500粒左右，产卵量极高，受精卵需1~2日孵化，孵化为仔鱼后经3~4日可自由游动并自主寻觅食物。

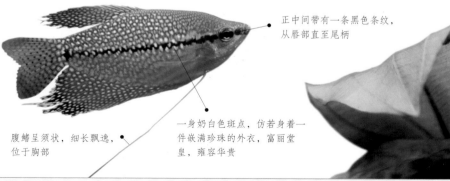

正中间带有一条黑色条纹，从唇部直至尾柄

腹鳍呈须状，细长飘逸，位于胸部

一身奶白色斑点，仿若身着一件嵌满珍珠的外衣，富丽堂皇，雍容华贵

| 体长：12~13cm | 水层：上层 | 温度：23~28℃ | 酸碱度：pH6.5~7.1 | 硬度：3~4mol/L |

▶ | 别名：珍珠鱼、马山甲鱼、珍珠毛足鱼 | 自然分布：泰国、马来西亚、印度尼西亚

丽丽鱼 ▶ | 斗鱼科 | *Trichogaster lalius* F. Hamilton | Duarf gourami

丽丽鱼

性情温和，不喜打斗

头部下方呈亮蓝色

性情：温和

养殖难度：容易

丽丽鱼的鱼体如其名字一般美丽动人，浑身布满红蓝相间的条纹，热情洋溢的同时不缺乏冷静沉着之感，须状的腹鳍使其仙气倍增，似一位沉着却不失童心的老者。

形态 丽丽鱼为中小型观赏鱼，鱼体呈椭圆形，修长美丽，体侧扁平；头部略微偏大，呈三角形；眼部略大。背鳍位置靠前，基部长，鳍条向后方延伸，直至尾鳍；胸鳍小巧透明，腹鳍呈须状，细长飘逸，悠然飘动，位于胸部；臀鳍基部修长，向后延伸，从腹部一直延伸至尾鳍前端，鳍条长度适中；尾鳍略偏大，呈扇形。鱼体呈红色或紫红色，带有亮蓝色竖排条纹，背鳍、臀鳍及尾鳍带有亮蓝色斑点，缤纷炫目，魅力独特，腹鳍呈蓝红相间，颜色变化莫测。

习性 **活动：**胆子较小，受惊会躲藏在水草及石块中，情绪激动时会冒出水面呼吸；温和，不喜斗争，不主动挑起争端，非常适合与体形及脾性相近的鱼种一起混养。**食物：**杂食性，偏爱肉类及藻类食物，可喂食红虫、蚯蚓、盐水虾及藻类植物等。**环境：**对水质和饵料要求皆不高，喜欢清澈的老水，新水会让它们感到不适应；喜静，选择混养的鱼种时应选择相对文静的鱼种。

繁殖 卵生。繁殖难度较低。需要较大的空间，可选择尺寸为40cm×25cm×25cm的繁殖箱，体长4cm时可繁殖。水温需稳定在25～27℃，pH值为6.8～7.2，硬度为4.5～5mol/L。卵巢建筑在水面上为浮巢，雄鱼吐泡筑巢，需在水面放置大叶水草或具有浮力的塑料板或木板，并放置浮于水中的棕丝。雄鱼会诱导雌鱼产卵，授精时会将鱼体弯曲，雌鱼每次可产卵500粒左右，受精卵需1日左右孵化。

体长：5～6cm | **水层：**中层 | **温度：**21～30℃ | **酸碱度：**pH6.0～8.0 | **硬度：**4～7.5mol/L

▶ | **别名：**桃核鱼、小丽丽鱼、蜜鲈、加拉米鱼 | **自然分布：**亚洲

招财鱼

性情：*温和*

养殖难度：*中等*

招财鱼拥有硕大的体形与严肃的表情，看似凶猛冷淡，实则非常温和，像一个呆萌的大个子。

体形硕大，外表粗犷，不拘小节，魅力独特

形态 招财鱼体形硕大，最大体长为70cm。鱼体呈椭圆形，头部大小适中；眼睛极小，口部及口裂皆大。胸鳍大小适中向后方延伸；背鳍位置靠后，鳍条向后方延伸；腹鳍呈须状，纤细修长；臀鳍基部修长，向后延伸至尾柄末端；尾鳍呈扇形，大小适中。鱼体呈奶白色或肉红色，胸鳍、腹鳍、臀鳍、背鳍及尾鳍皆与鱼体同色，部分带有金色光泽或红色外边。

习性 **活动**：居住于中层，偶尔也会跑到上层水域凑热闹，故需要一个较大的水族箱；十分温和，不喜争端、不好斗，适合与其体形及脾性相近的鱼一同混养。**食物**：肉食性，喜食小活鱼、鱼肉、虾肉等，也接受人工饲料。**环境**：需将水族箱摆放在有阳光直射的地方并种植水草。

唇部厚实饱满

繁殖 卵生。8个月大性成熟可进行繁殖。需为其准备一个较大的繁殖箱，以120cm左右为宜，在箱内放置平滑的石板，将水温调节至27～29℃并保持稳定，尽量不要出现温差。雌鱼会产两次卵，中间相隔5～20天，每年产卵量500～1000粒，鱼卵受精率有限，会以摆放在平滑的石板上或以泡为巢两种方式中的一种进行孵化。

体长：30～70cm | 水层：中层 | 温度：22～32℃ | 酸碱度：pH6.0～8.0 | 硬度：2～15mol/L

别名：长丝鲈、古代战舰 | 自然分布：南美洲亚马孙河流域

接吻鱼 ▶ | 沼口鱼科 | *Helostoma temminckii* G. C. | Kissing gourami

接吻鱼

性情：温和、强壮
养殖难度：中等

顾名思义，接吻鱼最大的特点是两条鱼会凑在一起做出亲吻般的动作。实际上，这个动作并非人们所想是相濡以沫、至情至性，而是在打斗之前或打斗过程中才会出现的动作，理解为一种宣战或者挑衅更为贴切。

眼睛具有灵性，虹膜呈银灰色，瞳孔呈黑色

在灯光照射下泛金属光泽，背脊肉粉色较浓，下方偏向银白色，金属质感更强烈

形态 亲吻鱼体形小巧可爱，鱼体呈卵圆形，也似桃心；头部十分小巧，呈三角形；眼睛硕大；唇部可呈圆形，口裂较大，平时会闭合。背鳍基部修长，向后延伸，可达尾鳍前端，鳍条短小；胸鳍及腹鳍皆十分小巧；腹鳍向后方延伸，收紧，几乎微不可见；臀鳍基部修长，与背鳍呈上下对称状态，亦可达尾鳍前端，鳍条短小；尾鳍呈琴状，大小适中。鱼体呈白色，略带肉粉色。

习性 **活动**：体态小巧，温和，可以和其他鱼种融洽相处，适合与体形及脾性相近的鱼种混养。双唇相对时绝非在接吻，更不会出现在繁殖过程中，这是准备战斗的表现，有用嘴相互啄咬的习性。**食物**：杂食性，喜食小型水蚤及箱壁上的青苔，会啃食水草。**环境**：对水质无特殊需求，需要开阔的生活空间，需要欢快的环境。

警告 容易患白点病。

繁殖 卵生。繁殖难度较低。15个月大性成熟。雌鱼产出浮性卵，雄鱼会吐出泡泡在水面上筑浮巢，布置繁殖箱时需在水面放置大叶水草，也可放置具有浮力的塑料板或木板。繁殖水温为24℃左右，用水需带有部分蒸馏水。一年内可多次繁殖，雌鱼每次产卵2000～3000粒，少则1000粒，亲鱼皆具有吞卵行为。

体长：3～5cm | 水层：上层 | 温度：22～26℃ | 酸碱度：pH6.5～7.0 | 硬度：2～15mol/L

▶ 别名：吻鲈、吻嘴鱼、大白桃 | 自然分布：泰国、印度尼西亚

金鼓鱼　▶　金钱鱼科　|　*Scatophagus argus* L.　|　Spotted scat

金鼓鱼

性情： 活泼、喜群居、温和

养殖难度： 容易

鱼体呈银灰色及金黄色，通体布满黑色大型斑点

　　金鼓鱼体形硕大，相貌粗犷、不拘小节，十分霸气。它喜欢参与群体活动，性情温和，拥有极快的游动速度，其生活态度及身体素质均给人以健康向上之感。

形态 金鼓鱼体形硕大，可长至30cm左右，鱼体接近方形，偏长方形；头部极为小巧，呈三角形；眼睛较小，虹膜呈金黄色，瞳孔呈黑色；头部带有黑色竖排粗条纹；口部大小适中，带有坚硬的牙齿。背鳍基部非常长，向后一直延伸至尾柄，前端鳍棘极为短小，平日里多为收起状态，后端鳍条长度适中；胸鳍略呈圆形；腹鳍向上收紧，较小；臀鳍基部长度适中，鳍条修长，可达尾鳍；尾鳍呈扇形，大小适中。

习性 活动：体格健壮，喜爱游动，十分活泼，温和，具有一身好本事却喜息事宁人，适合与体形及脾性相似的鱼种一起混养。食物：杂食性及底食性，喜食水草及活饵，冻鲜或生鲜。环境：体形硕大，且喜群居，饲养时需准备一个较大的水族箱，起码在100cm以上；广盐性鱼种，需在饲养水中加入少许盐。

繁殖 卵生。繁殖难度极高，由于仔鱼、幼鱼阶段的金鼓鱼十分娇贵，对水温十分敏感，稍有不慎便会导致大批量的仔鱼及幼鱼死亡，目前为止国内所使用的人工繁殖方式为：将雄鱼解剖以获得成熟且有保障的精子，再人工为几十只雌鱼授精，再加上严格的药物辅助，成功后存活的仔鱼数量可达数万尾。

体长：20～30cm　|　水层：中层　|　温度：23～28℃　|　酸碱度：pH7.2～8.0　|　硬度：4～15mol/L

▶　别名：金钱鱼　|　自然分布：太平洋，中国南海、东海南部

月光鱼

种类繁多，颜色及花纹多样 •

性情： 温和

养殖难度： 容易

月光鱼在小型热带鱼中是非常重要的品种，不仅因为它具有独特的魅力，更因为它可与剑尾鱼一同杂交出新的品种。

形态 月光鱼体形小巧可人，乍一看与鲤鱼或鲫鱼有些相似。鱼体呈纺锤形；头部较小，呈三角形；眼睛硕大有神，虹膜呈银灰色，带有金属光泽，瞳孔呈黑色；口部大小适中，口裂较大。背鳍位置偏后，基部十分短小，鳍条柔软，长短适中；胸鳍小巧；腹鳍向后延伸，基部短，呈三角形，鳍条修长；臀鳍亦呈三角形，鳍条长度适中；尾鳍中规中矩，较为庞大。

习性 **活动：** 偶尔无力游动，显得十分无精打采，一旦出现这种情况应在水族箱内撒入适量盐，帮助其缓和、调节身体状态；正常状态下十分温和，可以与体形及脾性相似的鱼种一同混养。**食物：** 杂食性，不挑食，对人工饵料的接受度较高，喜食水蚯蚓、水蚤等动物性饵料。**环境：** 具有极强的适应性，最低可在18℃的水温中生存，喜爱中性水。

繁殖 卵胎生。繁殖难度较低，在繁殖箱底部铺设4～10cm厚砂石并种植少量水草，将水温保持在24～27℃，硬度为4.5mol/L。雌鱼及雄鱼在体色上不易分辨，皆十分鲜艳美丽。雌鱼产卵前腹部会出现胎斑，进入繁殖期后会自行与繁殖箱内的雄鱼交尾，基本每个月产仔一次，每次产出20～50尾仔鱼；雄鱼进入繁殖期后臀鳍的一部分会转化为输精器，以与雌鱼交尾。

较常见的月光鱼有红月光鱼、蓝月光鱼等，它们性情十分温和，能够妥善处理邻里关系

体长：5～9cm | 水层：上、中层 | 温度：18～28℃ | 酸碱度：pH6.0～6.8 | 硬度：4～7.5mol/L

▶ 别名：花斑剑尾、满鱼、新月鱼 | 自然分布：墨西哥

月光鱼

剑尾鱼　▶　花鳉科　|　*Xiphophorus hellerii* Heckel　|　Green swordtail

剑尾鱼

性情：温和、活泼
养殖难度：容易

花色繁多，五彩斑斓，令人目不暇接

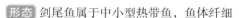

　　剑尾鱼在锋利的外表下潜藏着的是一颗温柔、活泼的心，性情好似孩童一般，天真快乐，爽朗率直，喜欢与其他鱼类一起玩耍。

形态　剑尾鱼属于中小型热带鱼，鱼体纤细修长，头部呈三角形；眼部较大，虹膜呈金色，瞳孔呈黑色；口部大小适中；背鳍位置偏后，基部长短适中，鳍条柔软，较短；胸鳍小巧；腹鳍向后延伸，基部短，鳍条尖细修长；臀鳍亦向后延伸，鳍条长度适中；尾鳍为不规则形状。鱼体正中带有一条朱红色或橘红色横向条纹，背脊部分背鳍至尾鳍段呈橘红色或橘黄色，尾柄下方带有钴蓝色，尾鳍下端带有黑色边缘线，内部呈橄榄绿或橘黄色。

习性　**活动**：非常喜爱跳跃，不知不觉中会跳出水族箱，需准备一个盖子；十分温和，对弱小鱼类不会欺凌，适合与体形及脾性相似的鱼种一起混养。**食物**：杂食性，不挑食，可喂食昆虫、植物、小型甲壳动物及环节动物。**环境**：非常强壮，对水质适应性较强，较耐寒，最低可在20℃的水中生存。

繁殖　卵胎生。繁殖难度较低。6~8个月性成熟。将水温保持在24~25℃，避免温差变化，pH值为7.0~7.2，硬度为3~4.5mol/L。雌鱼每次产仔20~30尾，每隔4~5周繁殖一次，全部结束后仔鱼可达百尾。刚产出的仔鱼前2~3日安静地卧于水中，3~4日后可自由游动。

拥有锋利似剑的尾鳍，其实不只是尾鳍，整个鱼体就好似一把锋利的宝剑

雌鱼无剑尾，身体壮硕肥大，雄鱼尾鳍尖似剑，臀鳍前端部分鳍条会转化为输精器

体长：12~16cm　|　**水层**：中层　|　**温度**：20~26℃　|　**酸碱度**：pH7.0~8.0　|　**硬度**：3~7.5mol/L

▶　**别名**：剑鱼、青剑　|　**自然分布**：墨西哥、危地马拉

孔雀鱼

颜色缤纷绚丽，十分引人注目

性情： 温和、喜群居

养殖难度： 容易

孔雀鱼与泰国斗鱼十分相似，布满花斑的硕大尾鳍如一条随风飘舞的罗裙。但它不似斗鱼那般好斗，骨子里十分温和，感情细腻柔软，具有很强包容性。

形态 孔雀鱼体形小巧，鱼体纤长，线条优雅大气；头部尖细，呈三角形；眼睛大小适中，虹膜多为银灰色，瞳孔呈黑色或红色；口部大小适中。背鳍位置靠后，基部长度适中，鳍条修长柔软；胸鳍、腹鳍、尾鳍在不同品种身上的情况各不相同——胸鳍普遍小巧，几乎微不可见；腹鳍及臀鳍则长短不一；尾鳍多种多样。鱼体色彩缤纷，颜色不一，主要为红、黄、黑三种。

习性 **活动：** 十分温和，对其他鱼种包容度极高，可以与所有体形相似的鱼种混养，身体强健，活泼好动，在缺氧状态下仍可以存活。**食物：** 杂食性，对饲料没有特殊要求，动物性及植物性皆可，喜食菠菜、水蚤、摇蚊幼虫，也吃青苔，为水族箱起到一定的保洁功效。**环境：** 适合饲养在种有大量水草的水族箱中。

繁殖 卵胎生。繁殖难度较低。需在繁殖箱内种植水草，将水温稳定在26～28℃，pH值为6.8～7.4，准备一对3～4个月大的亲鱼，按1雄4雌比例搭配。亲鱼入箱后会相互靠近身体，雌鱼会在雄鱼诱导下进行交尾。雌鱼每次产出30～100尾仔鱼，一年内可产卵多次，有"百万尾"之称。产卵结束后将亲鱼捞出，单独饲养一段时间，使其休养。孵化出仔鱼后15日内严格控制pH值，上下浮动不可超过0.5。

会吃水族箱内的青苔，既不用担心它饿着，在水族箱的清洁工作上也能松一口气了

尾鳍硕大美丽，有琴尾、圆尾、上剑尾、下剑尾、方形尾、叉尾、火炬尾、大尾、扇尾、齿尾、纱状尾或针形尾

体长：5～7cm | 水层：上、中层 | 温度：23～28℃ | 酸碱度：pH6.8～7.4 | 硬度：3～5mol/L

▶ 别名：凤尾鱼、彩虹鱼 | 自然分布：南美洲

| 玛丽鱼 | ▶ | 花鳉科 | *Poecilia latipinna* Lesueur | Sailfin molly |

玛丽鱼

性情：温和
养殖难度：容易

　　玛丽鱼的颜色及品种很多，色彩纷繁，可一起混养，令人目不暇接，十分壮观。

鱼体形似剑鱼，但没有尖锐的尾鳍，相对温和圆润

形态 玛丽鱼属于中小型热带鱼，鱼体修长，头部呈三角形，比例协调；眼部大小适中，虹膜多与鱼体同色，颜色稍浅，瞳孔比鱼体颜色稍深；口部大小适中。背鳍位置偏后或靠前，基部长短不一，鳍条柔软，较短；胸鳍小巧；腹鳍向后延伸，基部短，鳍条短小；臀鳍亦向后延伸，十分短小；尾鳍形状多样，多呈扇形或不规则形状。鱼体颜色多样，最常见的为红、金、黄、棕褐色。

习性 **活动：**十分温和，不具备攻击性，硬水会使其躁动不安，变得无精打采；该鱼种内所有品种可一起混养，也可与体形及脾性相似鱼种一起混养。**食物：**杂食性，喜食植物性饵料，如菠菜、苔藓等，选购人工饵料应以绿藻为主。**环境：**需在水族箱底部铺设砂石并种植水草，确保可以长出苔藓或藻类植物，供其食用。

繁殖 卵胎生。推荐一雌二雄搭配繁殖。在繁殖箱内种植水草，铺设砂石。亲鱼入箱后会相互追逐，盘旋游动，雄鱼诱导雌鱼与其交尾，雌鱼每次产30～50尾仔鱼。仔鱼刚出生10日内需严格控制水质、温度、含氧量，以确保存活率。产仔结束后将亲鱼捞出，单独放置在水族箱内休养一段时间，再令其回到原先水族箱。

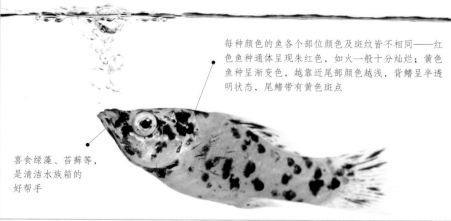

每种颜色的鱼各个部位颜色及斑纹皆不相同——红色鱼种通体呈现朱红色，如火一般十分灿烂；黄色鱼种呈渐变色，越靠近尾部颜色越浅，背鳍呈半透明状态，尾鳍带有黄色斑点

喜食绿藻、苔藓等，是清洁水族箱的好帮手

体长：10～15cm　|　**水层：**上、中层　|　**温度：**24～26℃　|　**酸碱度：**pH7.2～7.6　|　**硬度：**4.5～5.5mol/L

▶　别名：茉莉花鳉、摩利鱼　|　自然分布：中美洲

珍珠玛丽 ▶ | 花鳉科 | *Poecilia velifera* Regan | Yucatan molly

珍珠玛丽

性情：温和

养殖难度：容易

珍珠玛丽与玛丽鱼非常相似，不同的是其背鳍硕
大，带有白色及奶黄色斑纹，就像镶嵌了数十颗甚至上
百颗珍珠，十分耀眼，气质雍容华贵，似古时的贵妇一般，
罗裙层叠，裙袂纷飞，翩然绚丽。

体形及名字与玛丽鱼非常相似

雄鱼背鳍基部呈黑色，
外边线呈红色

形态 珍珠玛丽头部呈三角形，比例协调；眼部大小适中，
虹膜呈银灰色，瞳孔呈黑色；口部大小适中。背鳍位置靠前，基部修长，鳍条柔
软修长；胸鳍小巧，不易被发现；腹鳍向后延伸，基部短，鳍条短小；臀鳍向后
延伸，基部长短适中；尾鳍呈扇形。该鱼种有一个白化种，鱼体呈金黄色，眼睛
却是红色的。正常的成鱼体色呈浅蓝黑色或棕褐色，腹部发白，带有色斑点。

习性 **活动**：活泼好动，热情好客，不喜争端，可与体形及脾性相似鱼种一起混
养，会因水质变换而不安。**食物**：会吃掉水族箱内的苔藓，还会对水草叶子出手。
环境：对水质非常敏感，需严格控制水质，适宜弱碱性水；喜含盐水质，为防止水
质过酸，需时常换水，每隔一周换一次即可。

繁殖 卵胎生。一雌多雄搭配产仔，具备强大的适应力及抵抗力，无需特别照顾。
入箱后亲鱼相互追逐、盘旋游动、相互环绕，雄鱼诱导雌鱼与其交尾，雌鱼一次产
30～50尾仔鱼，仔鱼出生后可自由游动并寻觅食物，生存能力极强，此时只需严格
监控水质。产仔完成后将亲鱼捞出，一为防止亲鱼打扰仔鱼，二为令其休养生息。

背鳍及尾鳍带有奶白色斑点，鱼体后半
段或多或少带有奶白色或浅棕色斑点，
排列整齐

体长：10～15cm | **水层**：上、中层 | **温度**：24～26℃ | **酸碱度**：pH7.2～7.6 | **硬度**：4.5～5.5mol/L

▶ 别名：帆鳍玛丽 | 自然分布：中美洲

食蚊鱼

性情: 凶猛、暴躁

养殖难度: 容易

　　食蚊鱼既有作为观赏鱼的那份美观，又有消灭蚊子幼虫的功能，它尾鳍上带有美丽的斑点，可以在不污染环境的情况下，轻松地把蚊子幼虫消灭在水体里，极大地控制了蚊子的滋生。

形态 食蚊鱼属于中小型热带鱼，鱼体纤细修长，头部呈三角形，大小比例协调；眼部较大，虹膜呈银灰色，瞳孔呈黑色，口部大小适中，口裂较大；背鳍位置偏后，基部极其短小，鳍条柔软，较短；胸鳍小巧；腹鳍向后延伸，基部短，亦十分小巧；臀鳍亦向后延伸，略呈三角形，鳍条长度适中；尾鳍呈扇形，大小适中，带有黑色斑点。鱼体呈蓝灰色，腹部发白，在灯光下带有一定的金属质感，背鳍及尾鳍皆带有小型的黑色斑点。

习性 **活动:** 具有将蚊子幼虫消灭在水中的特性，一昼夜功夫可吞食40～100只蚊子幼体，情绪激动时会选择攻击体形更大的鱼种，较暴躁。**食物:** 主要以小型无脊椎动物及蚊子为食，喂养非常容易。**环境:** 在18～28℃的水温中皆可生存，适应能力极强大，可以适应多种多样的环境，如河沟、池塘甚至沼泽，可以在假山水池、莲缸、插花瓶等环境中生存；可与多种体形及脾性相似的鱼种一起混养。

繁殖 卵胎生。生长速度较快，繁殖难度较低，繁殖能力强、周期短、产仔量极大。繁殖箱在环境布置方面并无讲究，可以适应任何环境。亲鱼入箱后，双方相互追逐，盘旋游动，相互环绕，雄鱼会诱导雌鱼与其交尾，雌鱼一次产30～50尾仔鱼。雌鱼体内的怀卵量却在70万～200万粒不等，一年可产仔多次，故推荐采用一雌多雄的比例搭配。产仔结束后需将亲鱼捞出，令其休养生息。

虽不似孔雀鱼、剑鱼那般花色多样，纷繁美丽，但有独属于它的那份简朴干练之美

鳃盖后方略呈深黄色，腹部带有一小块深蓝色斑块

体长: 4～7cm　|　**水层:** 上、中层　|　**温度:** 18～28℃　|　**酸碱度:** pH6.8～7.2　|　**硬度:** 2～4mol/L

▶　**别名:** 柳条鱼、大肚鱼、山坑鱼　|　**自然分布:** 美国东南部等地

蓝彩鳉

性情： 具有攻击性、活泼

养殖难度： 容易

　　蓝彩鳉躯体部位与斗鱼非常相似，脾性相对收敛，尚不至于好斗到只能单只饲养的地步。鱼体呈蓝色，带有红色斑纹及斑块，十分艳丽；尾鳍两端呈明黄色，似水中的一盏明灯；嘴角时刻带着可人的"微笑"。

形态 蓝彩鳉鱼体纤细修长，头部呈三角形，偏小；眼部比例协调，不大不小，虹膜呈银灰色或金色，瞳孔呈黑色，带有金属光泽；口部大小适中，口裂较大。背鳍位置偏后，基部极其短小，鳍条较短；胸鳍较大，颜色鲜艳；腹鳍向后延伸，基部短，小巧；臀鳍向后延伸，基部修长，鳍条长度适中；尾鳍呈弓形，大小适中。鱼体呈红蓝二色，以蓝色为主，红色为辅，背脊部分基本被红色斑点及斑块覆盖，鱼体布满红色斑点。

习性 活动：本性温和，但有欺负弱小的坏习惯，看到弱小的鱼种会忍不住上去欺负两下，混养时需注意其他鱼种的能力及体形大小。**食物**：对食物没有特殊要求，动物性及植物性饵料皆可，对人工颗粒状饲料具备较强适应性。**环境**：对水质要求不高，注意不要出现过大的温差及pH值变动。

繁殖 卵生。其身强体壮，繁殖难度较低。准备好繁殖箱后，需在箱内用毛线或泥炭土铺底，以做卵巢，如果环境过于潮湿，可能需要先将鱼卵进行干燥处理，再进行孵化。产仔结束后需将亲鱼捞出，令其休养生息，养精蓄锐，以便再次产卵。

尾鳍、背鳍及臀鳍带有黄色外边；
胸鳍呈黄、红及蓝色渐变；头部下
方略微泛白，亦带有红色斑点

嘴角上翘，似随时在"微笑"，
显得十分温和

体长：6.5～7.5cm ｜ 水层：中、下层 ｜ 温度：22～25℃ ｜ 酸碱度：pH6.0～6.8 ｜ 硬度：2～4mol/L

▶ 别名：蓝彩 ｜ 自然分布：非洲

银龙鱼

性情：粗暴、凶猛、攻击性强

养殖难度：容易

银龙鱼相貌十分霸气，体形似带鱼，被赋予招财祈福的寓意，常见于公司、商场的水族箱内。鱼体通体银亮，喜欢阳光，似一件大型美丽的银饰品，价格也较昂贵，需要非常大的生活空间。

形态　银龙鱼体形十分庞大，鱼体修长，似带鱼，家养一般不会长至超过100cm；头部呈三角形，比例协调，大小适中，虹膜呈银灰色，瞳孔呈黑色，带有金属光泽；口部大，口裂极大，嘴角下弯，表情非常严肃。背鳍位置偏后，基部短小，鳍条较短；胸鳍呈须状；腹鳍向后延伸，亦呈须状，基部短，带有少量鳍条；臀鳍向后延伸，基部修长，鳍条长度适中；尾鳍极小，不禁令人疑惑它是否具有尾鳍，呈弓形。鱼体呈银灰色，略微发白，在灯光照射下非常耀眼。

习性　**活动**：非常粗暴，感到饥饿时会毫不犹豫地吞食可食的一切肉类，较喜静，游动时速度缓慢，发现猎物时则十分迅速，善于跳跃。**食物**：肉食性，喂食时需小心，不要太过靠近水族箱，平日里喂食孔雀鱼幼鱼、面包虫、蟑螂、虾、泥鳅等。**环境**：所需生活空间极大，建议使用较长的水族箱或壁挂式水族箱。

繁殖　卵生。繁殖具有一定难度。所需空间较大，口孵性鱼种。繁殖箱无需过多布置，保证大小即可。建议采用一雌一雄的搭配进行繁殖，亲鱼会在游动中射精及产卵，每次可产卵200～300粒，鱼卵大小为0.4cm左右，雄鱼会将受精卵含入口中，等待孵化，一般需要40～60天，非常漫长，这段时间雄鱼几乎无法进食，孵化后仍需8日左右仔鱼才可自由游动。

鳃盖较大，鳞片极大，背鳍、臀鳍及尾鳍呈半透明状

家养60cm较为常见

体长：60～110cm　|　水层：上层　|　温度：24～30℃　|　酸碱度：pH6.5～7.5　|　硬度：1.5～6mol/L

别名：双须骨舌鱼、银龙、银大刀鱼　|　**自然分布**：南美洲亚马孙河流域

亚洲龙鱼

性情: 粗暴、凶猛、攻击性强
养殖难度: 容易

　　亚洲龙鱼是俗称的金龙鱼，与银龙鱼非常相似，同样被赋予招财祈福的寓意，常见于公司、商场的水族箱内。

比银龙鱼稍小，体长50~60cm较多见；鱼体修长，不看尾部的话，略似带鱼

形态 金龙鱼体形庞大，头部呈三角形，大小适中；虹膜呈银金红色，瞳孔呈黑色，带有金属光泽；口部大，口裂极大。背鳍位置偏后，靠近尾鳍，基部短小，鳍条长度适中；胸鳍呈须状；腹鳍向后延伸，十分小巧，基部短；臀鳍向后延伸，基部修长，鳍条长度适中，与背鳍对称；尾鳍呈扇形，大小适中。鱼体呈金色，在灯光照射下带有金属光泽，非常耀眼。

习性 **活动:** 性情凶猛，看似懒散实则是捕猎好手，可在看到猎物瞬间作出反应，平时喜欢在水族箱中上层来回缓慢游动。**食物:** 肉食性，非常粗暴，平日可喂食孔雀鱼幼鱼、面包虫、水生幼虫、蜈蚣、虾、泥鳅等，最爱吃蟑螂。**环境:** 准备一个100~120cm大的水族箱，建议使用较长的水族箱或壁挂式水族箱；水质以亚硝酸盐及氯含量越低越好；生活在上层水域，可和底栖类鱼种混养。

繁殖 卵生。繁殖与银龙鱼有异曲同工之妙，需较大空间，孵化时间漫长。繁殖水温以26~28℃为宜。当亲鱼突然静止在繁殖箱底部不动时，即找到了合适的产卵点，此时需要为其遮光。口孵性鱼种，产卵及受精结束后雄鱼会将鱼卵含入口中，一次可含入40粒，孵化过程约60日，孵化后30日内雄鱼会将仔鱼含在口中看护。

鳃盖较大，呈半圆形；鳞片极大，内部颜色深，外边呈淡金色或银灰色；背鳍、臀鳍及尾鳍呈半透明状

嘴角下弯，牙齿锋利，表情严肃、冷漠

体长: 50~60cm	水层: 上层	温度: 24~30℃	酸碱度: pH6.5~7.5	硬度: 1.5~6mol/L

▶　别名: 金龙鱼、红尾龙鱼 | 自然分布: 亚洲

| 珍珠釭 | ▶ | 釭科 | *Potamotrygon motoro* J.P.M.&H. | Motoro sting ray |

珍珠釭

性情: *温和*

养殖难度: *容易*

珍珠釭的体形非常庞大,通体布满奶黄色的圆斑,似珍珠一般。它外表虽然看起来凶猛,实际上非常温和,不喜争端,攻击力强大,并且带有剧毒,不适合新手饲养。

形态 珍珠釭鱼体浑圆硕大,身体结构十分复杂,具有5对鳃孔,皆位于身体下方;带有巨大的羽翼状胸鳍,位于头部及躯体侧面,基部极其修长,鳍条长度适中。游动时运用巨大的胸鳍推动身体,用喷水孔吸水进行呼吸,喷水孔位于头部背面。尾部细长,带有多个尖锐的带有剧毒的锯齿。

习性 **活动:** 喜欢藏匿在水底,与砂石为伴,伪装自己;性情较温和,除猎食外不会去惊扰其他鱼种。**食物:** 杂食性,喜食动物性饵料,最喜活食,绝不能和体形较小的鱼种一起混养。**环境:** 对水质无特殊需求,体魄强健,具有很强的适应能力,水中含盐量不可过高,需要留意控制。

警告 尾柄带有剧毒,是绝佳的自卫及狩猎武器,饲养时不可用手去触摸它。

繁殖 卵胎生。繁殖率较低,每次仅产仔3~7尾,存活率并非100%。需较大的繁殖空间,新手繁殖仔鱼的存活率非常低,甚至可能会全部死亡。一夫一妻制自由恋爱,体内受精鱼种,进入繁殖期雄鱼腹鳍边缘部位会化为交尾用器官,寻找雌鱼,相互追逐、盘旋、交尾。仔鱼可以自由游动后,亲鱼会带着它们四处游动,十分温馨。

如被蜇到会导致疼痛及麻木,需及时就医

软骨鱼种,长相特殊,乍一看似乎连鱼鳍都没有,只有圆圆的一片和一个尖细的尾巴,像一个吸盘一般,动作缓慢柔和

喜欢沉在水底,靠砂石来掩饰自己,伏击猎物;如果在水族箱中找不到它,可以仔细观察箱底的砂石,不要用工具去拨弄水族箱内的装饰,避免惊扰到它

| 体长: 80~100cm | 水层: 下层 | 温度: 22~26℃ | 酸碱度: pH6.0~7.0 | 硬度: 3.5~5mol/L |

▶ | 别名: 帝王釭、亚马孙釭鱼、满天星釭 | 自然分布: 亚马孙河流域

紫雷达鱼

性情： 温和、喜群居
养殖难度： 容易

紫雷达鱼也称紫玉雷达，鱼体温润如玉，与雷达鱼同属，不同之处为颜色。它性情活泼开朗，非常顽皮，时而跳出水面，时而藏匿于珊瑚之间。它对待同种族的鱼类并不温和，会因领地及配偶而争斗。

形态 雷达鱼为小型观赏鱼，头部较大，呈三角形；眼睛硕大、虹膜呈黄色，带有紫黑色条纹，瞳孔呈黑色。背鳍分为三段，第一背鳍尖细修长，似雷达一般，第二背鳍短小，第三背鳍基部修长，直达尾鳍，鳍条长度适中；胸鳍小巧；腹鳍尖细修长；臀鳍与第三背鳍呈上下对称状态，基部修长；尾鳍呈扇形，大小适中。鱼体前半部分呈浅紫色，后半部分呈奶白色，背鳍、尾鳍及臀鳍呈黄色，边线颜色较深，第一背鳍颜色非常鲜艳，前半段呈白色，后半段呈紫红色至黄色渐变。

习性 **活动：** 习性与雷达鱼非常相似，喜爱群体居住，会吃食漂浮的浮游生物及小虫；顽皮活泼，善于跳跃，需要为水族箱准备一个盖子，防止它不慎跳出，对待其他鱼种非常温和，可以与体形及脾性相似的鱼种一起混养。**食物：** 杂食性，可喂食切碎的甲壳类虫子或该类虫子的幼虫，活鲜或冻鲜，小鱼及虾类。**环境：** 所需生活空间较大，需要可躲藏的庇护所，如陶罐、水草、岩石或洞穴等。

繁殖 卵生。繁殖过程与雷达鱼基本相同，有难度，且家用繁殖箱内繁殖成功的案例少之又少。首先确定亲鱼之间不会相互攻击，可以融洽相处。亲鱼入箱后会选择合适的礁石或珊瑚作为卵巢。产卵结束后亲鱼会非常疲惫，需要先捞出单独饲养一段时间，待其休养停当后，才可放回原先的水族箱继续生活。

鱼体通透，前半部分呈浅紫色，质地如玉，与雷达鱼除颜色外并无区别

体长：6～9cm | 水层：中层 | 温度：26～28℃ | 酸碱度：pH8.0～8.5 | 硬度：3.5～4.5mol/L

▶ 别名：雷达鱼、紫玉雷达 | 自然分布：印度洋、太平洋珊瑚礁海域

雷达

性情： 温和、喜群居

养殖难度： 容易

雷达鱼鱼体细长小巧，通透可爱，像一个半透明的灯罩，十分讨喜。

鱼体通透，前半部分呈白色，质地如玉

性情顽皮，喜欢跳跃，对待其他鱼种非常温和，同种之间会因领地及配偶原因互相争斗

形态 雷达鱼为小型观赏鱼，头部较大，呈三角形；眼睛硕大，虹膜呈白色，瞳孔呈黑色。背鳍分为三段，第一背鳍尖细修长，似雷达一般，第二背鳍短小，第三背鳍基部修长，直达尾鳍，鳍条长度适中；胸鳍小巧；腹鳍尖细修长，呈菱形；臀鳍与第三背鳍呈上下对称状态；尾鳍呈扇形，大小适中。鱼体颜色如玉，细腻温润。

习性 活动：跳跃能力出色，常一不小心跳出水族箱，需为水族箱加上一个盖子，会对同种鱼类出手，相互搏斗，但对其他鱼种非常温柔。**食物：**杂食性，喜食肉，饵料多为丰年虾、鱼种及人工饲料，也可接受冰冻丰年虾。**环境：**建议多和其他鱼种一起饲养，同种尽量避免大量同箱饲养。

繁殖 卵生。繁殖有一定难度。需严格掌控水质及含盐量，关于该鱼种在家用繁殖箱内繁殖的案例较少。首先确定一对亲鱼之间不会相互攻击，可以相处得非常和睦。亲鱼入箱后会选择合适的礁石或珊瑚作为卵巢。产卵结束后亲鱼会非常疲惫，需要捞出单独饲养一段时间，待其休养结束后，才可放回原先的水族箱继续生活。

背鳍、胸鳍及腹鳍呈奶白色，背鳍前端带有红色条纹，第三背鳍外边线呈深红色，臀鳍呈深红色至鲜红色渐变，尾鳍呈深红色，带有一些中红色，呈渐变状态

喜欢有光的地方，如果藏匿于珊瑚中则很难被发现

体长：7~9cm | 水层：中层 | 温度：26~28℃ | 酸碱度：pH8.0~8.5 | 硬度：3.5~4.5mol/L

▶ 别名：雷达鱼 | 自然分布：印度洋、太平洋珊瑚礁海域

皇冠直升机

性情: 温和、具有护卵意识
养殖难度: 中等

皇冠直升机属于异型鱼品种,细长竖直的尾柄好似直升机的尾巴,头部似清道夫,像一艘倒放的船,整个鱼体看似一架蓄势待发的直升机。

相貌怪异,似一架直升机,躯体极具立体感,纤细修长

喜食藻类植物,为水族箱的清洁做出贡献

形态 皇冠直升机为异型鱼种,头部呈三角形,口部位于鱼体下方,双眼位于头顶;虹膜呈银灰色,瞳孔呈黑色。背鳍修长,基部较短,鳍棘及鳍条皆修长;胸鳍小;腹鳍及臀鳍皆呈三角形,向后延伸,尾柄纤细修长;尾鳍大小适中,立体感十足,似人鱼尾。鱼体呈深灰色或黑色,带有银灰色斑纹。

习性 **活动:** 喜欢栖息在沉木或箱壁上,安静温和,具有攀爬性,常浮于水中游动,更多时间则找一个地方趴着,一趴就是很久。**食物:** 杂食性,喜食藻类,可以选择绿藻、鱼虫、西瓜皮等,建议选择植物性饵料。**环境:** 非常脆弱,对水质变化非常敏感,对于体长不超过5cm的幼鱼,水质稍变化可能会造成死亡。

繁殖 卵生。喜欢在有水流的环境生活,产卵结束后雌鱼离开,雄鱼将身体贴在鱼卵上以保护并肩负起孵化的责任。雌鱼每次产卵60~120粒,3日后受精卵变黑,卵内已形成仔鱼,再过1日可孵化,孵化后一周左右是仔鱼最脆弱的时候,需严加看护,稍有不慎便大批死亡。

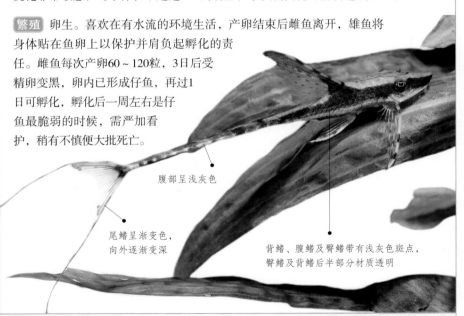

腹部呈浅灰色

尾鳍呈渐变色,向外逐渐变深

背鳍、腹鳍及臀鳍带有浅灰色斑点,臀鳍及背鳍后半部分材质透明

体长: 15~20cm | 水层: 中、下层 | 温度: 26~29℃ | 酸碱度: pH6.5~7.2 | 硬度: 5~15mol/L

▶ 别名: 直升机 | 自然分布: 南美洲

大帆红点琵琶 ▶ | 甲鲇科 | *Pterygoplichthys joselimaianus* | Sheatfish

大帆红点琵琶

性情： 温和
养殖难度： 容易

大帆红点琵琶是水族箱中的清洁工，喜食藻类，其背鳍似帆，带有许多小型斑点，浑身布满斑纹，故得名。它性情非常温和，适合与体形相近的鱼种一起混养，是饲养大型鱼种的水族箱中理想的"清道夫"。

形态 大帆红点琵琶为异型鱼种，躯体立体感极强，体侧不似寻常鱼种一般扁平。头部呈三角形，口部位于鱼体下方，双眼位于头顶，非常小，虹膜呈深灰色，瞳孔呈黑色。背鳍修长，基部长短适中，鳍棘及鳍条皆修长，整个背鳍似一片扬起的风帆；胸鳍、腹鳍及臀鳍皆呈三角形，向后延伸，尾柄宽窄适中，长度适中；尾鳍大小适中，具有立体感，似琴状。鱼体呈深灰色或黑色，从头至尾皆带有黄色斑纹，腹部颜色较浅，背鳍、腹鳍及臀鳍亦带有黄色斑纹及斑点。

习性 **活动：** 群居性，对待其他鱼种十分温和，不喜争端，不会主动挑衅其他鱼类，面对弱小的鱼种时，不会刻意欺负对方，适合同中小型鱼种混养。**食物：** 杂食性，喜食藻类，如饲养数量较大，建议适当地在水族箱内种植一些藻类植物，供其食用。**环境：** 群居性，生长速度极快，如从幼鱼开始饲养，可能需要先后换多个水族箱，才能满足它疯长的体形。

繁殖 卵生。繁殖具有一定难度。在家用繁殖箱内繁殖的案例较少，繁殖过程及环境与皇冠直升机相似。

相貌非常怪异，与清道夫非常相似，主要作用为清洁水族箱

体长：50～80cm | 水层：下层 | 温度：23～27℃ | 酸碱度：pH6.0～8.0 | 硬度：2.5～9.5mol/L

▶ 别名：钻石琵琶异型、金点琵琶异型 | 自然分布：巴西

清道夫

性情：不温不火

养殖难度：容易

  清道夫可以说是"水族箱清洁工"的代名词，知名度非常高。许多人认为它相貌丑陋，也有人认为它朴实厚重的外表十分成熟稳重，气质非凡。一般而言，当人们得知其他鱼种具有清洁水族箱的功能时，会下意识地说一句"就像清道夫一样"。

腹部有斑块，头部斑块较小，靠近口部较细腻

鱼体立体感极强，似一艘倒扣的船

形态 清道夫为大型观赏鱼，头部呈三角形，占比较大；眼睛位于头顶，虹膜呈银灰色，瞳孔呈黑色。背鳍巨大，基部长度适中，鳍棘及鳍条坚硬修长；胸鳍及腹鳍呈三角形，向后延伸，尾柄宽窄、长度适中；尾鳍较大，具有立体感，呈琴状，不似普通鱼种一般竖起，为横向。鱼体通体呈黑色或深灰色，带有整齐的竖排曲线形条纹。

习性 **活动**：平日里动作缓慢，不温不火，一旦进入狩猎状态便几乎可以瞬间从箱底冲上水面；性情较温和，喜安静，多趴伏于箱壁或箱底。**食物**：以水族箱内的藻类及苔藓为食，甚至无需特意喂食，它也可以靠先天环境所具备的丰富粮食储备量而坚持很长一段时间。**环境**：生存能力极强，在缺氧情况下仍可坚持存活一段时间，温差变动对于它来说可谓不痛不痒，基本不会有影响。

繁殖 卵生。在家用繁殖箱内几乎无法繁殖，人工繁殖会使用大型的渔场，模拟自然界溪流的流速、水质及环境等。其在合适环境下具备强大的繁殖能力。不可随意放生，容易泛滥成灾，还会吞食其他鱼种的鱼卵，使河流内原先有的鱼种逐渐灭绝。

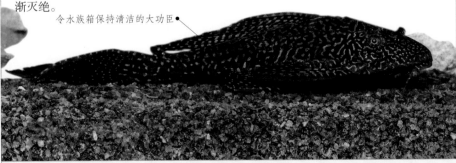

令水族箱保持清洁的大功臣

体长：30～50cm | 水层：下层 | 温度：20～28℃ | 酸碱度：pH6.0～8.0 | 硬度：4～15mol/L

▶ | 别名：下口鲇、多辐翼甲鲇、琵琶鱼 | 自然分布：巴西、委内瑞拉

琵琶鼠 ▶ 甲鲇科 | *Pterygoplichthys pardalis* C. | Leopard pleco

琵琶鼠

性情： 不温不火

养殖难度： 容易

琵琶鼠与清道夫外观极相似，常被误以为是同一种鱼。它的生命力较清道夫更强，几乎没有天敌，繁殖起来肆无忌惮。

形态 琵琶鼠为大型观赏鱼，头部呈三角形，较尖锐，占比较大；眼睛位于头顶，较小，虹膜呈银灰色，瞳孔呈黑色。背鳍巨大，外边线圆润，呈弧形，基部长度适中，鳍棘及鳍条坚硬修长；胸鳍及腹鳍呈三角形，胸鳍硕大，似海狮的手臂，腹鳍较远，向后延伸，尾柄宽窄、长度适中；尾鳍较大，具有立体感，呈琴状，为横向。鱼体布满由浅灰色线条勾勒出的斑块，不似清道夫一般带有规则斑纹。

习性 活动：生存能力极强，习性与清道夫极相似，不及时控制繁殖会泛滥成灾；幼鱼性情较温和，不具备攻击性，成年后十分凶猛，会啃食小型鱼种。**食物：** 杂食性，主要以箱内的沉淀物、苔藓及藻类植物为食，非常容易饲养，无需花太多功夫喂食。**环境：** 对水质几乎没有任何要求，甚至可以用"有水就能存活"来形容。

繁殖 卵生。繁殖难度较高，尚未出现在家用繁殖箱内成功繁殖的案例。一般人工繁殖是在大型渔场中进行，模拟自然界溪流的流速、水质及环境等因素。该鱼种与清道夫一样，不可随意放生，其危害如水葫芦一般，无穷无尽，不可估量。

头部斑块较小，细腻紧密，背鳍上斑块排列整齐，似屋檐一般，胸鳍、腹鳍、臀鳍及尾鳍上的斑块则相对散乱，向外呈扩散性

鱼体立体感极强，通体呈黑色或深灰色，似倒扣的船只

体长： 30~50cm | **水层：** 下层 | **温度：** 20~28℃ | **酸碱度：** pH6.0~8.0 | **硬度：** 4~15mol/L

▶ **别名：** 吸盘鱼、垃圾鱼 | **自然分布：** 南美洲亚马孙河流域

玻璃猫

性情： 温和

养殖难度： 容易

　　玻璃猫又被称为幽灵鱼，其鱼体过于透明，远望似一个淡淡的光圈，只有头部散发着金属光泽，如幽灵一般神出鬼没。

鱼体似一个三棱镜，在阳光照射下可以折射出彩虹般的光芒

形态 玻璃猫为中小型观赏鱼，鱼体修长，通体透明，似玻璃制品一般，看似纤细易碎。头部呈三角形，带有金属光泽；眼睛非常大，虹膜呈银灰色，瞳孔呈黑色，带有金属光泽。头部带有两根极长的须子，似猫胡须。背鳍已经退化，臀部和臀鳍基部修长，胸鳍非常短，头部、胸部及腹部仅占据鱼体全长的1/4，尾柄较短，尾鳍呈叉形，开叉较深，大小适中。鱼体通体透明，可以清晰地看到脊骨、刺、鳍条及内脏，鱼体结构清晰可见。颜色清淡，富有光泽，呈淡青色，质地如玉、如水晶，好似一件精致的工艺品。

习性 **活动：** 性情温和，害怕孤单，喜欢聚在一起活动，独处时会因过于孤单而容易死亡，适合成群饲养。**食物：** 杂食性，不挑食，喜食活食，如线虫、鱼虫等。**环境：** 喜欢弱酸性、软水，不喜新水，喜欢老水，故换水不需要太勤快，但对水质、水温的要求非常严苛，适宜水温为22～26℃。

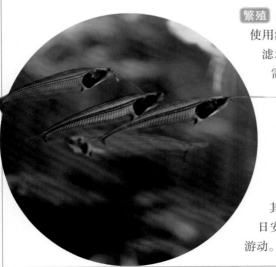

繁殖 卵生。对繁殖环境要求较高。需使用活性炭过滤水、离子交换树脂过滤水、去离子水或雨水。繁殖之前需喂食亲鱼枝角类、丰年虾或桡足类饵料，以确保繁殖过程中高质量受精。亲鱼在繁殖前需要隔离。雌鱼每次可产卵300～1000粒，产卵后需迅速将亲鱼捞出，防止其吞食鱼卵。捞出后单独饲养一段时间，帮助其恢复体力。孵化出的仔鱼头两日安静地卧于水底，3～4日可自由游动。

体长：10～15cm │ 水层：下层 │ 温度：22～28℃ │ 酸碱度：pH6.3～7.0 │ 硬度：5～15mol/L

▶　别名：幽灵鱼 │ 自然分布：泰国、马来西亚、印度尼西亚

玻璃猫

熊猫异型

性情：温和

养殖难度：容易

熊猫异型似外太空来的飞行生物，通体布满黑白相间的条纹，"熊猫"之名便取自这黑白相间的配色。它并不似熊猫一般具有黑白分明的圆形斑块，说是斑马更为贴切。鱼体形状与清道夫非常相似。

鱼体似船，呈流线型

形态 熊猫异型为中小型观赏鱼，自身生长速度极其缓慢。头部形状怪异，以眼为分界，前半部分似一张巨大的鸟嘴，眼位于头部顶端，略微偏外侧，被黑白相间的条纹所覆盖。背鳍硕大似帆，鳍棘坚硬修长；胸鳍、腹鳍大小适中，向后方伸展；腹鳍呈三角形，较小；尾鳍硕大，呈琴状，带有黑白相间的横排斑纹，似琴弦。头部前半段斑纹为横向，后半段斑纹为竖向，躯干部分斑纹为横向，背鳍、胸鳍、腹鳍及尾鳍斑纹皆为横向。鱼体黑白相间，白色温润如玉，黑色深邃迷人，背鳍及尾鳍带有一层很浅的普蓝色，眼部四周亦带有该色。

习性 **活动**：喜欢趴伏在洞穴中休息，不温不火，喜欢清澈的水域，大量的洞穴、陶罐等僻静之所可以使其舒缓情绪，感到安心。**食物**：杂食性，不具有清洁水族箱、吞食藻类植物的能力，对植物性饵料提不起任何的兴趣，喜食动物性饵料。**环境**：不喜强烈的光线，几乎每一条都希望能拥有独属于自己的洞穴，在布置水族箱时建议用片状岩石和硅胶为其搭建洞穴。

繁殖 卵生。繁殖非常困难。被许多资深的异型鱼友列为高难度挑战目标。野生者会在鱼群中寻找配偶繁殖，繁殖地点多为昏暗的小型洞穴。人工繁殖起码需要准备6条处于发情期的亲鱼，在繁殖箱底部铺设草泥丸降低水质硬度，准备多个过滤及打氧装置，以满足其对含氧量的需求，繁殖水温为28～30℃。此外，需准备好一个葫芦形的繁殖洞，目的是为了将雌鱼困在洞内完成交配。

体长：10～15cm | 水层：下层 | 温度：26～30℃ | 酸碱度：pH6.0～7.5 | 硬度：2～7.5mol/L

▶ 别名：斑马下钩甲鲶、斑马异型 | 自然分布：南美洲

猫鱼 ▶ 油鲶科 | *Phractocephalus hemioliopterus* B.&S. | Redtail catfish

猫鱼

性情: 温和、粗暴（对小型观赏鱼）
养殖难度: 容易

猫鱼拥有硕大的身体及霸气的外表，泳姿看似悠然缓慢，实则十分高效。头部纤长的须子及一双眼睛，皆似猫一般，看似懒散毫无章法，却又十分锋利，出其不意。它是非常特殊的异型观赏鱼，拥有独特的气质及性情。

形态 猫鱼为大型观赏鱼，体形粗壮硕大，强健有力。头部较扁，呈三角形；眼睛位于头部上方，大小适中，虹膜呈银灰色，瞳孔呈黑色，较小；口部较大，口裂大小适中。鱼体较扁，似三棱镜；背鳍基部较短，位于鱼体正中间，鳍棘坚硬修长，第二背鳍较小，鳍条柔软；胸鳍硕大，呈三角形，鳍棘坚硬；腹鳍、臀鳍呈三角形，向后方伸展；尾鳍硕大，呈叉形，开叉适中。鱼体呈深灰色，略微偏绿，头部带有黑色小斑点，头部下方及腹部呈奶白色，鱼鳍皆呈深灰色，背鳍鳍棘呈橘红色，胸鳍第一根鳍棘呈橘黄色，尾鳍呈朱红色。

习性 **活动:** 不喜群居，适合单独饲养，入夜后突然开灯会使其受到惊吓来回翻滚，在水族箱内横冲直撞；性情较温和，平日里像隐于山林的隐士，不问世事，一旦遇到可口的小型鱼类，则变得非常凶暴，猎手本性显露无遗。**食物:** 喜食动物性饵料，最喜鲜活的小鱼，也可以喂食鱼虫、丰年虾、鱼肉，活鲜或冻鲜等。**环境:** 喜中性软水。

繁殖 卵生。需要非常大的繁殖空间，严格把控繁殖箱内的环境及箱外环境因素，繁殖难度非常大。因其硕大的体形，家中繁殖较难具备符合其要求的空间或环境，很少鱼友会自行繁殖。正因如此，该鱼种在家用繁殖箱内繁殖的资料匮乏，且存在着很多不确定性以及较大的繁殖风险。

鱼体柔软，韧性十足

带有数根长短不一的须子，似猫的胡须

体长：70~100cm | 水层：下层 | 温度：24~26℃ | 酸碱度：pH6.0~6.5 | 硬度：2~4mol/L

▶ 别名：红尾护头鲿、狗仔鲸、枕头鲶、红尾鲶 | 自然分布：亚马孙河流域

| 花椒鼠 | ▶ | 美鲇科 | *Corydoras paleatus* Jenyns | Peppered corydoras |

花椒鼠

性情： 温和

养殖难度： 容易

花椒鼠体形小巧，一双大大的眼睛精灵可人，平日里总是呆愣愣地趴在水族箱底部或认真寻找残留食物。

鱼体似船形，与清道夫有些相似，身上黑色及棕色相间的斑块好似花椒粒

鳃盖偏金色

形态 花椒鼠体形小巧，为小型观赏鱼。头部呈三角形，眼睛位于头部上方，虹膜呈金色，瞳孔呈黑色；口部附近带有数条须子，口部小，口裂亦小。背鳍呈帆状，第一背鳍带有坚硬的鳍棘，第二背鳍非常小，鳍条柔软；胸鳍退化呈须状，细长坚硬；腹鳍及臀鳍呈三角形，偏小，尾鳍硕大，呈叉形，开叉较浅。鱼体呈棕色，深浅不一，鱼体正中带有一条由黑色斑点组成的斑纹，背脊部分带有散乱的黑色斑块。

习性 **活动：** 主要生活在水族箱底部，偶尔会因空气不足而浮上水面，很快会再次沉入水底；非常温和，适合与体形及脾性相似的鱼种混养。**食物：** 不喜植物性饵料，不啃食水族箱内的藻类，也不啃咬水草，可清除水族箱内的残留食物，但不会清除苔藓，喜食动物性饵料。**环境：** 偏喜弱碱性水质，对温度需求不高，22℃为最佳繁殖水温，有助于提高受精卵的孵化率以及仔鱼的存活率。

繁殖 卵生。繁殖难度不大。繁殖期雌性腹部胀大，开始抱卵。将繁殖箱的水温调节至22℃左右，放入一块平滑的石板。将亲鱼按一雌一雄搭配放入，雌鱼先将雄鱼射出的精液用嘴含着粘在石板上，再往精液上排卵。雌鱼分多次产卵，一次可产卵约5粒，全部结束后可产卵100粒，受精卵3～4日可孵化，1日左右可自由游动。

尾鳍末端带有黑色小斑点；背鳍呈半透明状；胸鳍呈金褐色；腹部略微发白，呈奶黄色或奶白色

具有一定的水族箱清洁功效，但不会啃食藻类

| 体长：6～8cm | 水层：下层 | 温度：22～26℃ | 酸碱度：pH6.0～8.0 | 硬度：2～10mol/L |

▶ 别名：花鼠鱼 │ 自然分布：巴西、乌拉圭

| 咖啡鼠 | ▶ | 甲鲇科 | *Corydoras aeneus* T. N. Gill | Bronze cory |

咖啡鼠

性情： 温和
养殖难度： 容易

　　咖啡鼠的身形与老鼠非常相似，又为咖啡色，故得名。它并非老奸巨猾之辈，性情非常温和，对待其他鱼种十分和善。

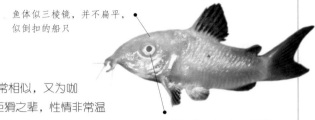

鱼体似三棱镜，并不扁平，似倒扣的船只

虹膜呈银灰色，瞳孔呈黑色

形态 咖啡鼠为中小型观赏鱼，头部呈三角形。眼睛位于头顶，较小。背鳍巨大，基部长度适中，鳍条修长；胸鳍及腹鳍呈三角形，皆十分小巧，且向后延伸，尾柄宽窄、长度适中；尾鳍较大，具有立体感，呈叉形。鱼体正中带有一条黑色或咖啡色的横排粗条纹，几乎占据了半个身体，其他部位呈肉粉色或淡咖啡色。

习性 **活动：** 动作比较缓慢，总趴在水族箱底部，默默地啃食苔藓及沉淀物，温和，不会挑起争端，适合与中小型观赏鱼一同饲养。**食物：** 杂食性，主要以水族箱内的藻类植物及苔藓为食，觅食场所多为水族箱底部，可以改善水族箱内的环境。**环境：** 生存能力极强，对水质没有过多要求，基本不会受温差变动影响。

繁殖 卵生。繁殖期雌鱼腹部隆起，繁殖箱无需过大，使用小型水族箱即可，需在箱内铺设砂石并栽植多种水草，放置在清静环境中。繁殖水温需维持在22℃左右，避免出现温差。先将雌鱼放入，待其习惯后，再放入雄鱼。雌鱼会将雄鱼射出的精液用口含方式涂抹在鱼卵上，为鱼卵授精。产卵结束后将亲鱼捞出，并为受精卵供给适量的氧气。

背鳍及尾鳍呈淡咖啡色，胸鳍及腹鳍质地透明，颜色较淡

头部带有多根长短不一的须子

| 体长：5～7cm | 水层：下层 | 温度：22～26℃ | 酸碱度：pH5.8～7.7 | 硬度：2～7.5mol/L |

▶ | 别名：侧带甲鲶 | 自然分布：巴西、哥伦比亚、秘鲁等地

满天星鼠

性情：温和、柔善

养殖难度：容易

满天星鼠与清道夫通体均带有斑纹，不过满天星鼠的长相更柔和，不似清道夫一般威猛强大，它显得小巧可爱，大大的眼睛搭配呆萌的表情，令人爱不释手。

形态　满天星鼠为小型淡水热带观赏鱼，头部短小硕大，呈三角形，立体感极强；吻部短，带有点状花纹。背鳍基部较短，鳍棘、鳍条皆短；胸鳍硕大；腹鳍小巧，向后方延伸；臀鳍亦十分小巧，呈半透明状；尾鳍硕大，呈叉形，分叉较浅，带有黑色斑点。全身布满斑块、斑纹。

习性　**活动**：群居性，雄鱼进入繁殖期后会四处游动。**食物**：杂食性，需购买底栖类鱼种专用饲料，以及虾颗粒、红虫、血虫、丰年虾等，一般热带鱼所食用的颗粒状饲料亦可；成长速度与饵料相关，喂食红虫、血虫等活食会加快它的生长速度，吃人工饵料则长得相对缓慢；在水族箱关灯前的两个钟头内不宜喂食，它会因突然关灯而不适，如胃中积有过多食物则容易消化不良或患肠胃疾病。**环境**：喜柔软的偏酸性水，生存及适应能力较强，需要较大的生活空间。

繁殖　卵生。繁殖难度较低。繁殖方式与咖啡鼠相似，具有鼠类鱼种的特征。繁殖期自行寻找合适的产卵点，并选择配偶。雄鱼会仔细甄选地盘来制作出卵巢，然后会对心仪的雌鱼展开疯狂追求。雌鱼接受追求后，会将鱼卵产在雄鱼准备好的卵巢上，多为叶子、沉木或平坦的石头上，有时也会产在箱壁上。雌鱼每次产卵50～150粒。

鱼鳍上条纹中的斑点相对散乱，胸鳍呈橙色，鳍棘坚硬修长，腹鳍鳍棘亦十分坚硬，长短适中

鱼体似三棱镜一般，两侧带有7～8条横排条纹，由小型斑点组成，延伸至背鳍、臀鳍及尾鳍

体长：7～8cm　|　水层：下层　|　温度：21～25℃　|　酸碱度：pH6.0～8.0　|　硬度：2～7.5mol/L

▶　别名：金翅珍珠鼠、斯特巴氏兵鲇、萨红翅珍珠鼠、瑞塔鼠　|　自然分布：南美洲

三线豹鼠

性情：温和、宜混养

养殖难度：容易

　　三线豹鼠为最受欢迎的鼠类鱼种之一，拥有浑圆可爱的身体、强壮的体魄及温和的性格，加之其价格非常低廉，深受广大鱼友喜爱。

头部斑点较密集，非常小

体魄浑圆可爱，非常讨喜，鱼体正中带有一条由斑点组成的横向斑纹

形态 三线豹鼠为小型观赏鱼，鱼体呈船型，立体感极强；头部呈三角形，眼睛位于头部上方，虹膜呈银灰色，瞳孔呈黑色；口部较小，鼻部及口部附近带有数根须子。胸鳍位置靠前，连接至鳃盖附近，呈三角形，质地透明；背鳍大小适中，呈帆状，鳍棘并不十分坚硬，第二背鳍非常小巧，腹鳍及臀鳍皆较小，呈三角形；尾鳍硕大，呈叉形，开叉较浅。鱼体呈奶黄色或棕褐色，通体带有深棕色斑点。

习性 **活动**：非常温和，不会欺负体形较小的鱼种，适合混养，进入繁殖期后不会出现较大情绪波动。**食物**：喜动物性饵料，不喜藻类，无法清除水族箱内的苔藓；繁殖中可能出现仔鱼不吃饵料的情况，多是因为它已吞食繁殖箱底部的残留食物。**环境**：对水质要求不高，会清除水族箱底部残留的食物，不需要勤换水。

繁殖 卵生。繁殖难度不是特别高。准备好60～90cm大的繁殖箱，铺设鼠沙、沉木，放入草泥丸降低水质硬度，放入陶罐、雕塑等用以作为卵巢，将温度控制在25℃。将亲鱼按一雌一雄或一雌二雄的搭配放入，从亲鱼入箱开始每7日一次向箱内加入少量黑水，模拟其原产地的生态环境。受精卵3～4日孵化为仔鱼，再经3日便可将其捞出放入水族箱内单独饲养。

亲鱼会将卵产在茂密的水草或枝叶上，并将卵进行黏结

体长：5.5～6.5cm | 水层：下层 | 温度：22～27℃ | 酸碱度：pH6.0～7.2 | 硬度：5～15mol/L

▶ 别名：三线鼠 | 自然分布：秘鲁

三线豹鼠

黑点铁甲鼠

性情: 随和

养殖难度: 容易

鱼体带有大量黑色大型斑点,躯干部位带有竖排肌理,斑点与肌理相辅相成,按肌理数量上下相隔排列

黑点铁甲鼠的斑纹非常独特,不似其他异型鱼,斑纹或杂乱无章或循规蹈矩,而是集这两种特色于一身,乍一看斑点排列十分混乱,细看之下才发现所有斑纹皆依据其身体上的竖排肌理而排列。

形态 黑点铁甲鼠为中型观赏鱼,体色偏深,幽暗美丽。头部似鼠,呈三角形,带有数根须子;眼睛偏小,位于头部顶端,虹膜呈金红色,瞳孔呈黑色。背鳍呈三角形,较小,鳍棘坚硬;胸鳍小,位置靠前;腹鳍及臀鳍呈三角形,偏小;尾鳍略呈扇形,偏小。鱼体呈棕褐色,头部下方及腹部发白,背鳍、胸鳍、腹鳍及臀鳍呈半透明状,棕褐色,带有不规则排列黑色斑点,尾鳍颜色较深,亦带有黑色斑点,数量较大。

习性 **活动:** 喜群居,风格温柔,攻击性小,在原产地多以千只为一个群体,共同居住、活动,建议最起码6~7只同箱饲养。**食物:** 杂食性,不会啃咬水族箱内的水草及藻类,起到清洁水族箱内苔藓的作用,喜食肉食性饲料。**环境:** 在原产地多居住在泥沙含量较大的浅滩中,或成群居住在废弃水域内,喜欢老水,不需要勤换水。

繁殖 卵生。繁殖有一定难度。繁殖期性情大变,多疑且凶残,会拼尽全力保护自己的鱼卵不被吞食。应先为准备繁殖的亲鱼喂食一段时间的活饵,保证身体素质及鱼卵质量。亲鱼入箱后,雄鱼会吹出泡泡制作卵巢,随后会诱导雌鱼产卵。雌鱼具有护卵意识,雄鱼则喜欢吞卵,故产卵及受精结束后需将雄鱼捞出,并单独饲养一段时间,供其休养。

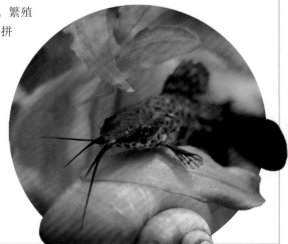

体长: 18~20cm | 水层: 下层 | 温度: 22~26℃ | 酸碱度: pH6.8~7.5 | 硬度: 5~15mol/L

▶ 别名: 铁甲鼠 | 自然分布: 委内瑞拉、巴西、秘鲁

小丑泥鳅

性情：温和、胆小

养殖难度：容易

　　小丑泥鳅具有鲜艳美丽的体色，头部带有数根短须，似鼠一般，鱼体颜色似小丑鱼，表层细腻。它十分温和，甚至胆小怕人，就算躯体较大，依然十分容易受惊。

形态 小丑泥鳅为中型观赏鱼，鱼体具有很强的立体感。背鳍基部较短，呈三角形；眼睛大小适中，虹膜呈棕褐色，瞳孔呈黑色。背鳍向后，鳍条长短适中；胸鳍及腹鳍较小，呈三角形；臀鳍更小，亦呈三角形；尾鳍呈叉形，大小适中。鱼体呈橘黄色，带有3条黑色竖排粗条纹，最后一条贯穿背鳍及臀鳍，第一条穿过眼部，鼻部带有数根短须，胸鳍呈朱红色，腹鳍前端呈橘红色，后呈棕褐色，臀鳍前端呈橘黄色，略微发白，后被黑色条纹所覆盖，尾鳍呈橘红色至朱红色渐变。

习性 **活动：**刚进入新环境时会躲藏入水草之中，较怕人，不要去打扰它，给它一定的时间，令其适应环境，非常温和，较胆小；眼睛下方带有鳍棘，被攻击时会张开，用于自卫，但作用不大。**食物：**喜食动物性饵料，习惯在水族箱底部觅食。**环境：**喜欢溶氧量充足的水质，适合与体形及脾性相似的鱼种一同混养。

繁殖 卵生。需要一个60cm×60cm×80cm大小的繁殖箱，箱内可容纳5组体长10cm的亲鱼，在箱内摆放石块及水草并模拟光照，将水温保持在30℃左右。每年6～7月为繁殖期，将亲鱼按一雌二雄的比例放入箱内。雌鱼每次可产卵300～500粒。受精卵孵化为仔鱼后3～4日后靠吸食黄囊为生，待其可以自由游动时，可以适当喂食轮虫，7～8日后便可喂食枝角类、血蚯蚓、卤虫幼体、摇蚊幼虫等动物性饵料。

在水族箱内饲养，成鱼可长至
15cm，野生种可长至30cm

体长：10～30cm　|　水层：下层　|　温度：28～30℃　|　酸碱度：pH6.8～7.5　|　硬度：2～15mol/L

▶　别名：皇冠泥鳅、三间鼠鱼　|　自然分布：苏门答腊等地

胸斧鱼

性情： 温和、胆小
养殖难度： 容易

胸斧鱼的长相较怪异，顾名思义，其胸部硕大，似一把大斧子。它种类繁多，每一种都独具一格，非常独特。观其体侧，给人以高贵冷漠的印象，非常美丽，傲骨一身，而正面观其面部，则会发现它长着一张凶猛的深海鱼类的脸孔。

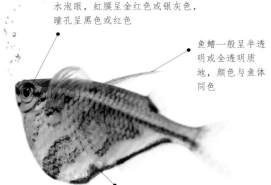

水泡眼，虹膜呈金红色或银灰色，瞳孔呈黑色或红色

鱼鳍一般呈半透明或全透明质地，颜色与鱼体同色

造型独特，别具一格，鱼体似斧头，体侧扁平

形态 胸斧鱼为小型观赏鱼，头部呈三角形，较小；眼睛硕大，向外突出。背鳍小巧，位置靠近尾鳍，基部极短，鳍条较短，尾柄带有一块非常小的第二背鳍，几乎难以察觉；胸鳍硕大，似羽翼；腹鳍退化；臀鳍基部侈长，直达尾柄，鳍条较短；尾鳍大小适中，呈叉形，开叉较浅。种类繁多，鱼体多呈银灰、棕褐、肉粉、淡金色或透明，带或不带斑点、斑纹或斑块。

习性 **活动：** 喜群居，适合于与其体形及脾性相似的鱼种一起混养，非常温和，非常胆小，夜间突然开灯会受惊，过大的响动或体形较大的鱼种皆会引起它的不安。
食物： 肉食性，喜食小型昆虫，如蚊子或苍蝇的幼虫等。**环境：** 在原产地多栖息在水草丛生的水域中，故布置水族箱时应多种植一些水草，并在底部铺设砂石。

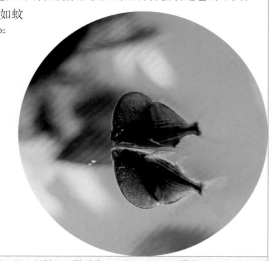

繁殖 卵生。比较少见的观赏鱼，繁殖有一定难度。目前为止家用水族箱或繁殖箱内繁殖成功的案例较少，尚属未知领域，如有兴趣，可以根据其习性及生活需求挑战一下。

| 体长：6.5～7cm | 水层：上层 | 温度：23～30℃ | 酸碱度：pH6.0～7.2 | 硬度：2～7.5mol/L |

攀鲈

鱼体周正，比例协调，纤细修长

鳃盖后方一片大型鱼鳞呈黑色或深棕色，内部上方具有呼吸辅助器官

性情： 坚韧、幽默
养殖难度： 容易

攀鲈拥有较悠久的历史，早在18世纪，便已出现有关攀鲈的记载。它们拥有非常坚定的意志，以及对于美好生活环境的追求，非常乐于挑战生活，非常有个性，具备风趣幽默的气质以及与人类良好的互动性，但该鱼种现在较少见。

形态 攀鲈为中型观赏鱼，头部大小适中，呈三角形；眼睛较大。背鳍基部修长，鳍条短小，末端向后延伸，可达尾鳍；胸鳍圆润硕大；腹鳍细长，内收，向后伸展；臀鳍小巧，与背鳍末端对称，亦向后延伸，可达尾鳍；尾鳍呈扇形，大小适中，鳍条修长。鱼体呈金、黄、黑、银灰或花色，尾柄带有黑色斑块，花色鱼全身带有斑纹或斑点，鱼体鳞片较大，鱼鳍呈半透明状。

习性 **活动：** 生存能力极强，一位丹麦博物学家的探险笔记曾记载它爬上棕榈树吸食果汁，满足后便爬回水中，非常有灵性。**食物：** 杂食性，偏喜肉食，主要以蚯蚓、昆虫及小型水生物为食，也吃浮萍及水草的嫩芽。**环境：** 所需生活空间较大，建议使用100cm×120cm的水族箱，对优质生活有极高追求，在原产地如对一处环境不满，则会集体迁徙。

繁殖 卵生。所需繁殖空间较大，建议选择80cm×50cm×45cm的繁殖箱，种植水生植物。繁殖期应喂食富含高蛋白食物，如幼鱼、昆虫等。一雌一雄搭配繁殖。雌鱼分多次产卵，每次产约200粒。产卵结束后需将水温控制在26～28℃，2～3日后受精卵可孵化为仔鱼，再过3日仔鱼可食用轮虫或单细胞藻类植物。

体长：20～25cm | 水层：中层 | 温度：25～30℃ | 酸碱度：pH6.5～7.5 | 硬度：2～15mol/L

别名：龟壳攀鲈、过山鲫、步行鱼、巴摩鱼 | 自然分布：中国南方以及东南亚

PART 2
156~279页

海水观赏鱼

女王神仙 ▶ 盖刺鱼科 | *Holacanthus ciliaris* L. | Queen angelfish

女王神仙

最耀眼的黄色和神秘的蓝色

性情：温和、好奇心强、具有侵略性
养殖难度：中等难度

女王神仙喜爱在茂密的珊瑚礁内畅游，其温和的性格配合柔软的珊瑚，着实别有一番风味。

鳞片呈网格状

[形态] 女王神仙体形卵圆，侧面扁平，呈三角形，带有明显的蓝色轮廓线。臀鳍及背鳍深蓝色，带有宝蓝色装饰线，背鳍前端带有黑斑；鳃部带有蓝色斑块；胸鳍黄色，基部带有蓝色或黑色斑点；腹鳍黄色；眼睛黄色，眼珠黑色，眼周有蓝色外边。

鱼体会因光线和年龄而变颜色，幼鱼体色花哨，亚成鱼鳞片以蓝色为主，成鱼逐渐变成黄色、绿色或金褐色

[习性] **活动**：具备警惕性，遇到突发情况或进入新环境时会迅速寻找附近掩体躲藏，稍后会在好奇心驱使下，缓慢地摇摆身体探出头来。**食物**：以海藻、水螅及无脊椎动物为食。**环境**：喜欢生活在海鞭、石珊瑚和海扇附近；对盐度无特别需求，刚进入水族箱时可能会具有攻击性，需要特别注意，如要混养应最后入缸。

[繁殖] 卵生。自行选择配偶。季节性繁殖，每年有一次高峰期。黄昏时产卵，雌鱼一夜可排卵25000～75000粒，鱼卵随水流浮动或浮于水面，孵化15～20小时，孵化后48小时内会吸收卵黄囊为食，食尽后食用浮游生物，逐渐发育为幼鱼。

体长：25～45cm | 水层：中、下层 | 温度：24～27℃ | 酸碱度：pH8.1～8.4 | 硬度：3.5～4.5mol/L

▶ 别名：额斑刺鲽鱼 | 自然分布：大西洋

帝王神仙

性情： 具攻击性
养殖难度： 困难

帝王神仙是一种美丽得让人神魂颠倒的鱼，却具带毒腺的硬棘，有刺毒，美丽又危险。

身披绚烂多彩的外衣

栖息于珊瑚礁富集的清澈泻湖和水深48m以上的临海礁石水域

形态 帝王神仙体长卵形，体被中小型栉鳞。头部眼前至颈部突出。吻稍尖。眶前骨下缘突出。颊部具鳞，头部与奇鳍被较小鳞；侧线达背鳍末端。臀鳍尾鳍圆形。幼鱼时，鱼体一致为橘黄色，体侧具4~6条带黑边的白色至淡青色的横带，背鳍末端具一黑色假眼；成鱼则体呈黄色，横带增至8~10条且延伸至背鳍，背鳍软条部暗蓝色，假眼已消失。

习性 **活动：** 在珊瑚礁缝隙中穿梭寻找食物。幼鱼独自活动，行动隐秘，不易被察觉；成鱼单独或成对活动，偶尔成群，鱼群为典型的一雄鱼配2~4条雌鱼。**食物：** 杂食性，以海绵、藻类、软珊瑚及附着生物等为食，食性单一，不易改变，是一种饲养难度很高的鱼类。**环境：** 当被引入水族箱时，可以暂时停止光照12~24小时，有助鱼尽快安稳下来。

繁殖 卵生。尚无人工饲养环境中成功繁殖的案例。在野生环境中，交尾始于日落前的15min，持续25min。雌鱼准备产卵时通常从水底往上游，将腹鳍伸向雄鱼，雄鱼绕至其后用鼻抚擦雌鱼腹部，互相盘旋上升，直到离水底30~90cm的位置，雌、雄鱼先后释放配子，随后雄鱼用尾巴往上推，制造水漩将受精卵向上带出9m左右，以避免受精卵被浮游动物吃掉。

体黄色，具8~9条淡青色的黑边横带，由背鳍前方至眼后有一黑边的淡青色带，臀鳍褐色，末端圆形或稍钝尖，具数条青色纵纹，背鳍软条部黑色

| 体长：25~27cm | 水层：下层 | 温度：22~27℃ | 酸碱度：pH8.1~8.4 | 硬度：4~6mol/L |

▶ 别名：甲尻鱼、双棘甲尻鱼、毛巾鱼 | 自然分布：印度洋、太平洋

帝王神仙

皇帝神仙　▶　盖刺鱼科　| *Pomacanthus imperator* Bloch　| Emperor angelfish

皇帝神仙

性情： 具有攻击性

养殖难度： 中等

幼鱼体一致为深蓝色，体具若干白弧状纹，亚成鱼体弧纹逐渐成黄纵纹

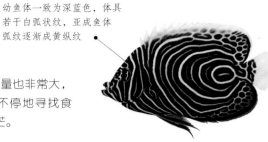

皇帝神仙非常活跃，胆量也非常大，常在水族箱中游来游去，不停地寻找食物，身体发出金丝绒般的光芒。

形态 皇帝神仙身体略高而呈卵圆形。背部轮廓略突出，头背于眼上方平直。吻钝而小。嘴部乳白色，两眼间有一条黑色环带，眶前骨宽突，不游离。胸部黑色。鱼体金黄色，布满蓝色纵条纹，蓝色底色上横向排列着15～25条黄色斑纹，在胸鳍基部上方有一大黑斑。背鳍与臀鳍软条部后端截平；腹鳍尖，第一软条延长，几达臀鳍；尾鳍钝圆形。

习性 **活动：** 单独或成对活动，也有一雄多雌的群队；具有领域性，会攻击其他同类或不同类鱼，成鱼和亚成鱼可以驱赶比自身大的鱼类。**食物：** 杂食性，以海绵、附着生物和藻类为食。**环境：** 幼鱼活动于岩架下、礁坪区或潟湖外的片礁空隙处；亚成鱼安家于前礁洞和波涛汹涌的水道区；成鱼栖息于珊瑚茂盛的清澈潟湖、海峡和面海礁石水域的暗礁和洞穴中。

健康成鱼会呈现漂亮的萤蓝光

繁殖 卵生。一夫多妻制。每年繁殖一次。在马绍尔群岛产卵期在8～9月。每条雌鱼都有自己的领地，会为保护领地而与其他鱼交战。雌雄双方在水流上升中相互环绕完成交配。鱼卵在水中漂浮几周，安静地等待孵出仔鱼。

体长：38～39cm　|　水层：下层　|　温度：22～27℃　|　酸碱度：pH8.1～8.4　|　硬度：4～6mol/L

▶　别名：双棘甲尻鱼、条纹盖刺鱼、大花面、蓝圈　|　自然分布：太平洋

蓝纹神仙 ▶ 盖刺鱼科 | *Pomacanthus semicirculatus* Cuvier | Koran angelfish

蓝纹神仙

性情：有一定攻击性、领地意识强、好斗

养殖难度：中等

　　蓝纹神仙的英文名意为"古兰经天使鱼"。
当时，欧洲人第一次把它饲养在水族箱中，发现这
种观赏鱼幼年时身上有着如阿拉伯文字一样的花纹，有人
觉得那是真主在一种富有寄托的鱼类身上书写的古兰经文。

体被细栉鳞

体表深蓝色，通体散布着
蓝、黑、白三色条纹

形态　蓝纹神仙体卵圆形及侧扁。成鱼体长40～45cm。身体的前后三分之一体表
为褐色，中央呈绿色或淡黄色，身上散布着蓝色斑点。前鳃盖骨呈幼锯齿状，下
角具一水平强棘。鳃盖后缘及鳍为蓝色，被延长的背鳍与臀鳍的较后面部分有一
个丝状突起，顶端鲜黄色。幼鱼各鳍圆形；成鱼背鳍及臀鳍末端鳍尖延长。

习性　**活动：**身上的花纹是为了迷惑敌人，保护自己；性格温柔，可与许多小型神
仙鱼一起混养。**食物：**杂食性，主要以小型甲壳类、底栖动物、藻类为食，对动
物性及植物性饵料接受度皆很高，食用蔬菜可以有效补充体力。**环境：**喜欢生活
在珊瑚繁生的水域，栖息于岩礁和珊瑚礁中，水深1～20m，布置水族箱时需放置
一些珊瑚。

繁殖　卵生。目前尚无法实现在繁殖箱内进行人工繁殖。其卵巢的选址与珊瑚礁有
着必然关系，且对水质要求极高。

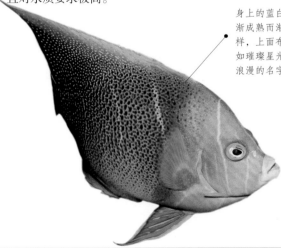

身上的蓝白花纹会随着个体逐
渐成熟而渐渐变成如黄沙一
样，上面布满明蓝色小斑点，
如璀璨星光，因此获得一个更
浪漫的名字——北斗神仙

体长：40～45cm ｜ 水层：上层 ｜ 温度：22～27℃ ｜ 酸碱度：pH8.1～8.4 ｜ 硬度：4～6mol/L

▶ 别名：北斗神仙 ｜ 自然分布：印度洋至西太平洋等地

蓝环神仙

性情: 温柔

养殖难度: 容易

体长300mm左右,为刺盖鱼类中体形较大者

蓝环神仙属暖水性珊瑚礁鱼,体侧有多条环形带,肩部有小蓝色环,软条部有5~7条蓝弧形纹。鳃盖上方,侧线前端处另有一约与眼径相当的蓝色环纹。

形态 蓝环神仙体略高而呈卵圆形;背部轮廓略突出,头背于眼上方平直。吻钝而小。眶前骨宽突,不游离;前鳃盖骨后缘及下缘具弱锯齿,具一长棘;鳃盖骨后缘平滑。体被中型圆鳞,具数个副鳞;头具绒毛状鳞,颊部与奇鳍具小鳞。背鳍与臀鳍软条部后端截平;腹鳍尖,第一软条延长;尾鳍钝圆形。幼鱼体色黑白相间,弯曲蓝色条纹匀整排列体侧。成鱼金黄色或橙色,均匀间隔的弯曲水平条纹以胸鳍基部为中心向外辐射,经体侧延伸至背鳍后部。尾鳍白色混杂明亮黄边。

习性 活动:夜间成对聚集于海底岩洞,白天单独或结对觅食。**食物:**杂食性,以底栖无脊椎动物为食,如浮游生物、海绵、被囊动物以及珊瑚虫,也吃海鞘、藻类、水草和浮游小鱼等。**环境:**栖息于海底岩石、珊瑚礁以及其他有坚硬底部的近海地区,自然栖息地的成鱼通常在水下5~15m活动;幼鱼在岩石长有短丝状藻或沉积珊瑚基质的浅水区活动。

繁殖 卵生。产卵始于黄昏降临时,交配前成鱼先求偶,随后雌鱼和雄鱼缓慢游向水面交配。每次产卵只在一雌一雄间单配,但在鱼群中,雄鱼可能不止一个配偶。初生柳叶状幼虫在继续发育成幼鱼前的一个月和浮游生物一同生活。

两条相似的蓝色水平条纹掠过脸部,一条穿越鱼眼,另一条向吻部伸展

| 体长:30~40cm | 水层:下层 | 温度:22~27℃ | 酸碱度:pH8.1~8.4 | 硬度:4~6mol/L |

▶ 别名:环纹刺盖鱼 | 自然分布:西起印度洋,经印度至印度尼西亚,北至日本

马鞍神仙 ▶ 盖刺鱼科 | *Pomacanthus navarchus C.* | Blue girdled angelfish

马鞍神仙

性情：温柔
养殖难度：中等

皇后、蓝圈、国王神仙都喜欢攻击它，不要饲养在混合鱼缸中，蓝面神仙是它最大的敌人，会进行灭绝性攻击

马鞍神仙在1980年以前被称为"极品神仙"，但当来自世界各地的神仙鱼被大量引入时，人们渐渐感到比它漂亮的也很多，便按其形态花纹特征重新命名为"马鞍神仙"。

形态 马鞍神仙鱼体长卵形侧扁，头部较小，眼睛色彩暗淡，非常迷人，吻短稍尖，口小。背鳍基部修长，鳍条长短适中；胸鳍小；腹鳍、臀鳍基部长短相似，鳍条长度适中；尾鳍呈扇形，较小。背鳍硬棘13~14枚，软条17~18枚；臀鳍硬棘3枚，软条18枚。鱼体呈深蓝色、淡褐色及橘黄色相间，每一鳞片具蓝色大斑点。

习性 **活动**：幼体容易接受人工饲料，对大多数无脊椎动物不造成伤害；生性胆怯，被放入水族箱中就躲藏起来，一躲好几天不见面；成年后胆怯，性情相对缓和，无脊椎动物也会成为其果腹之物。**食物**：觅食礁石区的有机生物及附着在礁石上的珊瑚虫、海藻、甲壳类、海绵与被囊类等。**环境**：主要生活在清澈的潟湖与有遮蔽的外礁斜坡且珊瑚丰富的区域；生长速度不快，适合饲养在礁岩水族箱中。

繁殖 卵生。采用散性卵繁殖，需要控制好繁殖箱的大小，太大会使鱼卵过度分散，受精率很低，过小鱼卵无法伸展，不利于孵化。一雌多雄搭配。受精卵在孵化中需时刻关注水质及含盐量。孵化仔鱼后直至可以自由游动之前皆需密切关注。

眼睛周围、尾鳍、胸鳍及腹部等为黄色，臀鳍及尾柄带有浅蓝色斑点

体长：28~30cm | **水层**：上、中、下层 | **温度**：22~27℃ | **酸碱度**：pH8.1~8.4 | **硬度**：4~6mol/L

▶ **别名**：马鞍刺盖鱼 | **自然分布**：印度—西太平洋

| 黄面神仙 | ▶ | 盖刺鱼科 | *Pomacanthus xanthometopon B.* | Yellowmask angelfish |

黄面神仙

性情：温和

养殖难度：中等

眼后带有一条白色细斑纹

成鱼呈乳黄至黄褐色，头部呈黑褐色，体侧有暗色横向斑纹及暗淡斑点

黄面神仙的成长过程就像一部变脸戏剧，幼鱼及亚成鱼阶段，面部皆呈蓝色，成鱼阶段，其面部蓝色的面纱逐渐被岁月的大手所掀起，显露出橙红色的美丽色彩。

形态 黄面神仙体略高而呈卵圆形，背部轮廓略突出，头部呈三角形，吻钝而小，眼小，被黄色皮肤所包裹，眶前骨宽且突出，鳃盖后方及下部带有锯齿。背鳍基部修长，硬棘数量较多，鳍条有18～20根；臀鳍与背鳍对称，亦具有坚硬的鳍棘，共有3根，鳍条18～20根，背鳍与臀鳍后端呈圆形；腹鳍尖细，第一鳍条向后延长，可达臀鳍起点；尾鳍钝圆形，大小适中。

习性 **活动**：成鱼常在洞穴附近活动，稚鱼停驻于很浅且有藻类生长的近海洞穴附近；捕捉猎物时会先潜伏于水中，时机成熟再突发制人；性情温和，可与体形及脾性相似的鱼混养。**食物**：主要以小型甲壳类、海绵、具硬壳生物与被囊类、海藻及底栖生物为食。**环境**：栖息于泻湖、峡道与外礁斜坡里珊瑚丰富的区域。

繁殖 卵生。在家用水族箱及繁殖箱内几乎无法繁殖。野生状态下会在珊瑚礁中寻找合适的洞穴作为卵巢，对水质、温度及含盐量要求较严格，在家中几乎很难满足全部条件，故此自行在家中繁殖的人少之又少。

幼鱼体呈暗褐色，具数条蓝白相间弧状纹，随着成长弧纹逐渐减少

鱼鳍带有蓝绿色及亮蓝色边缘线

| 体长：30～40cm | 水层：上、中、下层 | 温度：22～27℃ | 酸碱度：pH8.1～8.4 | 硬度：4～6mol/L |

| ▶ | 别名：黄颅刺盖鱼、黄鳍刺盖鱼 | 自然分布：印度洋、太平洋 |

半月神仙 ▶ | 盖刺鱼科 | *Pomacanthus maculosus* F. | Yellowbar angelfish

半月神仙

头部及鳃盖带有黑色
或深棕色短斑纹

性情：温和、平淡

养殖难度：容易

半月神仙鱼体上有一块半月状的黄色斑块，额头微微隆起，眼睛圆大且有晕圈，平时常慢腾腾悠悠然地游来游去。

中间大片黄色斑块，
上至背脊，下至腹部

【形态】半月神仙鱼体看似强壮，且体形硕大。头部占比较小，呈三角形；嘴部靠上，口裂大小适中；眼睛较小，眼皮呈蓝色，瞳孔呈黑色。胸鳍呈三角形，多贴紧身体收起；腹鳍细长，向上收起；背鳍及臀鳍上下对称，第一根鳍条修长，可达尾鳍，基部修长，后端边缘线平齐；尾鳍呈扇形，较小，边缘线非常规整。鱼体呈深蓝色。

【习性】**活动：**陌生的环境会使其感到不安，躲入珊瑚或洞穴中不肯出来，警惕性强，熟悉环境后会有所缓和。**食物：**杂食性，可喂食无脊椎动物、藻类植物，对动物性及植物性饵料以及人工饲料接受度较高；喜欢植物性饵料，以藻类、海绵和珊瑚为主食，有时也吃浮游生物；采用啄食的方式来进食。**环境：**分布于红海珊瑚礁海域，最适合的水温为26℃，海水相对密度为1.024，水量需达到400L以上。

【繁殖】卵生。产出的鱼卵为浮性卵，亲鱼一雌一雄搭配。产卵时亲鱼一起向水面上方排出卵子和精子，受精卵会漂浮一段时间，孵化出的仔鱼以水面浮游生物为食，成长后自行沉入水底，并接受投喂的植物性饵料。

在带有无脊椎动物造景的情况
下，同箱之内超过三尾会使其情
绪变得不稳定

| 体长：30~40cm | 水层：下层 | 温度：26~27℃ | 酸碱度：pH8.1~8.4 | 硬度：4~6mol/L |

▶ 别名：紫月神仙、蓝月神仙 | 自然分布：西印度洋

法国神仙 ▶ 盖刺鱼科 | *Pomacanthus paru B.* | French angelfish

法国神仙

性情：温和、大胆

养殖难度：中等

幼鱼黑色的鱼体上有四五条明显的黄色或白色的垂直条纹；幼鱼会互相吵架，情绪激动时鱼体会抖动，条纹随之变幻

　　法国神仙身上布满明显的白色或黄色细纹，总是成双成对出现，几乎不会落单，只要对方还活着，它们会一直在一起，实行严格的一夫一妻制，就像鸳鸯一般，被视为极其忠贞不渝的鱼种。

形态 法国神仙鱼体呈卵圆形，鳃盖后大部分出现斑点，臀鳍斑点较少，背鳍斑点较多，背鳍尖端为浅黄色。背鳍前到臀鳍前端及背鳍中间到臀鳍中间各有一条黄色环带，尾柄有一条黄色环带。长大后体表黄色环带会自行消失，变为清一色黄色或白色细纹，细腻精致。

习性 **活动**：成双入对活动，幼鱼会相互撕咬追赶，成年后会减缓。**食物**：杂食性，常见饵料为冰冻鱼虾、蟹肉、贝肉、海水鱼颗粒饲料等，喜欢啄食岩石上的藻类、软珊瑚，食量较大，一天最好喂食三次。**环境**：需要较大的生活空间，适合生长于水量在400L以上并带许多活石的水族箱中，可供其躲藏及啃食藻类。

警告 不要将法国神仙放入珊瑚缸，它会吃掉珊瑚虫及软体，在水族箱中有领地占有意识。

繁殖 卵生。繁殖方式与半月神仙非常相似，由于其大胆的性情，处于深海排卵受精时皆会显得从容不迫，为异体受精鱼种。繁殖时需要一个较深的繁殖箱，该鱼种为严格的一夫一妻制度，在选择亲鱼时需要谨慎，不要将已经配对好的亲鱼强行分开。亲鱼繁殖时会将鱼卵及精子一起排向水面，鱼卵和精子会自动黏合进行受精，亲鱼也会向上游动，帮助鱼卵受精。刚孵化的仔鱼会以浮游生物及卵囊为食。

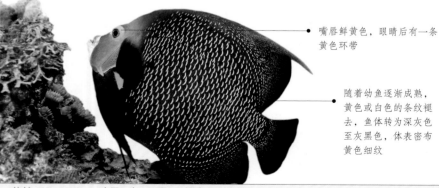

嘴唇鲜黄色，眼睛后有一条黄色环带

随着幼鱼逐渐成熟，黄色或白色的条纹褪去，鱼体转为深灰色至灰黑色，体表密布黄色细纹

体长：30~40cm | 水层：中、下层 | 温度：27~28℃ | 酸碱度：pH8.1~8.4 | 硬度：3.5~4.5mol/L

▶ 别名：法国神仙鱼 | 自然分布：太平洋珊瑚礁海域

双色神仙 ▶ 盖刺鱼科 | *Centropyge bicolor* Bloch | Bicolor cherub angelfish

双色神仙

性情: *随遇而安、胆小*

养殖难度: *中等*

　　双色神仙体色鲜明,简洁大气,具有观赏及食用的双方面价值,但由于其外表过于美丽,较少人舍得将其食用。它喜欢随遇而安,不喜争端,且较胆小,容易受到惊吓,喜欢藏匿于珊瑚之中安然度日。

形态 双色神仙鱼体椭圆形,头部呈三角形,较短且钝;上下颌骨大小及形状相等,带有细长牙齿。尾鳍及臀鳍之前的鱼体呈亮黄色,中间呈深蓝色,背鳍和臀鳍亦皆呈蓝色,此乃该鱼种的特色之处。鳞片大小适中,躯体前端背部带有副鳞,背鳍硬棘为14枚,鳍条为15～16枚;臀鳍硬棘为3枚,鳍条为17～18枚,背鳍与臀鳍软条部后端尖细,腹鳍亦尖细,第一棘可达臀鳍,尾鳍呈圆形。

习性 **活动:** 喜欢栖息在珊瑚礁茂密的区域,常成对或小群出现,在靠近底部处活动,迅速地由一个藏身处移向另一处;初到新环境后需约2日适应,期间尽量不要喂食,令其在珊瑚礁之间穿行,寻找合适栖息之地。**食物:** 杂食性,对动物性及植物性饵料接受度皆高,以藻类、珊瑚虫及附着生物为食。**环境:** 需要较大生活空间,喜珊瑚,在原产地居于岩石礁斜坡处及碎石区域,可为其设置礁石及珊瑚布景。

繁殖 卵生。在家用水族箱及繁殖箱内繁殖成功的案例较少,几乎无法在这一条件下繁殖,难度极大。

头部轮廓略突出,非常明显,吻钝而小

眶骨下缘凸出,后方具棘,前鳃盖骨带有锯齿,鳃盖中部短圆

躯体靠前端蓝黄交界处带有淡黄色横向条纹,两眼间带有一个蓝色鞍状斑点

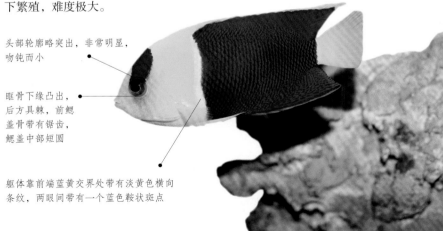

体长: 12～18cm | 水层: 下层 | 温度: 25～27℃ | 酸碱度: pH8.1～8.4 | 硬度: 4～6mol/L

▶ 别名: 二色刺尻鱼、二色棘蝶鱼、石美人、黄鹂神仙 | 自然分布: 太平洋区

| 火焰神仙 | ▶ | 盖刺鱼科 | *Centropyge loricula* Günther | Flame angelfish |

火焰神仙

性情: 温和、大胆
养殖难度: 容易

　　火焰神仙是小神仙鱼中最受欢迎的品种之一，其浓烈的体色独树一帜。海水鱼中红色系的品种并不多，而能红得如火焰般的个体就更少了。人们把它评为最红的海水鱼，也有人把它称为喷火神仙。

原产于夏威夷群岛周边海域，体形偏小，故称为"小神仙鱼"

形态　火焰神仙鱼体呈锥形，鱼体及背鳍、臀鳍呈橘红色，鳃盖后方至尾柄以及尾鳍呈金黄色，躯干部位带3～4条竖排条纹。背鳍及臀鳍后端外边线呈紫红色，向后逐渐变深，最终呈黑色，尾鳍呈橘红色，颜色最淡，呈半透明状，胸鳍呈透明质地。背鳍鳍棘为14枚、鳍条为16～18枚，臀鳍鳍棘为3枚、鳍条为17～18枚。

习性　**活动:** 非常大胆、冒失，喜欢四处翻找，遇到阻拦探索的鱼类会对其展开背鳍示威；适应性强，放到水族箱数小时后开始寻觅食物。**食物:** 栖息于潟湖或临海礁石区，以藻类为食；不择食，对投放食物者不拒，最好能为其选择高品质的颗粒饲料，以保证充足的蛋白质和粗纤维的摄入，保持身体强健。**环境:** 需要为其准备庇护所，供其躲藏，以及少量藻类植物，供其补充能量，雌雄比例1:2较为理想。

繁殖　卵生。体长长至5cm雌鱼及雄鱼才会出现明显的性别特征，雌性会比雄性早几个月步入性成熟阶段。繁殖箱大小为120L左右，采用一雌一雄搭配进行繁殖为宜。为散布式产卵，产卵前亲鱼会非常亲昵地在一起游动，临近产卵时会以螺旋方式向上方游动，此时游动速度极快，接近水面时排出鱼卵进行受精。产出的鱼卵为浮性卵，在水面漂浮约16个小时后便可孵化。

体长: 15cm　|　**水层:** 水深15～60m　|　**温度:** 23～27℃　|　**酸碱度:** pH8.0～8.4　|　**硬度:** 4～6mol/L

▶　别名: 青刺尻鱼　|　自然分布: 太平洋

| 黄新娘 | ▶ | 盖刺鱼科 | *Centropyge flavissima C.* | Lemonpeel angelfish |

黄新娘

性情： 具有一定攻击性

养殖难度： 中等

我国香港称黄新娘为"柠檬批"，柠檬用来形容它鲜黄的颜色。

形态 黄新娘呈黄色，为小型观赏鱼，鱼体呈椭圆形，体侧扁平。头部呈三角形，比例协调；眼睛较大；口部大小适中，

眼皮呈黄色，虹膜呈金黄色，瞳孔呈黑色，眼后带有紫色、肉色或浅紫色斑

口裂较大，吻部较长。背鳍鳍棘修长，鳍条较小，基本位于鱼体后侧；臀鳍与背鳍呈上下对称，长可达尾鳍；胸鳍较小；腹鳍出现退化现象；尾鳍呈扇形，大小适中。鱼体通体呈黄色；臀鳍带有5条暗淡的纵向条纹。

习性 **活动：** 具有一定的攻击性，体魄强健，适应性强，新环境会令其警惕，但很快便可适应。**食物：** 杂食性，活动于珊瑚礁丰茂的地区，喜食各类有机物碎屑及海藻、珊瑚虫等，可喂食无脊椎动物性、藻类饵料以及人工饲料；幼鱼需一天喂食几次丰年虾，以保证充分的营养摄取。**环境：** 非常胆小，没有合适的庇护所会让它感到痛苦，引起食欲不振、抵抗力下降，饲养时水族箱中一定要有隐蔽物。

繁殖 卵生。产出的鱼卵为浮性卵，一雌一雄搭配繁殖，繁殖期亲鱼会在水中四处游动，姿态亲昵，身体贴合较紧密，雄鱼诱导雌鱼产卵，产卵时雌雄鱼游动速度非常快，在水中往上排出卵子和精子，非常散乱。鱼卵具有浮力，受精后会在水面上漂浮，孵化为仔鱼后靠水面浮游生物为食，待其可以自由游动并寻觅饵料后，会自主沉入水底，和亲鱼一起生活。

| 体长：约9cm | 水层：下层 | 温度：24~27℃ | 酸碱度：pH8.1~8.4 | 硬度：4~6mol/L |

黄新娘

八线神仙

性情: 警惕

养殖难度: 容易

八线神仙是具有极高经济价值的观赏鱼类,鱼体侧的横纹数目会随着年龄增长有所改变。出于该原因,其俗名中有"八"和"十一"两个数字。

形态 八线神仙鱼体呈方圆形而侧扁,头部呈三角形,比例协调,虹膜呈金黄色,瞳孔呈黑色;口部大小适中,口裂较大。背鳍鳍棘较短,基部修长,鳍条亦非常短小,位于鱼体后侧;臀鳍与背鳍末端呈上下对称,长可达尾柄;胸鳍大小适中;腹鳍并不明显且位置靠前,呈黄色;尾鳍呈扇形,较大,具有褐色弧状斑纹。背鳍带有硬棘13枚,鳍条17~19枚;臀鳍鳍棘为3枚,鳍条17~18枚。鱼体被黑白相间的条纹覆盖,腹部呈黄色,口部及头部下方呈黄色。

习性 **活动:** 小型珊瑚礁区域生活的鱼种,频繁活动于珊瑚礁石周围,遇到危险时躲进礁石缝隙中,在认为安全之前不会出来;会自发地到处寻找食物;非常警惕,不用药物麻醉很难捕捉,被药物麻醉后捕捉成功但难长久成活。**食物:** 喜食有机物碎屑及海藻等,适应性强,进入新环境后需用冷冻丰年虾诱导其进食。**环境:** 需要可供藏匿的洞穴及活石,需要独立空间,一个水族箱内只养一尾较适宜。

繁殖 卵生。繁殖过程中的一大难题是将亲鱼从水族箱中捞出,移入准备好的繁殖箱内。该鱼种非常警惕,捕捞起来很困难,喜欢在珊瑚礁附近,一旦有人潜下进行捕捞,便会迅速钻到珊瑚礁缝隙中去。同时出于其并不好客的特殊性情,要使产卵结束后的雌鱼及雄鱼和平相处也存在一定困难。

尾鳍上的斑纹由大量斑点组成

体淡色,体侧带有8条深褐色横向斑纹,斑纹的数量会随着年龄的增长而发生变化

眼皮被美丽的斑纹所覆盖

体长:约12cm | 水层:水深7~70m | 温度:22~27℃ | 酸碱度:pH8.0~8.4 | 硬度:4~5mol/L

澳洲神仙

性情: *胆小、贪食*
养殖难度: *容易*

澳洲神仙学名眼带荷包鱼,长有"荷包"一样的身材,因产自澳大利亚东部及南部海域而得名澳洲神仙鱼。

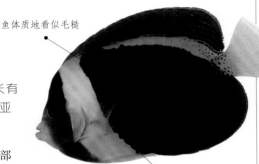

鱼体质地看似毛糙

深褐色,雌雄无明显差别

形态 澳洲神仙鱼体卵圆形,头部宽;眼部带有一条蓝色斑纹;口部呈黄色;吻部圆钝。眼部虹膜呈金红色或棕褐色,瞳孔呈黑色,前眼眶骨骼较软。背鳍基部修长,鳍棘及鳍条较短;臀鳍与背鳍后方呈上下对称状态;胸鳍及腹鳍不明显,胸鳍呈黄色,质地为半透明;尾鳍呈扇形,大小适中,为黄色。鱼体呈深蓝色;背鳍基部呈鲜黄色,外边呈深蓝色;臀鳍呈深蓝色,尾柄及尾鳍尾部呈白色或奶黄色;尾鳍外部则呈淡黄色。

习性 **活动:** 胆量略小,喜欢觅食珊瑚礁区的有机物碎屑及礁石上的海藻、珊瑚虫等。**食物:** 十分贪吃,对大蒜味道具有偏好。有经验的饲养者在它绝食时,多采用大蒜素浸泡颗粒饵料投喂的办法来刺激其开口。**环境:** 野外环境下活动于珊瑚礁较多的地区,在水质稳定的情况下,十分容易接受人工环境;即使它在混养鱼中是最大个的,也应尽量避开凶猛、游泳速度快的鱼。

繁殖 卵生。进入繁殖期后,外观上会有明显差别,雌鱼显得比较臃肿。雄鱼诱导雌鱼与其一起产卵排精,产卵时游动速度非常快,雌雄鱼在水中向上排出鱼卵和精子,散布在水面各处,非常散乱。鱼卵具有浮力,孵化前会浮于水面,孵化后仔鱼会食用水面浮游生物,待其可以自由游动并觅食后,会沉入水底和亲鱼一起生活。

尾鳍颜色呈渐变状态

| 体长: 20~30cm | 水层: 下层 | 温度: 22~23℃ | 酸碱度: pH8.1~8.4 | 硬度: 5mol/L左右 |

| 三色刺蝶鱼 | ▶ | 盖刺鱼科 | *Holacanthus tricolor* Bloch | Rock beauty angelfish |

三色刺蝶鱼

性情： 易受惊

养殖难度： 容易

三色刺蝶鱼亦称美国石美人，名中"美国"二字仅因为它在美国比较常见，并非因其个性类似于美国人，相反，比起美国人大胆的探险精神，该鱼种非常容易受惊，一旦受惊后就会躲起来，之后很长一段时间都不会出来见人了。

成鱼表情呆愣可爱

成鱼及幼鱼的体色基本相同，并不会随着成长而变化，始终如一

形态 三色刺蝶鱼鱼体侧扁平，头部较小，呈三角形；眼睛大小适中，眼位偏上，虹膜呈黄色及蓝色相间，瞳孔呈黑色；口部较大，呈灰色，偏黄，口裂较大，吻部较厚。背鳍鳍棘短小，基部修长；胸鳍位置偏高，质地透明；臀鳍呈三角形，鳍条坚硬修长，臀鳍基部修长，与背鳍对称；尾鳍呈扇形，大小适中，尾柄较短。鱼体呈黄色，带有大块黑色或深蓝色斑块，背鳍及臀鳍外边线呈红色，腹鳍鳍棘呈黄色，鳍条半透明，亦呈黄色。

习性 **活动：** 虽被归为大型神仙鱼，实则体形并不庞大，说是中型鱼种也不为过，因此在大型观赏鱼水族箱中显得格外娇小可爱；成鱼具有一定攻击性，喜欢欺负女王或荷包类鱼种，同时也很惧怕其他盖刺鱼类，有些欺软怕硬。**食物：** 肉食性，主要以被囊类、海绵、珊瑚与藻类为食，栖息于岩礁与珊瑚丰富的区域，会将幼小的游鱼藏匿于珊瑚之间。**环境：** 需要可供藏匿的岩石，保持水质和温度稳定，其耐药性较差，尽量不要在水族箱内喷洒鱼药，如只饲养幼鱼，还可为其布置珊瑚造景。

繁殖 卵生。繁殖难度极高。不具备耐药性，繁殖期间应停止一切药物，包括改善水质及预防疾病的药物在内，如使用过多药物会大大降低受精卵的孵化率，导致仔鱼不具备长时间存活的体质。家用繁殖箱内繁殖的技术十分稚嫩，成功者很少。

| 体长：20~25cm | 水层：水深3~92m | 温度：25~28℃ | 酸碱度：pH8.1~8.4 | 硬度：5~6mol/L |

▶ | 别名：美国石美人 | 自然分布：西大西洋区

三点阿波鱼

性情：适应性强、具有一定攻击性
养殖难度：容易

三点阿波鱼外表美观且价格低廉，闻名于其口部特殊的波纹，因此其别称中多带有一个"嘴"字。额顶的一块黑色斑点似眉毛一般，表情呆萌可爱。

鳃盖后方带有一块
浅棕色斑点

形态 三点阿波鱼体呈椭圆形，通体黄色，头部较大，呈三角形，比例协调；虹膜呈金黄色，瞳孔呈黑色，眼皮带有一块黑色浅斑块；口部大小适中，口裂较大，唇部呈蓝色。背鳍鳍棘较短，基部修长，鳍条短小，位于鱼体后侧；臀鳍与背鳍末端呈上下对称，长可达尾鳍；胸鳍大小适中，呈半透明质地；腹鳍并不明显；尾鳍呈扇形，较大。鱼体呈漂亮的明黄色，躯干部分质地看似粗糙，背鳍、尾鳍呈黄色，臀鳍呈白色，带有黄色边线，非常细小。

习性 **活动：**多半单独或成小群活动；成鱼攻击软体动物，幼鱼则不会；游泳姿势及觅食习性接近蝴蝶鱼或倒吊类，不在意自己高贵的气质，显得呆萌。**食物：**以海绵及被囊动物为食，杂食性，珊瑚礁区的有机物碎屑及礁石上的海藻、珊瑚虫等皆是它的美味。**环境：**栖息于潟湖及面海的珊瑚礁靠近珊瑚的水域。

繁殖 卵生。家用繁殖箱内几乎没有繁殖成功的案例。

尾鳍呈渐变色，
由深黄色，逐渐
向外出现半透明
质地

| 体长：20cm左右 | 水层：水深3~40m | 温度：25~28℃ | 酸碱度：pH8.0~8.2 | 硬度：5~6mol/L |

▶ 别名：蓝嘴新娘、蓝嘴黄新娘、蓝嘴神仙 | 自然分布：印度洋

三点阿波鱼

| 纹尾月蝶鱼 ▶ | 盖刺鱼科 | *Genicanthus caudovittatus G.* | Zebra angelfish |

纹尾月蝶鱼

性情: 温和

养殖难度: 容易

纹尾月蝶鱼为月蝶鱼中的一种,因尾部带有美丽的竖排斑纹而得名。又因皮肤似老虎一般,带有花纹,亦称红海虎皮王。

具有一定的食用价值,但因不能确定是否具有毒性以及其观赏价值远超于食用价值,故此几乎无人食用

形态 纹尾月蝶鱼鱼体卵圆形,头部较小,呈三角形;眼睛大小适中,眼位偏上,虹膜呈银灰色,瞳孔呈黑色;口部大小适中,呈灰色,偏褐色,口裂适中,吻部较厚,圆且钝。背鳍鳍棘短小,基部修长;胸鳍位置偏高;臀鳍呈三角形,鳍条坚硬修长,臀鳍基部修长,与背鳍呈上下对称;尾鳍呈扇形,较大,尾柄长度适中。鱼体呈奶白色,头部斑纹在光线的照射下会散发出红色的光泽。

习性 **活动:** 自然环境下活动范围为2~70m深水域,适应中上水层环境,成鱼会啃食箱内珊瑚。**食物:** 肉食性,也吃植物性饵料,在原产地以藻类、海绵和珊瑚为主食,人工饲养需喂食鱼虾;在海洋中会食用距离海平面仅几米的浮游生物;幼鱼需要摄取动物性饵料,如丰年虾等,成鱼只需喂食虫饵;需时间适应新环境,期间尽量减少喂食。**环境:** 对水质要求不高,不要在箱内放置珊瑚,保持一定含盐量。

繁殖 卵生。目前无法在家用繁殖箱或水族箱内繁殖,但可在海边养殖场内繁殖。

布满浅褐色的竖排斑纹,头部斑纹较紧凑,额顶带有浅蓝灰色,背鳍后端、臀鳍及尾鳍带有蓝色及绿色光泽,颜色非常淡,呈半透明状,看着带有些许奶白

| 体长: 20~25cm | 水层: 上、中层 | 温度: 26~27℃ | 酸碱度: pH6.8~7.5 | 硬度: 5~6mol/L |

| ▶ | 别名: 黑鳍斑马燕 | 自然分布: 红海珊瑚礁海域 |

射水鱼

性情： 顽皮、好动、温和
养殖难度： 容易

躯干部位带有多个黑色斑块，样子敦厚可爱

射水鱼具有将口中的水射出水面的特性，非常顽皮。它长着一对可爱的水泡眼，视力非常好，射水时常会将水面附近的小虫击落入水中，随后便会成为它的盘中餐，其射出的水柱具有一定攻击性，离得太近可能会伤及人类的眼睛。

形态 射水鱼的鱼体呈卵形，体侧扁平。头部长而尖，呈三角形，头部较平；眼部较大，眼位偏上，虹膜呈银灰色，瞳孔呈黑色；吻部尖锐，口部大小适中，口裂大。背鳍靠后，鳍棘及鳍条皆短小；臀鳍与背鳍呈对称状态，臀鳍较背鳍而言较大；胸鳍位置靠上，大小适中；腹鳍不明显；尾鳍呈扇形，硕大。鱼体呈淡黄色，略带绿色；鳃盖上方带有小块黑色斑块；背鳍带有2～3块黑色斑块；尾鳍呈白色，末端呈黄色，边缘线较粗；腹鳍呈白色，边缘线亦较粗，呈黑色。射水鱼有许多品种，部分体侧为六条黑色垂直条纹。

习性 **活动：** 喜欢偷偷接近捕食对象，瞄准后从口中喷出一股水柱，将猎物打落水中，水柱最高能射到2～3m。**食物：** 喜食蚊虫、蜘蛛、蛾子、苍蝇等，它们都不生活在水中，故射水的本事其实是为捕食而练就的。**环境：** 对水质要求不高，淡水及海水皆可饲养；适合与体形及脾性相似的鱼一起混养。

繁殖 卵生。产出的鱼卵为浮性卵，孵化的仔鱼会先靠水面的浮游生物为食一段时间，再沉入水中，逐渐步入正常生活。亲鱼皆具有吞卵特性，故产卵结束后应即刻将亲鱼捞出，避免受精卵被吞食。雌鱼每次可产卵3000粒左右，数量极大，需要一个较大的繁殖箱。家用繁殖箱内繁殖具有一定难度，繁殖用水需为弱酸性的硬水，水温在25℃左右，对盐度没有特别需求。

体长：20～30cm | 水层：上、中层 | 温度：25～30℃ | 酸碱度：pH8.0～8.4 | 硬度：7.5～10mol/L

| 蓝带虾虎 | ▶ | 虾虎鱼科 | *Lythrypnus dalli* C.H.G. | Blue ribbon goby |

蓝带虾虎

性情: 温和

养殖难度: 困难

　　蓝带虾虎的体色十分鲜艳,鲜红色的鱼体搭配美丽的幽蓝色斑纹,使其成为水族箱中最耀眼的存在。同时,这种绚丽的颜色也能起到保护作用。

形态 蓝带虾虎鱼体修长,呈长形;眼睛位置偏上,大小适中,虹膜及瞳孔呈黑色;唇部大小适中,口裂较大;鳃盖向后方延伸。背鳍分为两段,第一背鳍基部较短,鳍棘修长,可达尾柄,第二背鳍基部较长,鳍条柔软细长;胸鳍偏大,呈扇形,向外伸展;臀鳍硕大;腹鳍基部修长,与第二背鳍呈对称;尾鳍平直。鱼体呈鲜红色,头部带有大块的幽蓝色斑纹,从额顶开始向下,穿过眼睛,鳃盖上带有竖排短斑纹,躯干部分带有4条竖排斑纹,呈幽蓝色,从背脊出发向下。鱼鳍皆呈透明质地,尾鳍末端呈鲜红色,向外逐渐转变至透明。鱼鳍呈浅红色。

习性 **活动:** 警觉性很强,鱼体小巧,十分容易钻入附近的洞穴、石缝、海绵中。**食物:** 肉食性,喜食动物性饵料。**环境:** 多栖息于带有潮汐的海岸,或俯趴在珊瑚礁上、泥泞的水底,也有极少一部分会出没在淡水水域中;主要栖息地为珊瑚礁,喜欢的海水相对密度为1.022,水量需在100L以上,对空间有一定要求。

繁殖 卵生。目前并不具备成功人工繁殖蓝带虾虎的技术,主要依靠在除禁渔期外的时间段于海中捕捞来供给市场。

体形小巧,遇到危险可轻松转入最近的洞穴或海绵中,绚烂的体色与繁复的礁石、珊瑚融为一体

| 体长: 5~6cm | 水层: 上、中、下层 | 温度: 24~26℃ | 酸碱度: pH8.1~8.3 | 硬度: 3.5~4.5mol/L |

▶ | 别名: 蓝线鸳鸯 | 自然分布: 印度洋

金色虾虎

性情：温和
养殖难度：困难

　　金色虾虎属于小型观赏鱼，其鱼体在灯光的照耀下显得金黄通透，俯趴在浅黄灰色的礁石上，仿佛周身散发着微弱的光芒，慵懒却不失优雅。

形态 金色虾虎鱼体修长，呈长形；眼睛位于头部顶端，硕大且突出，虹膜呈亮黄色，瞳孔呈黑色；唇部大小适中，口部及口裂非常大，几乎占据了头部的1/2，鳃盖向后方延伸。背鳍分为两段，第一背鳍基部较短，第二背鳍基部较长，两节背鳍鳍条皆柔软细长；胸鳍大小适中；腹鳍硕大，略偏扇形；臀鳍基部修长，亦硕大，与第二背鳍对称；尾鳍较小，平直。鱼体通体呈亮黄色，身体前半段带有亮蓝色细小光斑，第一背鳍及第二背鳍前半段亦带有该种光斑；胸鳍及腹鳍呈黄色，不带有光斑；尾鳍呈黄色，向外颜色逐渐变淡，最终略微透明，胸鳍外边呈絮状。

习性 **活动**：性情温和，可以与小型的隆头鱼、草莓鱼、虾虎鱼等一同混养，相处和谐。**食物**：肉食性，以虾类为主，也可喂食冷冻食品或动物性饵料。**环境**：呈絮状的胸鳍外端非常容易撕裂，水族箱内除去作为其主要栖息地的礁石外，需尽量避免放置过多的坚硬物品，如假水草、假山石等；需要保证水质清洁，以及水族箱箱壁的清洁，需要定期用小铲子将箱壁上的海藻以及凝结的盐颗粒去除。

繁殖 卵生。无法在家用繁殖箱内繁殖，目前主要依靠海中捕捞来维持市场供给，每年禁渔期过后，都可以大量捕捞到该鱼种，故此其价格并不似鲽鱼那般昂贵。

性情十分温和 ●

向外突出的眼睛
十分惹人怜爱

体长：8~10cm | 水层：上、中、下层 | 温度：24~27℃ | 酸碱度：pH8.1~8.3 | 硬度：3.5~4.5mol/L

▶ 别名：黄虾虎 | 自然分布：印度洋西北部

金色虾虎

白针狮子鱼 ▶ | 鲉科 | *Pterois radiate* G. Cuvier | Clearfin lionfish

白针狮子鱼

性情： 凶猛

养殖难度： 中等

　　白针狮子鱼的外表非常霸气，鱼鳍十分夸张，向外伸展的胸鳍及背鳍好像雄狮颈部的毛发一般，加之其凶猛的性格，就像一头可以在海中畅游的小型狮子。

鱼体布满棕白相间的竖排斑纹，眼眶带有刺

形态 白针狮子鱼体形较大，为大型观赏鱼，外表非常怪异。鱼体呈纺锤形，头部呈三角形；眼睛大小适中；口部及口裂亦大小适中。背鳍基部修长，鳍棘坚硬，鱼鳍上不带有皮肤，末端较细小；胸鳍的鳍膜带黑色斑点，斑点带红色边线；胸鳍与背鳍末端皆呈白色的针状。腹鳍呈深棕色，带有皮肤；臀鳍及背鳍末端对称；尾鳍呈扇形，鳍条上带有白色斑点。

习性 **活动：** 较安静，喜欢在与自己体色或形状相似的物体附近休息，性情凶猛，采用瞬间爆发、冲击至猎物面前的方式捕猎。**食物：** 肉食性，喜食鲜活小鱼或小虾，可以接受活鲜或冻鲜。**环境：** 到了新环境后会迅速寻找缝隙或洞穴躲藏起来，需要最起码250L大小的水族箱；喜欢的海水相对密度为1.022，最适宜生存温度为26℃。

警告 背脊带有毒素，饲养时不要用手去触碰它们，被刺中的感觉与被蜜蜂蜇到非常相似，会稍微强烈一点。

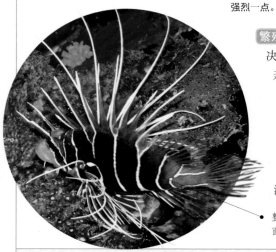

繁殖 卵生。人工繁殖存在许多难以解决的问题。在原产地，每到繁殖期，亲鱼会自行配对，成功后会一起移居至较高处栖息，产出的鱼卵近似于胶质的球形卵。从产卵至孵化，再到幼鱼的成长阶段，亲鱼都会陪伴着它们，当幼鱼成长至1～1.2cm时，亲鱼便会安然离去，游回深海。

整个鱼体都被夸张的鱼鳍所遮掩，单从表面观察时往往辨不清其真正的面貌

| 体长：25～30cm | 水层：上、中层 | 温度：25～26℃ | 酸碱度：pH8.1～8.4 | 硬度：3.5～4.5mol/L |

▶ | 别名：轴纹裳鲉、触须裳鲉 | 自然分布：印度洋、太平洋

太平洋红狮子鱼

性情： 凶猛

养殖难度： 中等

太平洋红狮子鱼拥有霸气张扬的外表、内敛深邃的体色，是非常名贵的观赏鱼，受到广大鱼友的高度青睐。

头部呈朱红色，躯干部位带有白色纵向细斑纹，尾柄及尾鳍呈浅棕红色亦带白色斑纹

形态 太平洋红狮子鱼体形适中，头部呈三角形；眼睛较大，被带有白色边线的深棕色斑纹所覆盖；口部及口裂亦较大。背鳍基部修长，鳍棘坚硬，末端呈

鱼体呈纺锤形，外表非常怪异，热情、张扬，甚至有些浮夸

淡红色；胸鳍宽大，不带有杂色，颜色统一，末端呈针状，鳍棘修长；腹鳍呈深棕色，带有皮肤；臀鳍大小适中；尾鳍呈扇形，鳍条分开。鱼体呈深棕红色。

习性 **活动：** 喜在珊瑚丛或岩礁内休息，较安静，常成对出没，性情凶猛，遇到危险时会以体侧带有毒腺的鳍棘攻击对方，不适合与小型鱼类混养。**食物：** 肉食性，喜食活饵，对冻鲜及活鲜的接受度较高。**环境：** 栖息于沿岸的礁石附近或珊瑚礁附近的洞穴中；需要较大的生活空间，适合饲养在250L以上的水族箱内；适宜的海水相对密度为1.022，最适合其生存的温度为26℃。

繁殖 卵生。每到繁殖期，亲鱼会自行选择配偶进行繁殖，繁殖中会游动至较高处产卵。鱼卵为球形，质地似胶。亲鱼有一定的护卵意识，会陪伴鱼卵，待其孵化。当仔鱼长至1～1.2cm，亲鱼便会离去，回到原先的居所，继续过原先的生活。人工繁殖是一大难题，目前少见成功。

整个鱼体都掩藏在夸张的鱼鳍中，给人以锋芒毕露之感

体长：15～20cm | 水层：上、中层 | 温度：25～26℃ | 酸碱度：pH8.1～8.4 | 硬度：3.5～4.5mol/L

▶ 别名：红须狮子鱼、天线狮子 | 自然分布：非洲、印度洋

| 紫金鱼 | ▶ | 鮨科 | *Nemanthias carberryi* Bleeker | Threadfin anthias |

紫金鱼

性情： 具有一定攻击性

养殖难度： 中等

紫金鱼是我们所熟知的海金鱼中的一种，相比淡水金鱼的秀气精致，它的外表粗犷不拘小节，色彩鲜艳，引人注目，具有淡水金鱼所没有的霸气与沉稳，以及较好的身体素质。

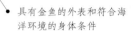

具有金鱼的外表和符合海洋环境的身体条件

形态 紫金鱼作为海洋生物，其鱼体实在太过渺小，连寄居于大型鱼种口中的医生鱼都比其庞大不少。作为海洋中的弱势群体，它具有天生的保护色，纤细瘦小的鱼体可以帮助它快速躲入大型鱼无法进入的缝隙，鲜艳的体色可以与珊瑚融为一体，令人难以察觉。鱼体呈纺锤形，体侧扁平；头部呈三角形；眼睛较大，虹膜呈银灰色，瞳孔呈黑色。背鳍位置靠后，鳍棘短小，鳍条长度适中；胸鳍较小；腹鳍内收，尖细；臀鳍与背鳍末端对称；尾鳍呈叉形，硕大，开叉较深。头部及鱼体下半部分呈深粉色，背脊及尾柄呈黄色，背鳍、臀鳍及尾鳍呈棕色。

习性 **活动：** 鱼体过于狭小，选择混养对象时需要非常仔细甄选，稍有不慎便会成为其他鱼种的饱腹之物。**食物：** 喜食水藻、海虾、冻鲜等食物，建议一日喂食3次左右。**环境：** 适合饲养在350L以上的水族箱内，最喜栖息于中层水域，需要多个可供藏身的地点，最适合的海水相对密度为1.020~1.025。

繁殖 卵生。家用繁殖箱内难以繁殖，需要在自然环境下才能完成传宗接代的任务。目前人工繁殖几乎未有成功案例。双性鱼种，如鱼群中的雄鱼突然死亡，则会有其他体形较大的雌鱼转化为雄鱼，统治鱼群。

体长： 7.5~8cm | **水层：** 上、中层 | **温度：** 24~26℃ | **酸碱度：** pH8.1~8.3 | **硬度：** 3.5~4.5mol/L

▶ **别名：** 卡氏宝石、海金鱼 | **自然分布：** 马尔代夫

燕尾鲈　▶　鮨科 | *Pseudanthias squamipinnis* Peters | Lyretail anthias

燕尾鲈

性情: 具有一定的攻击性

养殖难度: 中等

鱼体鲜艳美丽，呈橙红色至黄色渐变

燕尾鲈是庞大的海金鱼家族中的一员，它们喜欢成群居住、活动，具有一定的群体意识。小巧的鱼体帮助它们在危险来临时快速藏匿进附近的缝隙中，鲜艳的外表同时也是一种完美的保护色。

胸鳍黄色、腹鳍白色、尾鳍橘黄色，背脊后半部分橘黄色，背鳍半透明

形态 燕尾鲈为小型鱼种，鱼体呈纺锤形，与淡水金鱼非常相似；头部呈三角形，大小适中；眼睛呈蓝色，瞳孔呈黑色，大小适中；口部大小适中。背鳍基部修长，鳍棘及鳍条中等长度；胸鳍硕大；腹鳍呈椭圆形，向后伸展；臀鳍呈三角形，大小适中；尾鳍呈叉形，开叉大小适中。鱼体呈橘红色，腹部呈橘黄色，整个鱼体从上到下呈渐变状态，颜色鲜艳美丽。

习性 **活动:** 喜珊瑚礁，非常热心，可以帮助进入新环境或较胆小的鱼类适应新生活，非常积极，遇到危险会躲入附近的洞穴或珊瑚之中。**食物:** 肉食性，喜食无脊椎动物、海虾、活鲜及冻鲜、海藻、浮游生物等，少食多餐。**环境:** 多成群居住，需要600L以上的水族箱，海水相对密度为1.020~1.025，可采用10雌1雄的搭配；单只饲养则只需准备100L左右的水族箱；需要几个能够供其躲藏的缝隙或洞穴，增强其安全感。

繁殖 卵生。双性鱼种，群体内雄鱼死亡后，某只雌鱼会转变为雄鱼。无法在家用繁殖箱内繁殖，因无法满足该鱼种对繁殖环境的需求。

体长: 10~12cm | 水层: 中层 | 温度: 22~25℃ | 酸碱度: pH8.1~8.4 | 硬度: 3.5~4.5mol/L

▶　别名: 金花鮨 | 自然分布: 斐济、汤加

燕尾鲈

驼背鲈

性情： 凶猛、机警、领地意识强

养殖难度： 容易

驼背鲈具有观赏及食用的双重价值，它具备美丽的外表、淡青色的表层，配合大小不一的深棕色斑纹，颇具备现代艺术风格；在海鲜市场内为高级食用鱼，数百元一斤，非常珍贵。

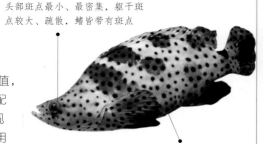

头部斑点最小、最密集，躯干斑点较大、疏散，鳍皆带有斑点

鱼体修长，头部似鼠，体侧较厚实

形态 驼背鲈鱼体硕大，头部呈三角形；眼睛大小适中，虹膜及瞳孔颜色与斑点颜色相同，隐匿于头部繁杂的斑点之中；背鳍基部修长，从额顶后方直达尾柄末端，鳍棘长度适中；胸鳍硕大，呈圆形；臀鳍呈半圆形，方向向后，亦硕大；尾鳍呈扇形，大小适中。鱼体呈青蓝色，通体布满褐色斑点，斑点无论大小皆带有黑色外边线；胸鳍及臀鳍颜色较浅，尾鳍带有浅蓝色外边线。

习性 活动：性情凶猛，非常警觉，对领地有着非常强的捍卫意识；非常懒，1岁左右便开始成天待在栖息地内足不出户，感到饥饿时才会游出来觅食。食物：对人工饲料接受度较高，喜食冻鲜、鱼虾等。环境：幼鱼常出现在潮汐池中，成鱼则生活在深水区；适应性很强，对生活空间大小没有特殊需求，只要水质、温度符合要求且养分充足即可。

繁殖 卵生。人工繁殖方面已获得显著成效，目前为止市场上销售的该鱼种多为人工繁殖，极少有海洋捕捞者。双性鱼种，雄鱼死亡后如鱼群中没有雄鱼，则由体形较大的雌鱼转变为雄鱼，继续传宗接代的工作。受精后每次可孵化的仔鱼为2万余尾。繁殖该鱼种需要较大的养殖场，在家用繁殖箱内依旧难以成功繁殖。

在野生环境下可以长至70cm左右

体长：50~70cm　|　水层：中层　|　温度：24~26℃　|　酸碱度：pH8.1~8.3　|　硬度：3.5~4.5mol/L

▶　别名：老鼠斑、青斑　|　自然分布：印太海域

紫印鱼

性情: 具有一定攻击性

养殖难度: 容易

紫印鱼体形小巧，样式可爱，粉紫色的外表给人以非常女性化的印象，可谓窈窕淑女，君子好逑，游动时婀娜多姿之态配上尾鳍末端的两块色斑，显得非常别致。

胸鳍后方开始带有大块的方形斑块，呈浅粉色，几乎占据了躯干部位的1/2

形态 紫印鱼呈纺锤形，为小型观赏鱼，鱼体呈粉紫色。头部呈三角形，大小适中，比例协调；眼部位置略微偏上，中等大小，虹膜呈银灰色，瞳孔呈黑色。背鳍基部修长，始于额顶后方，终于尾柄前端，鳍棘及鳍条长度相似，皆较短；胸鳍呈椭圆形，大小适中；腹鳍及臀鳍呈三角形，鳍棘向后方延伸，较大；尾鳍呈叉形，开叉大小适中。背鳍边缘透明，在光线作用下基部呈蓝紫色；腹鳍及臀鳍皆呈蓝紫色，末端带有粉紫色斑纹；尾鳍呈半透明质地，为蓝紫色，两端末梢带有亮蓝色或蓝绿色斑点。

习性 **活动:** 游动时姿态窈窕，动作缓慢优雅，其脾性令人难以捉摸；进食过程中，饱腹后再次喂食，便会将吃不下的食物吐出来。**食物:** 肉食性，喜食浮游生物、水蚯蚓、丰年虾、鱼肉等，可接受活鲜及冻鲜，建议采用少食多餐的方式喂养；适应能力较强，在适应期建议喂食一些活鲜，如小活鱼、丰年虾等，引诱其开口。**环境:** 适合的海水相对密度为1.022～1.023，最喜26℃水温，适合饲养在100L以上的水族箱内；需要能供其躲藏的缝隙或洞穴，让它们觉得安全、有保障。

繁殖 卵生。无法在家用繁殖箱内进行人工繁殖。在原产地，每到繁殖期亲鱼会自行配对繁殖，多为一雄多雌的配搭方式。繁殖过程中如有太大的温差会使水中细菌滋生，影响鱼卵的孵化率。

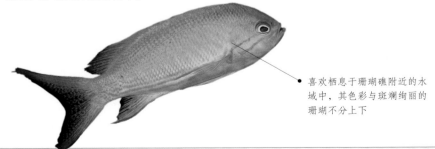

喜欢栖息于珊瑚礁附近的水域中，其色彩与斑斓绚丽的珊瑚不分上下

| 体长: 9～10cm | 水层: 中层 | 温度: 26～27℃ | 酸碱度: pH8.1～8.5 | 硬度: 3.5～4.5mol/L |

▶ **别名:** 紫印 | **自然分布:** 我国沿海地区、印度洋、太平洋

侧牙鲈

性情： *具有一定攻击性*

养殖难度： *容易*

　　侧牙鲈具有观赏及食用价值，鱼体硕大，外表霸气严肃，体色较深，为红、棕、深灰配色，像一块燃烧的炭火。从食用价值来看，它适合清蒸，肉质鲜美，含有微量的热带海水鱼毒素。

形态　侧牙鲈鱼体硕大，为大型观赏鱼，家用水族箱内饲养鱼体一般可达40～60cm，野生最长可达81cm。体形与平日所食的鲈鱼非常相似，头部大小适中，呈三角形；眼睛较小，位置偏上，靠近额顶，虹膜呈金红色，瞳孔呈黑色；下颌带有2～3颗犬牙，口部大小适中。背鳍基部修长，鳍棘及鳍条较短；胸鳍硕大，横向展开；腹鳍及臀鳍较尖锐，皆向后方延伸；臀鳍与背鳍末端上下对称；尾鳍呈弓形。鱼体呈棕红色，头部及背脊呈红灰色，带有深灰色斑点，鱼体下半部分带有白色斑点。

习性　活动：温暖的环境会使其感到舒适，会攻击同箱内体形小于自己的鱼种，且体形过大，家养时不适合混养。**食物：** 喜食动物性饵料，如小鱼、鱼肉、螃蟹、虾、底栖类鱼种等，对于冻鲜及活鲜皆可接受。**环境：** 暖水性鱼种，在原产地主要栖息于珊瑚礁海域；需要较大的生活空间，最好能够使用500L以上水族箱饲养。

警告　本身带有一定毒素，故在饲养过程中尽量不要直接用手去触碰，食用时也需要谨慎，中毒后会导致手脚麻痹，毒素会在自摄取开始1～8小时内发作。

繁殖　卵生。幼鱼会成群在海中四处漂流，多聚集在水深4m左右的浅水区域，成鱼在产卵孵化结束后便回到15m深的水域继续原先的生活。目前为止该鱼种尚不能在家用繁殖箱内进行繁殖。

头部靠近吻部处斑点最为细腻、密集，背鳍、臀鳍及尾鳍末端呈淡黄色

体长：40～81cm　|　水层：上、中、下层　|　温度：26～27℃　|　酸碱度：pH8.1～8.5　|　硬度：3.5～4.5mol/L

▶　别名：月亮石斑鱼　|　自然分布：印度洋、太平洋

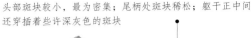

绿河豚 　　　鲀科 | *Tetraodon mbu* Boulenger | Freshwater puffer

绿河豚

性情：凶猛、不合群
养殖难度：中等

　　绿河豚俗称"潜水艇鱼"，它的个头十分小巧，就像一个快乐的顽童一般，总是瞪着好奇的大眼睛，去探索神秘的海洋世界。同时它有着与外表差距非常大的凶猛、高冷的性情。

头部斑块较小，最为密集；尾柄处斑块稀松；躯干正中间还穿插着些许深灰色的斑块

鱼鳍皆呈透明质地，较小

市场所售约5cm长

形态 绿河豚鱼体滚圆，体长宽厚，为小型观赏鱼。头部钝；眼睛硕大；虹膜呈金色，瞳孔呈黑色，位于额顶；口部及口裂大小适中。背鳍位置靠后，非常小巧，基部极短；胸鳍小巧透明，无腹鳍；臀鳍向后方伸展，基部短小，鳍条长度适中，尾柄宽窄适中；尾鳍较直，宽窄与尾柄相同，鳍条修长。鱼体呈黄色，带有黑色大型斑块；腹部呈白色，不带有斑块，斑块主要集中在背脊附近。

习性 **活动**：不似其他鲀类一般喜爱潜水，喜浮在偏上水层里，擅长跳跃，容易跳出水族箱，需要在水族箱表面种植水草或加盖子。**食物**：基本不会挑食，口部较大，可以吞下一条小鱼。**环境**：不喜欢过急的水流，过滤系统里不能加活性炭，因为喜弱碱性水。

眼睛硕大滚圆，金色的虹膜闪闪发亮，观其口部，似是在微笑

警告 体色会随着年龄增长而变得越来越鲜艳美丽，当鱼体颜色暗淡时说明鱼的状态不好；幼鱼并没有毒素，成鱼才会有毒素。

繁殖 卵生。无法在家用繁殖箱内进行人工繁殖。在原产地，人工繁殖需要专业养殖场。进入发情期后雌鱼颜色会鲜亮，适合产卵水温为25~26℃，硬度为3~3.5mol/L，需在水面上放置菊花草。雌鱼一次可产卵100粒左右，产卵结束后需将亲鱼捞出。鱼卵越大者，受精率越高，孵化的速度就越快。受精卵需12日左右来孵化，可为仔鱼及幼鱼们投喂丰年虾、水蚤幼体等活饵。

体长：11~17cm | **水层**：上、中、下层 | **温度**：25~26℃ | **酸碱度**：pH8.0~8.6 | **硬度**：3~4.5mol/L

别名：潜水艇鱼、鸡泡鱼、金娃娃、狗头 | **自然分布**：太平洋

瓦氏尖鼻鲀

性情： 凶猛

养殖难度： 中等

瓦氏尖鼻鲀线条非常流畅，像是一颗安静摆放的榴弹，细窄的尾柄及尾鳍就好像是手柄，静静地等待着发射的那一刻。

鼻部斑点最细小密集，向外逐渐扩散、放大，至腹部斑点最大、最松散

形态 瓦氏尖鼻鲀体形修长，为中型观赏鱼，头部尖细修长，躯干方正。头部呈三角形；吻部尖细；口部及口裂较小；眼睛硕大，虹膜呈蓝灰色，瞳孔呈黑色，眼睛带有朱红色外边线。胸鳍靠前，较小；背鳍靠后，基部极短，呈扇形，鳍棘及鳍条长度适中；无腹鳍；臀鳍较小，与背鳍对称，形状、大小相似；尾鳍较窄，非常平直。鱼体呈白色，背脊呈黄色；腹部颜色发白；尾鳍及胸鳍呈黄色，质地半透明。

习性 **活动**：可群居亦可独居，具有一定的领地意识，喜欢珊瑚礁或岩礁附近的水域，喜静。**食物**：喜食动物性饵料，如小型无脊椎动物、鱼类、海绵、苔藓虫、藻类植物、腹足类动物等。**环境**：在原产地主要栖息于珊瑚礁及礁石区附近，多为浅水区域；具有很强烈的领地意识以及空间需求，故需要准备一个较大的水族箱饲养。

警告 性情非常凶猛，具有毒性，不适合与其他鱼种一起混养。

繁殖 卵生。在繁殖方面实行严格的一夫一妻制，产卵前亲鱼会双双游向茂密的海藻丛中，将鱼卵产在海藻丛中掩藏起来，有时也会选择一雌多雄的搭配进行繁殖。该鱼种目前为止并不能在家用繁殖箱内进行人工繁殖。

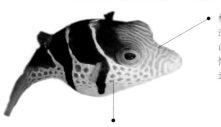

栖息于水下5m左右的浅水区域，性情非常凶猛，硕大的眼睛警惕地盯紧四周，不放过任何细节

鱼体带有浅褐色斑点，躯干部分带有三条深棕色纵向斑纹，从背脊一路延伸向下

体长：15~20cm | 水层：上、中、下层 | 温度：25~26℃ | 酸碱度：pH8.0~8.6 | 硬度：3.5~4.5mol/L

▶ 别名：横带扁背鲀 | 自然分布：太平洋

银大眼鲳　▶　鸢鱼科　|　*Monodactylus argenteus* L.　|　Large silver butterfish

银大眼鲳

性情: *喜群居*

养殖难度: *容易*

银大眼鲳与我们所食用的鲳鱼非常相似,其本身可食用,但肉质并不鲜美,多被当作观赏鱼饲养。

外表似食用鲳鱼,三角形的鱼体以及黄黑渐变的鱼鳍

鱼体正中偏上的位置带有一条内凹的细线

形态 银大眼鲳为中小型观赏鱼。头部呈三角形,较小;双眼硕大,虹膜呈银灰色,瞳孔呈黑色;口部大小适中,口裂较大。整个鱼体呈三角形,鱼鳍向两边伸展;背鳍基部修长,第一根鳍棘修长,后端鳍条较短;胸鳍较小;臀鳍亦是第一根鳍棘修长,后端鳍条较短。尾鳍呈叉形,开叉非常小,大小适中。鱼体呈银灰色,也有人称之为银鲳。头部自额顶向下,带有两根黑色竖排斑纹,较细小。

习性 **活动:** 群居性,多成群结队地四处游动,喜欢大集体一起在岩礁区域内畅游;牙齿呈绒毛状,起到过滤作用,可滤出浮游生物等食物。**食物:** 杂食性,主要食物为红虫、蚯蚓、盐水虾、菠菜、生菜、螺旋藻等,可以喂食人工颗粒状饵料及片状食物。**环境:** 暖水性鱼种,具有极强适应力,能适应恶劣的环境,作为海水鱼甚至可以在淡水或淤泥区域中生存,有时会出现在中国台湾未经污染的河流中。

繁殖 卵生。雌鱼一次可产卵200～1000粒,浮性卵,为了保证受精率,可以选择一雌多雄搭配进行繁殖。在孵化过程中尽量保持水温平衡,不要出现温差,在适宜的水温中孵化仅需1～2小时,孵化完成后1～2天仔鱼可自由游动并寻觅食物,多以浮游生物为食,过段时间可以喂食切碎的丰年虾。

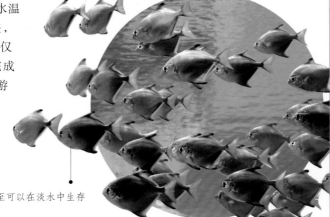

具备极强的适应能力,甚至可以在淡水中生存

体长: 20～27cm　|　水层: 中层　|　温度: 24～26℃　|　酸碱度: pH8.0～8.4　|　硬度: 3.5～4.5mol/L

▶　别名: 银鲳、金鲳　|　自然分布: 印度洋、太平洋

五彩青蛙

唇部质地晶莹，略带透明效果

性情： 温和、领地意识强

养殖难度： 困难

　　五彩青蛙的配色非常迷人，在灯光照射下鱼体部分呈透明质地，就好像一杯晶莹剔透的鸡尾酒，每个层次皆有其精彩之处。

形态　五彩青蛙的体形非常小，为小型观赏鱼。头部较小；眼睛位置在额顶，较突出，眼珠硕大；吻部大小适中，唇部及口裂薄厚、大小皆适中。背鳍分第一背鳍及第二背鳍两块，第一背鳍前端鳍棘修长且锋利，第二背鳍基部修长，鳍条柔软；胸鳍大小适中；腹鳍硕大，形似蝶翼；臀鳍亦硕大；尾鳍呈扇形，边缘呈弧线形，大于腹鳍。鱼体呈蓝色，鱼鳍皆带有蓝色外边线，头部斑纹为绿色、黄色及橘红色渐变，躯干部位斑纹呈橘红色，尾鳍、臀鳍及背鳍亦带有橘红色斑纹。

虹膜呈金红色，瞳孔呈黑色，在光线下会散发出金红色的光晕

习性　**活动：** 游动速度较慢，多为群体一起居住；具有领地及区域意识，同类之间常发生争斗。**食物：** 肉食性，喜欢以甲壳类及无脊椎动物为食；非常喜爱活饵，在初到新环境时往往出现饿死也不吃人工饲料的情况，需要顺从它的习性，喂食活饵。**环境：** 主要栖息于潟湖及近岸的礁石区；需要用150L以上的水族箱饲养。

繁殖　卵生。人工养殖困难重重，在家用繁殖箱内繁殖具有极大的风险。雌鱼每次可产卵60～80粒左右，约1日受精卵会演变为椭圆形的仔鱼，此时仍需依靠卵内的黄囊为生。一般情况下雌鱼会多次产卵，全部结束后产卵数量极为庞大，可能需要按时间顺序分为数批分别饲养。

像其名字一般，鱼体五彩斑斓，具有蓝、橙、绿、黄、金红等多种颜色

鱼体修长，体侧厚实

体长：8～10cm　|　水层：上、中层　|　温度：24～26℃　|　酸碱度：pH8.0～8.4　|　硬度：3.5～4.5mol/L

▶　**别名：** 绿麒麟、七彩麒麟、皇冠青蛙　|　**自然分布：** 中国东海、印度洋

斑胡椒鲷 ▶ 石鲈科 | *Plectorhinchus chaetodonoides L.* | Harlequin sweetlips

斑胡椒鲷

性情：温和
养殖难度：中等

斑胡椒鲷为大型观赏鱼，
样貌凶狠霸气，看似十分冷淡，
实际上却非常温和，除去领地受到
侵犯以外并不喜争端。

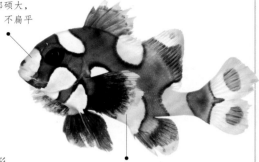

鱼体修长，头部硕大，
体侧略微厚实，不扁平

幼鱼时期体色奶白，带有深褐色斑块及斑点，十分可爱

形态 斑胡椒鲷鱼体硕大，呈纺锤形，
为大型观赏鱼。头部呈三角形，占比较大；
眼睛硕大，虹膜及瞳孔呈黑色；唇部较厚实，
口裂较大。背鳍基部较短，位置靠后，始于鱼体的后半段，鳍棘长度适中；胸鳍
较小；臀鳍呈三角形，方向向后，大小适中；尾鳍硕大，呈叉形，开叉较浅。鱼
体棕褐色，通体布满深棕色斑点，头部斑点最小，最为密集，以鼻部为中心，逐
渐向外扩散，躯干部分斑点较大、疏散，背鳍、臀中、腹鳍及尾鳍皆带有斑点，
皆十分密集，背鳍、尾鳍带有黑色外边线，腹部颜色发白。

习性 活动：泳姿飘逸，游动时较大的胸翅来回摆动，速度和缓，适应性及接受性
较强，性情温吞平和。食物：对新环境完全适应之前，会出现明显的拒食状况，几
乎不吃任何东西，此时需要足够的耐心，使用活鱼或丰年虾去诱惑它进食，之后可
一点点开始训练其食用人工饵料。环境：喜欢的海水相对密度为1.020～1.025，需
要较大的生活空间，适合饲养在750L
以上的水族箱内；生长速度非常
迅速，需要足够的活动空间
及藏身之处。

繁殖 卵生。人工繁殖仍
面临许多尚未攻破的问
题，在家用繁殖箱内无
法繁殖。

通体布满偏黑色的深棕色斑
纹，眼睛机警硕大

体长：60～72cm | 水层：中层 | 温度：24～27℃ | 酸碱度：pH8.0～8.4 | 硬度：3.5～4.5mol/L

▶ 别名：燕子花旦、花旦新娘、朱古力 | 自然分布：菲律宾、中国台湾

皇家丝鲈

性情: 温和

养殖难度: 中等

　　皇家丝鲈亦称"鬼王",在昏暗光线下鱼体后半部分的橙红色似发光的灯笼一般,鱼鳍若隐若现,像漂浮在水中的虚影,变幻莫测,虚实重叠。

鱼体纤细修长,各个部位比例协调

鱼鳍外侧多呈半透明状

形态 皇家丝鲈为小型观赏鱼。头部呈三角形;眼睛大,虹膜呈紫红色,瞳孔呈黑色;口部大小适中。背鳍从躯干中间位置起始,基部长度适中,鳍棘处带有一块黑色的斑点,鳍条长度适中;胸鳍大小适中;腹鳍呈三角形,向后方延伸;臀鳍与背鳍末端呈对称状态;尾鳍大小适中,呈扇形。鱼体呈紫红色至紫灰色渐变,末端呈鲜黄色,与紫色之间有一块粉紫色的渐变区域。

习性 **活动:** 穴居性,领地意识强,以洞穴为中心划分领地范围,同箱饲养数量不宜过多,对待其他鱼类温和;适合混养,注意各鱼种所占比例。**食物:** 肉食性,以浮游生物和甲壳动物为食,也吃其他鱼类体外的寄生虫。**环境:** 主要栖息于珊瑚礁内的小型洞穴中,所需海水相对密度约为1.020;需要可供其隐蔽之所,布置水族箱时需要为其搭建洞穴;对环境变化敏感,需严格控制水温、水质、盐度等。

繁殖 卵生。洞穴式产卵,在原产地多会选择避光的隐蔽洞穴进行繁殖。雌鱼每日可产出一部分鱼卵,雄鱼负责看护藏有受精卵的洞穴。受精卵对水质要求严格,两周左右孵化,仔鱼存活率较低。目前未出现在家用繁殖箱内繁殖成功的记录。

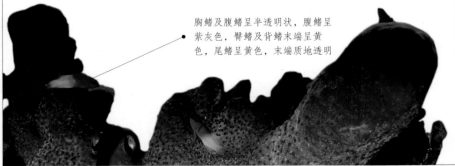

胸鳍及腹鳍呈半透明状,腹鳍呈紫灰色,臀鳍及背鳍末端呈黄色,尾鳍呈黄色,末端质地透明

体长: 6～7.5cm | 水层: 中层 | 温度: 24～27℃ | 酸碱度: pH8.0～8.4 | 硬度: 3.5～4.5mol/L

▶ 别名: 鬼王 | 自然分布: 加勒比海

尖嘴鹰鲷　▶　鱼翁科 | *Oxycirrhites typus* Bleeker | Longnose hawkfish

尖嘴鹰鲷

性情： 温和

养殖难度： 容易

喜欢趴伏在海藻或珊瑚礁附近，安静、友好，温顺柔和

尖嘴鹰鲷的外形非常鲜艳，其皮肤表层的质地与海马非常形似，尖细的吻部非常锋利，小巧的躯干使人感觉十分精致。

形态 尖嘴鹰鲷为小型观赏鱼，鱼体纤细修长，头部呈锥形；吻部尖细修长，口小，口裂大小适中；眼睛位置偏上，硕大，眼前部位突出，虹膜呈金黄色，瞳孔呈黑色。背鳍基部修长，起始于鱼体中间靠前的位置，鳍棘明显，非常坚硬，鳍条短小；胸鳍较大；腹鳍平伏，较小，呈三角形；臀鳍大小适中；尾鳍呈叉形，开叉浅。鱼体呈肉粉色，带有朱红色斑纹。尾鳍、胸鳍及腹鳍呈透明质地，粉红色。

习性 **活动：** 喜欢静卧于水深40m左右的海域中，时而卧在隆起的物体顶端，时而来回游动两下，生活非常悠闲。**食物：** 肉食性，喜食活鲜，如碎丰年虾、鱼虫、水蚯蚓、浮游生物及无脊椎动物等；口部较小，难以咽下大块食物，需将饵料切碎进行喂食。**环境：** 对生活空间有一定需求，需要饲养在150L以上的水族箱内。

繁殖 卵生。目前几乎未有人工繁殖成功的案例，人工繁殖的结果并不乐观，仔鱼存活率非常低。

背鳍被白色的斑点分为三节

头部吻部上方及鼻部呈朱红色

躯干中间部分网状斑纹中间带有红色细碎的斑点

体长：10～14cm | 水层：中、下层 | 温度：24～27℃ | 酸碱度：pH8.1～8.4 | 硬度：3.5～4.5mol/L

▶　别名：尖嘴红格、尖嘴鹰、长嘴鹰、尖嘴格 | 自然分布：西太平洋

短嘴格

性情: 凶猛

养殖难度: 容易

短嘴格的周身气质慵懒霸气,俯趴在石块上的样子像看淡世间一切的尊者,以超然之态看着世间一切喜怒哀乐。

鱼体似倒置的帆船一般,呈三棱镜形,十分滚圆,硕大的双眼看着看着非常有灵气

性情较凶猛,喜爱动物性饵料

形态 短嘴格的鱼体似船形,体侧滚圆,具有立体感。头部呈三角形,双眼硕大有神,为水泡眼,眼前部位突出,眼睛靠近额顶,虹膜呈银灰色,瞳孔呈黑色。胸鳍位置靠前,硕大,向两边伸展,末端分叉;背鳍基部修长,前端鳍棘坚硬修长,后端鳍条扁平柔软;腹鳍内收,较尖锐;臀鳍亦内收,较小;尾鳍呈扇形,硕大有力。鱼体底色呈白色,带有红色及黑色斑块,背脊部分呈红色,前额带有朱红色斑纹,鳃盖上带有竖排黑色斑点。

习性 **活动:** 性情比较凶猛,不太适合与较弱势的鱼种一起混养,混养时需要注意认真甄选对象;游动时姿态一动一静,一停一动。**食物:** 喜食动物性饵料,对冻鲜及活鲜皆具有很高的接受度,十分喜欢小鱼及甲壳类动物。**环境:** 最适合其生长的海水相对密度为1.020~1.025;需要较大的生活空间,适合饲养在150L以上的水族箱内,否则它便会无休止地去骚扰其他温顺的鱼种或小型鱼种。

繁殖 卵生。目前为止尚未出现成功的人工繁殖案例。

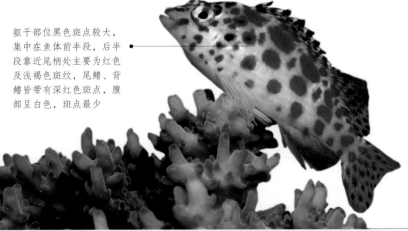

躯干部位黑色斑点较大,集中在鱼体前半段,后半段靠近尾柄处主要为红色及浅褐色斑纹,尾鳍、背鳍皆带有深红色斑点,腹部呈白色,斑点最少

| 体长: 7~8cm | 水层: 中、下层 | 温度: 24~27℃ | 酸碱度: pH8.1~8.4 | 硬度: 3.5~4.5mol/L |

▶ 别名: 红格 | 自然分布: 西印度洋、西太平洋

短嘴格

| 斑点鹰鱼 | ▶ | 鱼翁科 | *Paracirrhites forsteri* J.G.S. | Freckled hawkfish |

斑点鹰鱼

性情: 凶猛

养殖难度: 容易

性情非常凶猛, 具有强烈的领地意识, 体色会随着年龄增长而有所变化, 朱红的鱼体霸气且漂亮

斑点鹰鱼像《水浒传》中的壮汉一般, 厚实的唇部、犀利的双眼、壮硕的鱼体、雪白的腹部, 给人以强壮之感。

形态 斑点鹰鱼为中型观赏鱼, 鱼体硕大, 强健有力; 头部呈三角形; 眼睛位置靠上, 偏小; 唇部厚实, 口部及口裂较大。背鳍基部修长, 前端鳍棘较短小, 后端鳍条长短适中; 胸鳍呈透明质地; 腹鳍较小; 臀鳍与背鳍末端呈上下对称状态; 尾鳍硕大, 呈扇形, 亦呈透明质地。鱼体呈白色, 中间带有横向斑纹, 斑纹占据鱼体的1/2, 前端为朱红色, 额顶为橘红色, 后端呈浅褐色、深褐色。

习性 活动: 性情粗暴, 混养时需仔细甄选让谁来做邻居; 具有极强的领地意识; 适应性强, 饲养容易, 很快就能适应新环境, 在适应期可以使用其喜爱的活食来引诱其开口吃东西, 补充足够的体力来适应新环境。食物: 肉食性, 主要以甲壳类动物及小型鱼类为食, 也可喂食冰冻虾及动物性人工饵料。环境: 适合其生长的海水相对密度为1.020~1.025; 需要非常大的生活空间, 建议饲养在350L以上的水族箱内。

繁殖 卵生。目前无法进行人工繁殖, 所需空间及环境皆是人工环境难以模拟的。幼鱼体色呈酒红色, 尾部呈黄色, 会在成长过程中逐渐改变, 面部会长出斑点, 黄色褪去, 转变为褐色或橄榄绿色。

鼻部至头部下方带有朱红色小型斑点, 背脊呈暖黄色, 背鳍鳍棘呈黄褐色, 鳍条呈淡褐色, 质地透明, 尾鳍、臀鳍呈淡褐色

| 体长: 20~22cm | 水层: 中、下层 | 温度: 24~27℃ | 酸碱度: pH8.1~8.4 | 硬度: 3.5~4.5mol/L |

▶ | 别名: 福氏鹰鱼、黑边鹰鱼 | 自然分布: 夏威夷岛

虎皮蝶

性情：*温和*
养殖难度：*容易*

　　虎皮蝶的躯干上半部分带有大量紫色斑纹，似虎皮一般，下半部分则是呈扩散状排列的斑点，似花豹。

鱼体呈长方形，躯干略微偏长，体侧扁平，鳞片细腻

眼神非常严肃，眼睛附近为橘红色，好似一只观察猎物的老虎

形态 虎皮蝶为中小型观赏鱼，头部呈三角形，吻部尖细修长，唇部、口部皆小；眼睛位置靠前，接近吻部。背鳍基部修长，后端鳍条长度可达尾柄，前端鳍棘及后端鳍条皆短；臀鳍与背鳍形状相似且对称，稍大于背鳍末端；胸鳍较小；腹鳍不明显，有退化趋势；尾鳍呈扇形，偏小。鱼体呈黄色带有紫色斑点及斑纹，斑纹呈纵向。

习性 **活动**：适合与体形及脾性相似鱼种混养，非常温和，不会主动攻击其他鱼种。**食物**：杂食性，对动物性及植物性饵料接受度很高，主要食物有藻类植物、浮游生物、无脊椎动物、珊瑚虫、活鲜或冻鲜、鱼虾肉等。**环境**：适合200～250L的大水族箱，与众多鱼种一起混养。

警告 会吃掉大部分的珊瑚虫，故尽量不要在饲养它的水族箱内放置珊瑚。

繁殖 卵生。目前技术无法做到人工繁殖。在原产地倾向于一夫一妻制，亲鱼向水面排出鱼卵及精子，相互碰撞自行受精。受精卵漂浮于水面，仔鱼亦靠浮游生物在水面生活一段时间，具有基本生存能力后会集体潜入海中，寻找适合栖息的珊瑚礁。

眼睛大小适中，虹膜呈黄色，瞳孔呈黑色

| 体长：10～15cm | 水层：上、中层 | 温度：24～26℃ | 酸碱度：pH8.1～8.3 | 硬度：3.5～4.5mol/L |

▶　别名：繁纹蝶 | 自然分布：太平洋、印度洋

红海黄金蝶　▶　｜　蝶鱼科　｜　*Chaetodon semilarvatus* G.C.　｜　Masked butterfly fish

红海黄金蝶

眼部泪滴状的大块斑纹似熊猫一般，
为简约大气的鱼体带去呆萌的气息

性情： 好斗、具有领地意识

养殖难度： 中等

红海黄金蝶表皮细腻，通体鲜黄，常年与珊瑚及活岩石作伴，柔韧的躯体及柔软的珊瑚，与岩石的坚硬质感形成了极具反差性的视觉冲击。

形态 红海黄金蝶为中型观赏鱼，头部呈三角形；吻部尖细修长，突出，唇部、口部较小；眼睛位置靠前，接近吻部，眼小，虹膜呈黑色，瞳孔呈黑色。背鳍基部修长，长度可达尾柄，鳍棘及鳍条皆短；臀鳍与背鳍形状相似且对称，末端较圆；胸鳍较小，质地透明；尾鳍呈扇形，偏小。鱼体呈黄色带有棕红色斑纹，斑纹呈纵向。

习性 **活动：** 常与其他鱼种或本种其他鱼类发生争端，注重领地，时而出现拒食情况，适合经验较丰富的鱼友饲养。**食物：** 肉食性，喜食冰冻鱼肉、蟹肉、水蚯蚓、贝肉等，还喜啄食珊瑚、无脊椎动物，饲养时不要在水族箱内放珊瑚。**环境：** 饲养时需要准备一个较大的水族箱，混养时需要仔细甄选搭配的鱼种。

繁殖 卵生。目前为止的技术尚无法成功在家用繁殖箱内繁殖。在原产地，该鱼种所排出的鱼卵为浮性卵，直至孵化都会浮于水面，仔鱼会先依靠浮游生物为食，稍长大一点后会潜入水中，寻找栖息之所。

鱼体硕大呈锥
形，略微偏长，
体侧扁平，鳞片
细腻光滑，鱼鳍
大小适中

背鳍末端、臀鳍、尾鳍
呈黄色，臀鳍颜色较
深，带有橙黄色，背鳍
边缘带有黑色及橙黄色
边线，尾鳍带有深褐色
外边线

体长：18～20cm　｜　水层：上、中层　｜　温度：24～26℃　｜　酸碱度：pH8.1～8.3　｜　硬度：3.5～4.5mol/L

▶　别名：金色蝴蝶鱼、黄金蝶　｜　自然分布：印度洋、红海珊瑚礁

丝蝴蝶鱼 ▶ 蝶鱼科 | *Chaetodon auriga* F. | Threadfin butterfly fish

丝蝴蝶鱼

鱼体方正，偏长，呈长方形，体侧扁平，躯体硕大，皮肤表层及鳞片细腻光洁

性情: 温和

养殖难度: 容易

丝蝴蝶鱼的知名度非常高，体表斑纹十分特殊，纵横交错，参差不齐，却又不失条理。

形态 丝蝴蝶鱼为中型观赏鱼，头部尖细，呈三角形；吻部修长，突出，唇部较小；眼睛位置偏上，眼小，虹膜及眼皮呈黑色，瞳孔呈黑色；口部小。背鳍基部修长，长度可达尾柄中段，鳍棘及鳍条皆短小；臀鳍与背鳍对称，形状相似，背鳍末端较尖，臀鳍末端较圆，鳍条稍短于背鳍，臀鳍基部长度为背鳍的1/3左右；胸鳍较小；尾鳍呈扇形，偏小。鱼体呈黄色及白色，躯干部位带有斜向条纹。

习性 **活动:** 性情温和，适合与体形及脾性相近的鱼种混养，也可与小型鱼种混养，临睡前鱼体上会逐渐显露出暗淡色斑。**食物:** 杂食性，主要以珊瑚虫、甲壳类、藻类植物、浮游生物、无脊椎动物、腹足类及多毛类生物为食。**环境:** 多栖息于珊瑚礁或礁石区，也可能从海藻丛中被发现，会啄食珊瑚。

繁殖 卵生。在繁殖过程中提倡自由恋爱。亲鱼扩散性排卵，分别排出鱼卵及精子。受精卵漂浮在水面上，受精后7天左右卵内胚胎具备雏形，经40日左右可孵化。刚孵化的仔鱼会依靠水面浮游生物为食，可以自由游动并寻觅食物、具备基本生存能力时，便会游向水下，寻找适宜生存的栖息之处。

在原产地通常以珊瑚礁为主要居所，性情温顺、十分警惕，稍有风吹草动便会藏匿于珊瑚礁之中，令人难以再寻其踪迹

体长: 15～20cm | 水层: 中、下层 | 温度: 24～26℃ | 酸碱度: pH8.1～8.4 | 硬度: 3.5～4.5mol/L

▶ 别名: 人字蝴蝶、扬幡蝴蝶 | 自然分布: 印度—西太平洋海域中部

三带蝴蝶鱼

鱼体布满横向蓝紫色条纹，黄与紫的搭配非常协调

性情：温和

养殖难度：容易

三带蝴蝶鱼性情温和，与其他大部分栖息于珊瑚礁附近的鱼类和谐相处，其生活与珊瑚礁息息相关。

形态 三带蝴蝶鱼的鱼体呈长方形，为中型观赏鱼，体侧扁平，鳞片细腻且躯干部分略长，也有些似椭圆形。头部呈三角形；吻部、唇部、口部皆小，较圆钝；眼睛位置靠前，接近吻部，硕大，被头部黄黑相间的斑纹所覆盖，瞳孔呈黑色。背鳍基部修长，后端鳍条长度可达尾鳍末端，前端鳍棘短，后端鳍条长度适中；臀鳍与背鳍形状相似，相互对称；胸鳍较小；尾鳍呈扇形，偏小。鱼体呈黄色带有紫色横向斑纹，鱼体中间段斑纹颜色最深，至腹部则逐渐变浅，头部带有黑黄相间的粗斑纹。

习性 活动：性情温和，可以与其他体形相似的鱼种和平相处，非常适合混养，在危险来临时隐藏在珊瑚丛中。**食物**：肉食性，喜食冰冻鱼肉、蟹肉、无脊椎动物等。**环境**：喜欢栖息于鹿角珊瑚丛中。

警告 喜欢食用珊瑚虫，最好不要饲养在有珊瑚的水族箱内，否则珊瑚将会有被吞食殆尽的危险。

繁殖 卵生。一夫一妻制，在亲鱼双方皆愿意且处于发情期时才会进行繁殖。亲鱼排出鱼卵及精子漂浮在水面上，自行贴合受精，为浮性卵。刚孵化的仔鱼浮于水面，依靠浮游生物为食，具备基本生存能力时会成群向下潜游，寻找适宜生存的栖息之处。目前的技术尚不具备系统、完善的繁殖理论及合适的人工繁殖方法。

背鳍呈紫灰色；臀鳍基部呈紫灰色，向外依次为鲜黄色、黑色及橘黄色；尾鳍呈黄色，边缘呈黑色

| 体长：15～17cm | 水层：上、中层 | 温度：24～26℃ | 酸碱度：pH8.1～8.3 | 硬度：3.5～4.5mol/L |

红海红尾蝶

性情： 温和

养殖难度： 容易

红海红尾蝶体形较小，在浩然的海洋世界中游动时，仿佛一点明亮的朱砂，在微量的阳光下泛着金橙色的光芒，雪白的躯体在幽暗深蓝色的海洋中就好似一盏不灭的明灯。

形态 红海红尾蝶呈长方形，为中型观赏鱼，体侧扁平。头部呈三角形，吻部、唇部、口部皆小；吻部突出，尖细；眼睛位置靠前，硕大。背鳍基部修长，鳍条长度适中；臀鳍与背鳍形状相似，相互对称，末端较尖；胸鳍较小；尾鳍呈扇形。鱼体呈月白色，带有紫色纵向斑纹。

习性 **活动：** 性情温和，不喜争斗，适合与温和的鱼种混养，入夜后藏匿于珊瑚礁附近的洞穴内休息。**食物：** 以无脊椎动物及珊瑚虫为食，不可养在长有珊瑚的水族箱内，否则需为其提供大量活石及珊瑚供其啃食。**环境：** 对水质有较高要求，来到新环境后需要一段时间作为适应期；需要一定程度的光照，不喜黑暗。

繁殖 卵生。目前尚未出现人工繁殖的成功案例。在原产地，亲鱼会将鱼卵及精子排向水面，随后会选择离开，任由鱼卵及精子自行搭配受精。孵化的仔鱼会在水面上漂浮一段时间，主要食物为浮游生物，稍长大具备基本生存能力后，会成群游向水下的珊瑚礁，寻找栖息之地及藏匿之所。

尾部色彩鲜艳，呈朱红色，非常美丽

眼睛接近吻部，被头部橙红色的斑纹所覆盖，瞳孔呈黑色

最前端5~6条斑纹颜色最深，后端逐渐变为小型斑点

体长：10~15cm | 水层：上、中层 | 温度：24~26℃ | 酸碱度：pH8.1~8.3 | 硬度：3.5~4.5mol/L

▶ 别名：稀带蝴蝶鱼 | 自然分布：红海

| 太平洋冬瓜蝶 | ▶ | 蝶鱼科 | *Chaetodon lunulatus* Q. & G. | Oval butterfly fish |

太平洋冬瓜蝶

性情： 温和

养殖难度： 中等

鱼体布满横向紫灰色条纹，似蒙了一层纱，起了一层雾

太平洋冬瓜蝶的体色及性情皆十分温和，似遨游在海中的一道倩影，叫人捉摸不透。

形态 太平洋冬瓜蝶为中型观赏鱼，鱼体呈长方形，体侧扁平，体形似椭圆形。头部呈三角形；吻部、唇部较圆钝，口小；眼睛位置靠前。背鳍基部修长，鳍棘较坚硬；臀鳍与背鳍相互对称；胸鳍较小；尾鳍呈扇形，偏小。鱼体呈深黄色带有紫灰色横向斑纹，中间段斑纹颜色最深，头部带有黑黄相间的斑纹，背鳍呈青绿色，臀鳍基部呈青色，向外依次为黑色、橘红色、黑色，尾鳍基部呈蓝绿色。

习性 活动：性情温和，可以与其他体形及脾性相似鱼种混养；入夜后会钻入珊瑚礁的洞穴中休息。食物：杂食性，喜食珊瑚虫、冰冻鱼肉、蟹肉、无脊椎动物等，也需要摄取定量的蔬菜及藻类植物。环境：需要较大的生活空间，具有一定的群居意识，主要栖息于珊瑚丛及礁石区域，需要为它们准备好洞穴等可供藏匿之所。

警告 最好不要饲养在有珊瑚的水族箱内，否则珊瑚会被其当作食物，吞食殆尽。

繁殖 卵生。一夫一妻制，繁殖的前提条件为亲鱼双方皆进入发情期且愿意进行交配。亲鱼排出鱼卵及精子后离开。浮性卵，与精子自行贴合受精。仔鱼浮于水面，依靠浮游生物为食，当具备基本生存能力时，会成群游至珊瑚礁附近，寻找栖息之处。在家用繁殖箱内几乎无法繁殖，尚不具备完整系统的人工繁殖方案。

体形与体色几乎与三带蝴蝶鱼一模一样

双眼硕大有神，被头部黑黄相间的斑纹所覆盖，瞳孔呈黑色

| 体长：15~17cm | 水层：上、中层 | 温度：24~27℃ | 酸碱度：pH8.1~8.4 | 硬度：3.5~4.5mol/L |

▶ | 别名：冬瓜蝶、弓月蝴蝶鱼 | 自然分布：太平洋珊瑚礁海域

四点蝴蝶

性情： 温和

养殖难度： 中等

头部橘黄色的条纹在光线作用下泛着淡金色的光芒，像是哥特时期昂贵的金箔画一般

四点蝴蝶就像一副水粉作品一般，背部的大块深棕色斑块，与下方的明黄色互相晕染，由于鳞片而显现出的网状斑纹更像极了凹凸不平的水粉纸。

形态 四点蝴蝶为中小型观赏鱼，鱼体呈锥形，体侧扁平。头部呈三角形；吻部修长尖细，唇部及口部较小；眼睛大小适中。背鳍基部修长，长度可达尾鳍中段，鳍条极为短小；臀鳍与背鳍对称，臀鳍颜色更浓厚，几乎不透明；胸鳍较小；尾鳍呈扇形，中等大小。鱼体明黄色，头部带有一条纵向条纹，呈橘黄色，在光线下会泛出淡金色的光泽，贯穿眼睛，背鳍末端呈半透明质地，呈黄色，尾鳍、臀鳍皆呈明黄色。

习性 **活动：** 白天在珊瑚礁附近群游，夜晚藏匿至珊瑚礁内的洞穴中；性情温和，适合与体形及脾性相近鱼种混养，能妥善地处理邻里关系。**食物：** 肉食性，最喜食珊瑚虫，也可喂食浮游生物、无脊椎动物等，喜欢吃浮在水面的食物，人工饲养时可选择浮饵。**环境：** 对水质敏感，需要一定时间适应新环境。

繁殖 卵生。一雌一雄配对进行繁殖，人工繁殖技术有待提升。野生雄鱼及雌鱼会向水面排出鱼卵及精子，任其自行碰撞受精。产卵结束后亲鱼离开，鱼卵会一直浮于水面。刚孵化的仔鱼依靠水面上的浮游生物为生，成长一段时间后会以群体为单位潜入水中寻找适合生存的珊瑚礁。

背脊呈深棕色，中间带有明黄色斑块，与下半部分明黄色相互融合

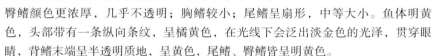

体长： 10～15cm | **水层：** 上、中层 | **温度：** 24～27℃ | **酸碱度：** pH8.1～8.4 | **硬度：** 3.5～4.5mol/L

▶ **别名：** 四点蝶 | **自然分布：** 太平洋

| 单斑蝴蝶鱼 ▶ | 蝶鱼科 | *Chaetodon unimaculatus B.* | Teardrop butterfly fish |

单斑蝴蝶鱼

头部带有一条纵向黑色条纹，贯穿眼部

性情：温和、领地意识强

养殖难度：中等

　　单斑蝴蝶鱼的体色会因区域不同而发生改变，栖息于太平洋者体色呈白色及浅黄色，栖息于印度洋者体色呈明黄色。

形态 单斑蝴蝶鱼为中型观赏鱼，鱼体呈锥形，体侧扁平，十分方正。头部呈三角形；吻部突出，修长尖细，唇部较薄，口小；眼睛大小适中。背鳍基部修长，长度可达尾鳍基部，鳍棘短小，坚硬，边缘粗糙，鳍条极为短小；臀鳍与背鳍对称，鳍条长度适中，颜色浓厚，几乎不透明；胸鳍较小；尾鳍呈扇形，偏小。鱼体明黄色或淡黄色及白色，体侧带有数条细小的斑纹，背鳍末端、臀鳍及尾柄带有黑色边缘线，三条线连成一体。

习性 活动：性情非常温和，适合与体形及脾性相近的鱼种及非攻击性鱼种混养；多为一小群出没于珊瑚附近。食物：杂食性，最喜食珊瑚虫，也可喂食浮游生物、无脊椎动物、幽灵虾、丰年虾等，进入新环境后需先用活饵喂食一周，待其适应后再喂食人工饵料。环境：对水质较敏感，需要一定时间适应新环境，适合饲养在体积大于265L的水族箱内，保持水质干净，水流充足。

繁殖 卵生。人工繁殖技术尚未完善，无法在家用繁殖箱内繁殖。野生雄鱼及雌鱼一雌一雄配对进行繁殖，向水面排出鱼卵及精子。产卵结束后亲鱼便会离开。鱼卵会一直浮于水面自行结合受精，孵化为仔鱼后，仔鱼依靠水面上的浮游生物为生，几日后潜入水中，多成群行动，寻找适合生存的珊瑚礁。

靠近背脊部分带有黑色圆形斑块

| 体长：15～20cm | 水层：上、中层 | 温度：24～26℃ | 酸碱度：pH8.1～8.3 | 硬度：3.5～4.5mol/L |

▶ 别名：一点蝶、一点清 | 自然分布：印度洋、太平洋

密点蝴蝶鱼

性情: 温和

养殖难度: 中等

部分成鱼甚至不足10cm，小巧的躯体配合着细小的斑点，显得十分精致

密点蝴蝶鱼的特色在于其每一鳞片上都带有一个蓝色小点，从鱼体一路延伸至鱼鳍，光线良好时，透过水面折射在其身上的光斑会使其体色发生微妙的改变，似镀了一层金。

形态 密点蝴蝶鱼在蝴蝶鱼中属于体形较小者，鱼体呈锥形，体侧扁平；头部呈三角形，吻部修长尖细，突出，口小；眼睛大小适中。背鳍基部修长，长度可达尾鳍末端，鳍棘短，坚硬；臀鳍与背鳍对称，臀鳍末端颜色较淡，有些发白，质地几乎不透明；胸鳍较小；尾鳍呈扇形，大小适中。鱼体介于明黄色及淡黄色之间，头部带有一条纵向黑色条纹，背鳍末端为黑色，尾鳍呈黑色。

习性 **活动:** 性情非常温和，适合与非攻击性中小型鱼种一起混养，喜欢徘徊在珊瑚附近，具有较强适应性。**食物:** 杂食性，喜食珊瑚虫，也可喂食无脊椎动物、浮游生物、丰年虾等，需要一定时间适应新环境，期间用活饵喂食。**环境:** 对水质较敏感，需要一定时间适应新环境，需保持水质干净，水流充足。

繁殖 卵生。无法在家用繁殖箱内繁殖，目前仍采用潜水捕捞的方式供给市场需求。一雌一雄配对，亲鱼双双向水面排出鱼卵及精子。产卵结束后亲鱼离开。鱼卵为散性卵、浮性卵，受精率有限。孵化为仔鱼后，仔鱼依靠水面浮游生物为生，一段时间后潜入水中，下潜至珊瑚礁区域，成群行动，寻找适合生存的珊瑚礁及洞穴。

背鳍边缘粗糙，兴奋时会伸展，鳍条长度适中

性情非常温和，喜欢和煦的阳光和柔软的珊瑚，喜食珊瑚虫及海藻

体长: 10~13cm | 水层: 上、中层 | 温度: 24~25℃ | 酸碱度: pH8.1~8.4 | 硬度: 3.5~4.5mol/L

▶ 别名: 胡麻蝶、胡麻斑蝴蝶鱼 | 自然分布: 印度洋、太平洋

克氏蝴蝶鱼 ▶ 蝶鱼科 | *Chaetodon kleinii* Bloch | Orange butterfly fish

克氏蝴蝶鱼

性情： 温和

养殖难度： 容易

头部带有蓝色纵向条纹，
贯穿眼睛

克氏蝴蝶鱼体形虽小，外观却没有
打任何折扣，浑身布满斑斓的网状斑纹，
头部带有幽蓝色条纹，色彩鲜艳，端庄美丽。

形态 克氏蝴蝶鱼为中小型观赏鱼，鱼体呈长方形，头部呈三角形，体侧扁平；鱼鳍大小适中，鳍条短小；吻部尖细，唇部及口部较小；眼睛大小适中，位于头部正中偏上。背鳍基部修长，长度可达尾鳍中段，鳍棘及鳍条皆短小，末端鳍条较长，鳍棘坚硬；臀鳍与背鳍对称，末端较圆，皆带有黑色及白色外边线；胸鳍较小；尾鳍呈扇形，偏小。鱼体前半部分呈白色，后半部分呈黄色，带有网格状斑纹。

习性 **活动：** 性情温和，适合与体形及脾性相近的鱼种混养，最合适的混养对象为小型刺尾鱼；喜群居，多栖息于岩石或礁石附近。**食物：** 杂食性，并不择食，可喂食珊瑚虫、糠虾、浮游生物、无脊椎动物等，也可用藻类植物、水蚯蚓等来代替，对薄片及颗粒状人工饲料的接受度也较高。**环境：** 具有较强的适应性及生存能力，饲养难度较低，适合的海水相对密度约为1.020～1.025。

繁殖 卵生。目前人工繁殖并不具备系统、完善的技术体系。野生状态下排出散性卵、浮性卵，孵化后的几天内仔鱼会依靠水面浮游生物为生，成长至具备一定生活能力后便成群潜入水中，寻找适合生存的珊瑚礁或适宜藏匿的洞穴。

眼睛被蓝色斑纹所覆盖，瞳孔呈黑色

体长：10～15cm	水层：上、中层	温度：24～26℃	酸碱度：pH8.1～8.4	硬度：3.5～4.5mol/L

▶ 别名：麻包鱼、凤梨蝶、蓝头蝶 | 自然分布：印度-西太平洋区

斜纹蝴蝶鱼　▶　蝶鱼科　|　*Chaetodon vagabundus L.*　|　Vagabond butterfly fish

斜纹蝴蝶鱼

性情: *温和*

养殖难度: *中等*

与丝蝴蝶鱼非常相似，简直是一模一样，不同之处仅存在于体色及鱼鳍末端

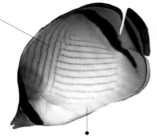

　　斜纹蝴蝶鱼具有温和的性情和食用珊瑚虫的特性，睡前会将身体上明亮的白色转变得稍许暗淡，就像一盏小灯笼逐渐地熄灭了自己的光芒，准备休息。

鱼体方正，呈长方形，体侧扁平，躯体硕大，鱼鳍大小适中

形态 斜纹蝴蝶鱼为中型观赏鱼。头部尖细，呈三角形；吻部修长且突出，唇部较小，口裂大小适中，口部小；眼睛位置偏上，眼小，被黑色的斑纹所覆盖，瞳孔呈黑色。背鳍基部修长，长度可达尾柄中段，鳍棘及鳍条皆短小，鳍棘坚硬，边缘粗糙；臀鳍与背鳍对称，形状相似，末端较圆；尾鳍呈扇形，大小适中。鱼体呈白色，躯干部位带有斜向条纹，自背鳍向下延伸者有5条，自鱼体下方向上者有10条。头部呈白色，带有黑色条纹，另一条黑色粗条纹贯穿背鳍末端、臀鳍、尾柄及尾鳍。

习性 **活动**：性情非常温和，不喜争端，适合与体形及脾性相近的鱼种混养；临睡前会使自己的鱼体出现暗淡色斑，来掩盖过于明亮的体色以便于躲藏。**食物**：主要食物为珊瑚虫及小型无脊椎动物，也可食海藻。**环境**：栖息于珊瑚礁附近30m以内的水域；需要适当的光照，入夜后需关闭水族箱上的照灯。

繁殖 卵生。无法在家用繁殖箱内进行人工繁殖。

在原产地，亲鱼在双方皆愿意的情况下才会繁殖；采用扩散性的排卵方式，分别排出鱼卵及精子；鱼卵为浮性卵，漂浮于水面，与精子碰撞融合；刚孵化的仔鱼会依靠水面上的浮游生物为生，待其具备基本的生存能力时，便会成群结队地游向水下，寻找适宜生存的栖息之处，多为珊瑚礁水域附近

体长：15~17cm　|　水层：上、中层　|　温度：24~27℃　|　酸碱度：pH8.1~8.4　|　硬度：3.5~4.5mol/L

▶　别名：假人字蝶　|　自然分布：印度洋、太平洋

| 黑背蝴蝶鱼 | ▶ | 蝶鱼科 | *Chaetodon melannotus* B.&J.G.S | Blackback butterfly fish |

黑背蝴蝶鱼

性情： 温和

养殖难度： 中等

　　黑背蝴蝶鱼鱼群游过时仿佛翩翩起舞的蝴蝶一般，飘忽不定，闪闪烁烁。它们几乎离不开柔软细腻的珊瑚，时常可以见到其在珊瑚礁之间畅游的身影。

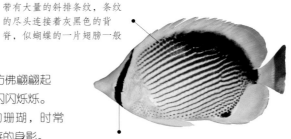

带有大量的斜排条纹，条纹的尽头连接着灰黑色的背脊，似蝴蝶的一片翅膀一般

头部带有一条纵向条纹，呈黑灰色，贯穿眼睛、吻部、前额

形态 黑背蝴蝶鱼为中型观赏鱼，鱼体呈长方形，体侧扁平。头部呈三角形；吻部修长尖细且突出，唇部及口部较小；眼睛大小适中，位于头部正中偏上。背鳍基部修长，长度可达尾鳍中段，鳍棘及鳍条皆短小；臀鳍与背鳍对称，鳍条稍长于背鳍；胸鳍较小；腹鳍有退化趋势；尾鳍呈扇形，十分小巧。鱼体呈白色，带有灰黑色斜向条纹，背脊呈黑灰色。

习性 **活动：** 白天于珊瑚礁附近群游，夜晚则会变成类似珊瑚礁的淡棕褐色，藏匿至珊瑚礁内的洞穴中休息。**食物：** 杂食性，可喂食珊瑚虫、乌贼、糠虾、浮游生物、无脊椎动物等，也可用藻类植物、水蚯蚓、水蚤等来代替，适当地补充膳食纤维可以使其保持强健的身体。**环境：** 性情非常温和，适合与体形及脾性相近的鱼种一起混养，如盖刺鱼科、小型刺尾鱼等。

繁殖 卵生。一雌一雄配对繁殖。雄鱼排出的精子及雌鱼排出的鱼卵漂向水面自行受精。鱼卵孵化前会一直浮于水面。孵化后仔鱼依靠浮游生物为生，成长至具备一定生活能力后以群体为单位潜入水中，最初在浅水区徘徊，很快便会继续下潜，寻找适合生存的珊瑚礁。就目前的技术而言，该鱼种在人工繁殖方面还有待提升，并不具备系统、完善的技术。

背鳍、臀鳍及尾鳍皆呈鲜黄色

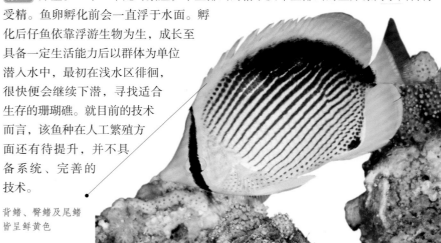

| 体长：15～18cm | 水层：中、下层 | 温度：24～26℃ | 酸碱度：pH8.1～8.4 | 硬度：3.5～4.5mol/L |

▶ | 别名：黑背蝶、斜纹蝶、黑斜蝶 | 自然分布：印度洋–西太平洋区

红月眉蝶

性情：温和

养殖难度：中等

头部带有一条纵向条纹，呈黑灰色，贯穿眼睛，眼睛上方带有一条白色条纹

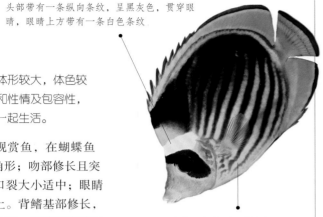

鱼体呈长方形，体侧扁平，表皮细腻光滑，鱼鳍大小适中

红月眉蝶在蝴蝶鱼中体形较大，体色较深，具有蝴蝶鱼典型的温和性情及包容性，可以与体形小于其的鱼种一起生活。

形态　红月眉蝶为中型观赏鱼，在蝴蝶鱼中体形偏大。头部呈三角形；吻部修长且突出，唇部及口部较小，口裂大小适中；眼睛偏大，位于头部正中偏上。背鳍基部修长，末端鳍条长度可达尾鳍中段；臀鳍与背鳍对称，臀鳍基部长度为背鳍的1/2左右；胸鳍较小；尾鳍呈扇形，十分小巧。鱼体呈黄色，带有深棕色斜向条纹，背脊呈深棕色。

习性　**活动**：性情十分温和，适合混养，新环境会使其感到窘迫，出现拒食情况，适应环境后会缓解。**食物**：肉食性，喜食珊瑚虫，会把水族箱内的珊瑚吞食殆尽，可食小海葵、冻鲜及活鲜，也食水蚯蚓、水蚤、无脊椎动物等。**环境**：需要350L以上的水族箱，对水质较敏感，需水质干净，水流充足。

繁殖　卵生。一夫一妻制。繁殖需要亲鱼双方皆进入发情期且愿意交配繁殖。在人工繁殖方面的技术尚未完善，无法在家用繁殖箱内繁殖。亲鱼排出鱼卵及精子后会离开。鱼卵为浮性卵及散性卵，孵化后仔鱼浮于水面，依靠浮游生物为生，待具备基本生存能力后，会成群游至珊瑚礁附近寻找适宜生存的栖息之处。

容易与新月蝴蝶鱼混淆，其主要区别特征是尾部的一条红色外边线和眼睛上方的白斑块

| 体长：15～20cm | 水层：上、中层 | 温度：24～26℃ | 酸碱度：pH8.1～8.4 | 硬度：3.5～4.5mol/L |

▶　　别名：条纹蝴蝶鱼　|　自然分布：红海

马夫鱼

鱼体呈三角形，体侧扁平；
鱼鳍皆硕大

性情：温和、好斗、具有攻击性

养殖难度：中等

　　马夫鱼便是我们常说的黑白关刀，其形体与淡水神仙鱼非常相似，之所以会被称为"关刀"或"长鳍"，是因为它的背鳍前端有修长的鳍棘——甚至长过尾鳍，几乎与鱼体等长，形状似新月，较窄。

鱼体通体被黑色及白色的粗条纹所覆盖，简洁大气

形态 马夫鱼为中型观赏鱼，头部呈三角形；吻部尖细修长；眼睛位置偏上，靠近额顶，虹膜呈银灰色，瞳孔呈黑色；口部非常小，口裂大小适中。背鳍硕大，第一背鳍鳍棘修长，延伸至尾鳍后方，超过尾鳍，第二背鳍呈弧线形，鳍条长度适中；臀鳍呈三角形，似背鳍的延伸一般；胸鳍呈三角形，较小，呈半透明质地；腹鳍大小适中；尾鳍呈扇形，偏小。鱼体通体被黑色及白色相间的斑纹覆盖。

习性 **活动：**性情温和，却十分好斗，喜欢成群结队地攻击受伤、行动迟缓的鱼种。**食物：**杂食性，可接受动物性及植物性饵料，喜食小虾、碎肉、红虫、水蚯蚓、蛤仔等；会啄食珊瑚及海葵，喜食珊瑚虫，不要放在带有珊瑚的水族箱内饲养。**环境：**性情温和，适合与体形及脾性相似的盖刺鱼科及小型刺尾鱼一同生活。

繁殖 卵生。目前尚无法在家用繁殖箱内繁殖。在原产地一雌一雄配对繁殖。鱼卵为浮性卵，会顺着水流漂游，在29℃的水温中1~2日可孵化。仔鱼依靠浮游生物为生，浮在水面一段时间后进入幼鱼阶段，成群潜入水中寻找适合生存的珊瑚礁。幼鱼具有强大的集体意识，基本不会脱离集体独自行动。

体长：20~25cm | 水层：上、中层 | 温度：24~30℃ | 酸碱度：pH8.1~8.3 | 硬度：3.5~4.5mol/L

▶　别名：黑白关刀、长鳍关刀、头巾蝶鱼 | 自然分布：印度洋、太平洋

镊口鱼

性情: 温和
养殖难度: 容易

　　镊口鱼的吻部非常尖细，使人感到
锋利尖锐，事实上该鱼种除了领地之争
外，几乎不会主动挑起任何争端。

眼睛被棕色及白色的体色所覆盖，
瞳孔呈黑色

形态 镊口鱼为中型观赏鱼，鱼体呈长方
形。头部呈三角形，体侧扁平；吻部尖细修长，唇
部较小，口大，口裂较大；眼睛大小适中，位于头部正中
偏上。鱼鳍大小适中，鳍条短小；背鳍基部修长，长度可达尾鳍末端，鳍棘及鳍
条皆短小，鳍棘坚硬；臀鳍与背鳍对称，短于背鳍；胸鳍硕大，质地透明；尾鳍
呈扇形，偏小，上端长，下端短。鱼体头部呈深棕色及白色，躯干部分呈黄色。

习性 **活动:** 多成对出没，在珊瑚或礁石附近徘徊，温和舒缓，受惊后钻入珊瑚或
洞穴。**食物:** 杂食性，喜食软珊瑚、珊瑚虫，不要和珊瑚及海葵等软组织生物一
起饲养，也可食藻类植物、水蚯蚓、红虫等。**环境:** 适合与盖刺鱼科及小型刺尾
鱼一起混养，它除领地争夺外一向不喜争端，可准备一个较大的水族箱，避免不
必要的争斗；混养时先将体形较小的鱼隔离保护一段时间，再放入水族箱内。

繁殖 卵生。尚无人工繁殖的成功记录。在原产地，繁殖期雌鱼及雄鱼会将鱼卵和
精子排向水面。鱼卵及精子浮在水面，随水流四处漂游、碰撞得以受精。受精卵漂
浮于水面，孵化为仔鱼后的几日甚至几周内，仔鱼都会游荡在水面上，靠食用浮游
生物为生，最后会沉入水中，游向珊瑚礁区域，寻找理想的居所。

鱼体颜色简洁，呈鲜黄色，
头部呈深棕褐色及白色，拼
接在一起不显突兀

| 体长: 20~26cm | 水层: 上、中层 | 温度: 27~28℃ | 酸碱度: pH8.1~8.5 | 硬度: 3.5~4.5mol/L |

▶　别名: 长吻镊口鱼 | 自然分布: 印度洋–西太平洋区

221

三间火箭　▶　蝶鱼科　|　*Chelmon rostratus* L.　|　Copperband butterfly fish

三间火箭

性情：温和、胆小、易受惊
养殖难度：困难

三间火箭被评为最好看的蝶鱼之一，橙白的配色显得活力清爽，在光下白色的部分泛有金属质感，鱼体形状就好似一个黑桃一般。

吻部尖细修长，好似一根突出的天线一般

形态　三间火箭的鱼体呈三角形，有些类似黑桃，体侧扁平，腹部微圆。头部呈三角形；眼睛位置偏上；口部及口裂非常小。背鳍基部修长，鳍棘及鳍条长度适中，鳍棘较粗糙，激动时会张开；臀鳍与背鳍形状相同、对称，臀鳍比背鳍小一些；胸鳍较小，呈半透明质地；腹鳍大小适中；尾鳍呈扇形，偏小。鱼体呈银灰色，带有橙黄色或黄色斑纹，条纹呈纵向，尾柄处呈银灰色，带有黑色斑纹，尾鳍质地透明，呈白色。

习性　**活动**：出没于珊瑚附近，较温和，领地意识不强，遇到攻击者时会以体侧的黑色圆形斑块来诱导对方攻击自己背部坚硬的鳍棘，从而自我保护。非常容易受惊，性情神经质，较难饲养。**食物**：肉食性，喜食珊瑚虫、小型无脊椎动物等，也可食海藻、海葵、水母等。**环境**：需要较大的生活空间，最好使用250L以上的水族箱，以防它们因领地原因与其他鱼种发生争端。

繁殖　卵生。尚无法在家用繁殖箱内进行繁殖。

臀鳍及背鳍呈橙黄色，背鳍末端带有一块黑色圆形斑块，斑块被亮蓝色外边线所包裹

虹膜呈银灰色及橙黄色，被竖排斑纹横穿而过，瞳孔呈黑色

性情比较神经质，非常容易受惊，同时又非常温和，可以与其他鱼种和睦相处

口部过于狭小，吞咽食物时十分困难，需要为其切碎饵料，选择颗粒状人工饲料时也应选择颗粒较小者

| 体长：15~20cm | 水层：上、中层 | 温度：26~27℃ | 酸碱度：pH8.1~8.5 | 硬度：3.5~4.5mol/L |

▶　**别名**：钻嘴鱼、截尾钻嘴鱼、毕毕鱼　|　**自然分布**：西太平洋

镰鱼

鱼鳍大小适中，其特色在于背鳍修长的鳍棘，鳍棘可达尾鳍

性情： 温和、喜群居
养殖难度： 容易

镰鱼在外观上与马夫鱼非常相似，背部皆带有修长的鳍棘，游动时处处透露出如利刃般的锋利之感。

形态 镰鱼为中型观赏鱼，鱼体呈三角形，体侧扁平。头部呈三角形，吻部修长尖细，鼻部带有亮黄色斑纹，口部黑色，眼睛大小适中。背鳍修长，第一个鳍条修长；胸鳍及腹鳍大小适中；臀鳍呈三角形，较大，鳍条修长；尾鳍呈叉形，较小，开叉较深，尾柄细窄。鱼体带有黑白相间的斑纹，呈纵向。

习性 **活动：** 群居性鱼种，喜欢一小群一小群出现，极少数鱼群超过百只；生长速度慢，幼鱼期长，受惊时会迅速寻找洞穴或缝隙藏匿，睡前游动至水底。**食物：** 喜食海绵，以及其他动物性及植物性饵料，如小型无脊椎动物等。**环境：** 主要栖息于港口、珊瑚礁等水域，对水质几乎没有要求，喜欢清澈的水域，但也可以栖息在浑浊的水域内。

繁殖 卵生。人工繁殖技术尚不完善，目前未有人工繁殖成功案例，仍需以捕捞的方式供给市场需求，属于名贵观赏鱼。

鱼体颜色比较温和，除去黑白相间的条纹，淡淡的暖黄色既不突兀也不鲜亮，背鳍所带来的锋利之感也因此而有所削弱及收敛

| 体长：15~20cm | 水层：上、中层 | 温度：24~27℃ | 酸碱度：pH8.1~8.3 | 硬度：3.5~4.5mol/L |

▶ 别名：角镰鱼、角蝶鱼 | 自然分布：印度尼西亚

镰鱼

红小丑鱼

性情：温和

养殖难度：中等

鱼体光滑细腻，红白的配色看着令人感觉十分舒服

小丑鱼的知名度非常高，深受各个年龄阶段的鱼友喜爱，其呆萌可爱的外表及小巧的身形，令人爱不释手。

形态 红小丑鱼体形小巧，为小型观赏鱼。头部及吻部较钝；口小；眼睛位置偏上，虹膜呈红色，瞳孔呈黑色。背鳍基部修长，鳍棘及鳍条较短；胸鳍硕大；腹鳍呈菱形，大小适中；臀鳍与背鳍末端对称，鳍条长度适中，尾柄修长；尾鳍硕大，呈扇形。鱼体呈朱红色，鳞片细腻光洁。

习性 **活动**：性情非常温和，适宜与小型观赏鱼一起混养，蓝倒吊是常见的混养对象。**食物**：杂食性，喜食藻类植物及浮游生物，可喂食丰年虾、碎鱼肉、海水鱼、颗粒饲料等，对动物性饵料及植物性饵料的接受度皆高。**环境**：喜欢生活在有海葵的区域；一般会同部分无脊椎动物一起居住在120L水族箱中，对水质有一定要求。

繁殖 卵生。具有独特的繁殖特性：无论一批仔鱼的数量及存活率如何，最终仅会有一尾雄鱼，其余全部是雌鱼；当大群红小丑鱼中没有一尾为雄性时，鱼群中便会有一尾雌鱼自告奋勇，自行变为雄性，与其他雌鱼一起繁殖后代。雌鱼会先将鱼卵排出，随后雄鱼再上前为鱼卵授精，雌鱼每次可产卵600～1300粒，孵化过程中亲鱼会细心呵护鱼卵，守在鱼卵身边，几乎寸步不离，受精卵需10～14天才能孵化。

头部及躯干连接部有一条白色竖条纹，边线呈亮蓝色

体长：10～12cm | 水层：上、中、下层 | 温度：22～26℃ | 酸碱度：pH8.1～8.4 | 硬度：3.5～4.5mol/L

▶ 别名：红小丑 | 自然分布：印度洋-西太平洋区

粉红小丑 ▶ | 雀鲷科 | *Amphiprion perideraion Bleeker* | Pink anemonefish

粉红小丑

性情： 温和、具有一定攻击性

养殖难度： 容易

　　粉红小丑与传统意义上的小丑鱼在外观上有着一定差别，它通体呈肉粉色，通透自然，清新可爱，并不像红小丑鱼或公子小丑一般具有浓重的色彩。

鱼体更高，更扁平，不似其他小丑鱼一般圆滚立体

[形态] 粉红小丑鱼体形小巧，体侧扁平。头部及吻部较钝，头部呈三角形，口部小；眼睛位置偏上，虹膜呈金色，瞳孔呈黑色。背鳍基部修长，鳍棘及鳍条较短；胸鳍硕大，呈三角形；腹鳍细长，向上收起；臀鳍与背鳍对称，鳍条长度较背鳍稍短；尾柄长度适中，尾鳍硕大，呈扇形，容易叉开受伤。鱼体呈肉粉色或浅橙红色，鳞片细腻光洁，头部及躯体交界处有一条细竖排条纹，背脊呈白色。

[习性] **活动：** 群居性，具有一定攻击性和自保能力，不可和凶猛鱼种混养，适与性情温和、体形相仿的鱼种混养。**食物：** 杂食性，以浮游生物及藻类为食，也可喂食人工饵料或碎冷冻虾。**环境：** 适合成群饲养在120L左右的水族箱中，由于具有一定攻击性，混养时要注意各鱼种之间的比例是否协调；与海葵有共生关系，海葵是它生活的主要场所。

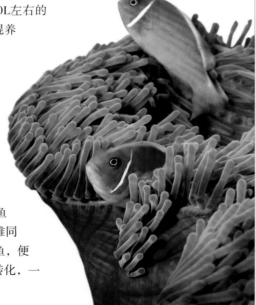

[繁殖] 卵生。目前已具备人工繁殖技术。准备好繁殖箱后，放入几块活岩石供其躲藏、产卵。一夫一妻制繁殖方式，产卵及孵化皆在海葵中进行。亲鱼产卵及受精结束后会守在受精卵旁，用口及鱼鳍为受精卵清除污垢保护鱼卵。雌雄同体鱼种，一个群体若没有雄性小丑鱼，便会有雌性转化为雄性，但无论如何转化，一个群体内仅有一尾雄性小丑鱼。

体长：10~12cm ｜ 水层：上、中层 ｜ 温度：25~26℃ ｜ 酸碱度：pH8.1~8.4 ｜ 硬度：3.5~4.5mol/L

▶ 别名：粉红双锯鱼 ｜ 自然分布：印度洋、太平洋

双带小丑　▶　雀鲷科　|　*Amphiprion clarkii* J.W.B.　|　Yellowtail clownfish

双带小丑

性情：温和

养殖难度：容易

很多人看到双带小丑时会下意识地把它往红白相间的方向遐想，事实上该鱼种体色偏深棕色甚至有些发黑，其余部分为橙黄色，像滚了一身的炭灰。

眼前部位突出，虹膜呈黑色，瞳孔呈黑色

体形小巧，较红小丑鱼稍大一点

形态 双带小丑为小型观赏鱼。头部及吻部较钝，口部小；眼睛位置偏上，几乎与额顶齐平。背鳍基部修长，鳍棘及鳍条较短，呈波浪形；胸鳍硕大，呈三角形；腹鳍大小适中；臀鳍与第二背鳍对称，鳍条长度适中；尾柄长度适中，尾鳍硕大，呈扇形。鱼体呈深棕褐色，鳞片细腻光洁。

习性 **活动**：生活与海葵息息相关，难解难分，喜欢绕着海葵不停游动。**食物**：杂食性，喜食活饵，如丰年虾、切碎的鱼肉、海水鱼、颗粒饲料等，对动物性及植物性饵料的接受度皆高，也喜食藻类植物及浮游生物。**环境**：喜欢栖息在暗礁附近，与海葵具有共生关系，需要较大的生活空间，一般水族箱以120L为宜。

头部最前端及鱼鳍呈橙黄色，尾柄呈白色，尾鳍呈淡黄色

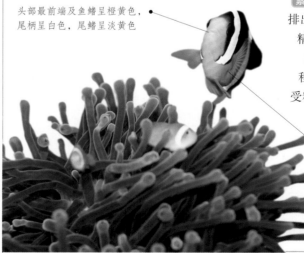

繁殖 卵生。雌鱼先将鱼卵排出，随后雄鱼上前为鱼卵授精，授精结束后亲鱼会用口或鱼鳍清洗受精卵，孵化过程中亲鱼会守在鱼卵身边，受精卵10～14天孵化。具备小丑鱼拥有的奇异的性别转化能力。

鱼体带有两条白色竖排条纹，第一条位于头部及躯体交界线，第二条位于第一及第二背鳍中间

体长：12～15cm　|　水层：上、中层　|　温度：25～26℃　|　酸碱度：pH8.1～8.4　|　硬度：3.5～4.5mol/L

▶　别名：克氏海葵鱼　|　自然分布：印度洋、太平洋礁岩海域

公子小丑 ▶ | 雀鲷科 | *Amphiprion ocellaris* Cuvier | Ocellaris clownfish

公子小丑

性情：温和、不喜争端

养殖难度：容易

公子小丑便是我们惯有意识里的小丑鱼，是所有小丑鱼中最为典型且普及性最高的一个品种，红白相间的体色、条纹带有的黑色描边线、细腻光滑的鱼体，皆令人爱不释手。

体形小巧，较其他品种小丑鱼稍小一圈

眼前部位突出，眼睛被橘红色的皮肤所覆盖，瞳孔呈黑色

形态 公子小丑为小型观赏鱼，头部及吻部较钝，口部小；眼睛位置几乎与额顶齐平。背鳍基部修长，呈波浪形，分第一背鳍及第二背鳍，鳍棘及鳍条皆短；胸鳍硕大；腹鳍大小适中；臀鳍较小，鳍条长度适中；尾柄长度适中，尾鳍硕大，呈半圆形。鱼体呈橘红色，鳞片细腻光洁。

习性 **活动：**群居性鱼种，活泼热情，性情温和，适合与体形及脾性相似的鱼种一起混养，非常适合家庭饲养。**食物：**杂食性，喜食有机物碎屑，捕捉小型猎物，可喂食轮虫及丰年虾，对冻鲜及活鲜皆可接受，也可接受植物性饵料。**环境：**需要较大生活空间，最起码需要80L左右的水族箱，一般100～120L为宜。

警告 体质非常脆弱，使用过多药物会危害其性命。

繁殖 卵生。雌雄同体鱼种，可以在雌性及雄性之间转换，一个群体中一般只有一尾雄鱼，雄鱼会先步入成熟期。栖息于热带水域的公子小丑全年皆可繁殖，通常满月后为产卵的高峰时段。产卵前雄鱼会将雌鱼追至巢穴附近，雌鱼会沿巢穴游动，并在离开前的1～2小时内排出鱼卵。鱼卵约100～1000粒。雄鱼会在雌鱼离开后为鱼卵授精，受精卵6～8天孵化，孵化后再过6～8日，幼鱼便会游向水底，寻找海葵作为新的居所。

鱼体带有三条白色竖排条纹，第一条位于头部及躯体的交界线，第二条位于第一及第二背鳍中间，第三条位于尾柄处

体长：8～9cm | 水层：上、中、下层 | 温度：22～29℃ | 酸碱度：pH8.1～8.4 | 硬度：4～6mol/L

▶ 别名：公仔小丑 | 自然分布：西太平洋

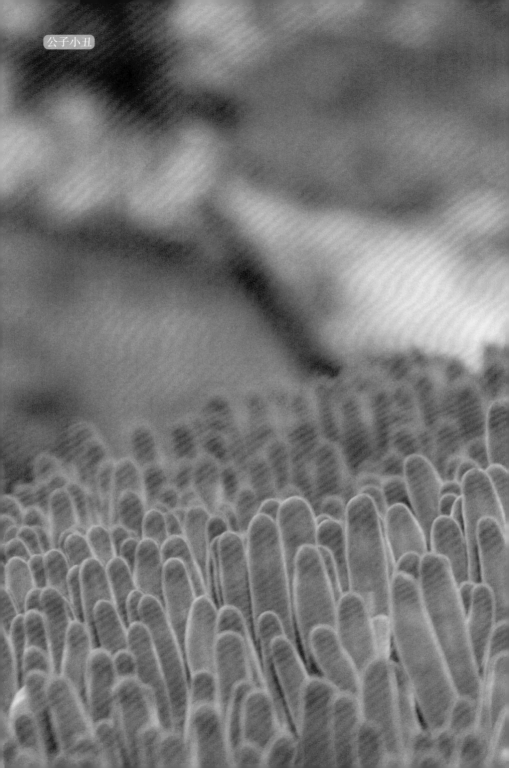

透红小丑

性情： *温和、具有一定攻击性*
养殖难度： *容易*

透红小丑与公子小丑非常相似，不同的是它的体形更大一些，鱼体上的条纹较细，且没有黑色外边线。它同样具有温和的性情，比公子小丑更强硬一些，具有一定攻击性。

形态 透红小丑为小型观赏鱼，但在几种小丑鱼中体形较大，长相与公子小丑极为相似。头部及吻部较钝；口部小；眼睛位置高，位于头部两侧接近头顶的地方，虹膜呈橘红色，瞳孔呈黑色。背鳍基部修长，分第一背鳍及第二背鳍，中间有明显的断层，鳍棘及鳍条长短适中；胸鳍硕大；腹鳍亦硕大，呈半圆形；臀鳍与第二背鳍呈对称状态，大小及形状皆相似，鳍条修长；尾柄长度适中，尾鳍硕大，呈半圆形。鱼体呈橘红色，鳞片细腻光洁。

习性 **活动：** 群居性鱼种，多为成双入对的方式出没于海葵或礁石附近，性情温和，具备基本的自我防卫意识以及一定的攻击性，适合混养。**食物：** 杂食性，可以喂食部分植物性饵料，如藻类植物，也可喂食动物性饵料及浮游生物饵料，对人工饲料也可接受。**环境：** 与海葵为共生关系，其日常生活基本离不开海葵；与海葵的共生关系并非二者缺一不可，没有海葵作巢穴的小丑鱼也可以生活得很好，"共生"是指一尾小丑鱼和一颗海葵搭配好之后便不会再出现改变，从始至终，从一而终。

鱼体带有三条白色竖排细条纹，条纹在光线照射下显得五彩斑斓

繁殖 卵生。最早投入人工饲养的观赏鱼之一，具备完善的人工繁殖技术。雌雄同体，无需担心鱼群的性别问题，每一个群体都会自行演化出一尾雄鱼，其余皆为雌鱼。雌鱼的产卵时间较长，持续1~2小时，每次产卵100~1000粒，多会将鱼卵产在雄鱼指定的卵巢中，产卵结束后便会离开，随后雄鱼前来为鱼卵授精。受精卵8~10日可孵化为仔鱼。

体长：10~15cm　|　水层：上、中、下层　|　温度：22~29℃　|　酸碱度：pH8.1~8.4　|　硬度：4~6mol/L

▶　别名：小丑鱼　|　自然分布：西太平洋

黄尾蓝魔 ▶ | 雀鲷科 | *Chrysiptera parasema S.* | Yellowtail damselfish

黄尾蓝魔

性情: 温和

养殖难度: 容易

黄尾蓝魔鱼体呈漂亮的
幽蓝色，充满神秘感，嘴角
仿佛始终挂着淡淡的微笑，亲切却
无亲近之感，淡泊却不冷漠。它游动时微微倾
斜的鱼体，仿佛是一位优雅的妇人，拖着橘黄色的裙
摆，随意地向前方款款走去。

鳞片较明显，每一片鳞片
皆带有一块深色色斑

形态 黄尾蓝魔为小型观赏鱼，体形小巧可爱，鱼体
呈锥形。头部较小，呈三角形；眼睛大小适中，虹膜
呈蓝色，瞳孔呈黑色；口部大小适中，口裂大小适中。背
鳍起始于鱼体中段略微靠前的位置，基部修长，后端鳍条向后方
延伸，可达尾鳍基部；胸鳍小巧，不明显；腹鳍尖细，向上收起，鳍棘坚
硬；臀鳍较大于背鳍末端，末端呈弧线形；尾鳍呈叉形，大小适中，开叉较大。
鱼体呈深蓝色，背鳍、臀鳍及尾鳍末端呈透明质地，腹鳍呈深蓝色，尾柄前端开
始至尾鳍前半部分为橙黄色，鳃盖后方皮肤带有褶皱，颜色较深。

习性 **活动**：具有一定的群居性，适合以小群体为单位饲养，喜欢藏匿于洞穴之
中，攻击性不高，性情温和，且适应能力强，可以快速适应新的环境。**食物**：杂
食性，喜食糠虾、海虾，以及浮游生物、
海藻，不会食用或攻击无脊椎动物，可
以放心地和珊瑚一起饲养。**环境**：需要
较大的生活空间，适合饲养在150L以
上的水族箱内，在原产地，主要栖
息于珊瑚礁附近的海域或枝状珊瑚
的上方，最适合的海水相对密度为
1.020 ~ 1.025。

繁殖 卵生。目前尚未有人工繁殖的
成功案例。

体长：7 ~ 8cm | 水层：上、中层 | 温度：24 ~ 27℃ | 酸碱度：pH8.1 ~ 8.4 | 硬度：4 ~ 6mol/L

▶ 别名：副金翅雀鲷 | 自然分布：印度洋

| 淡黑雀鲷 ▶ | 雀鲷科 | *Pomacentrus caeruleus* Q. & G. | Caerulean damsel |

淡黑雀鲷

性情： 温和
养殖难度： 容易

　　淡黑雀鲷，亦名蓝黄雀鲷，鱼体修长纤细，十分小巧可爱。头部长有一双诱人的大眼睛，像充满好奇心的孩童一般，喜欢不断去探索其所在的浩瀚海洋世界。

形态 淡黑雀鲷的体形非常小巧，为小型观赏鱼。鱼体呈长形，头部较小，呈三角形；眼睛硕大，虹膜呈亮蓝色，瞳孔呈黑色；口部及口裂大小适中。背鳍起始位置较靠前，基部修长，后端鳍条向后方延伸，可达尾柄末端；胸鳍小巧；腹鳍尖细，鳍棘坚硬，长度较短；臀鳍与背鳍末端呈对称状态，末端呈弧线形，十分圆润；尾鳍呈扇形，大小适中。鱼体呈深蓝色及黄色，深蓝部位在光线下会变为亮蓝色，散发出金属光泽。

习性 **活动：** 具有很强的领地意识，平日里温和，但当领地被侵犯会显现出不容妥协的一面。**食物：** 喜食无脊椎动物、海藻等，对动物性及植物性饵料的接受度皆高。**环境：** 在原产地主要栖息于珊瑚礁及浅水岩礁区域附近；性情温和，可以和体形及脾性相似的鱼种一起混养。

警告 不可与珊瑚一起饲养，它会将珊瑚吞食殆尽。

繁殖 卵生。目前尚未有人工繁殖的成功案例。

鳞片明显；背鳍呈深蓝色，末端黄色；臀鳍呈黄色，前端带深蓝色；腹鳍深蓝色；尾柄黄色，尾鳍亦呈黄色，末端颜色稍浅

| 体长：10～12cm | 水层：上、中层 | 温度：24～27℃ | 酸碱度：pH8.1～8.4 | 硬度：4～6mol/L |

▶ | 别名：蓝黄雀鲷、蓝天堂 | 自然分布：中部太平洋

电光蓝魔鬼

性情: 温和

养殖难度: 容易

电光蓝魔鬼纤细小巧,体色细腻饱满,在光线作用下浑身上下蓝色的光感非常均匀,带有金属质感,简单大气,总体呈现独特且清爽的美。

眼睛前端带有一条蓝紫色的短斑纹

形态 电光蓝魔鬼为小型观赏鱼,体形修长,略偏纺锤形,体侧较厚实。头部大小适中;眼睛呈圆形,几乎占据整个头部的1/2,虹膜呈银灰色,瞳孔呈黑色;唇部薄,口部及口裂大小适中。背鳍始于头部偏后一点的位置,较靠前,基部长,可达尾柄前端;胸鳍较小,呈扇形,向两边伸展;腹鳍呈三角形,向上收,大小适中;臀鳍与背鳍末端对称;尾鳍呈叉形,开叉适中。鱼体呈亮蓝色,背鳍、胸鳍、臀鳍及尾鳍基部呈深蓝色或蓝紫色,腹部颜色较深,腹鳍呈黄色,尾鳍呈渐变状态,末端颜色逐渐变浅。

习性 **活动:** 需要一些藏身之所,入夜后钻入洞穴或缝隙中休息;性情温和,活泼,环绕着珊瑚游动,速度较快,遇到危险会迅速藏入珊瑚之中。**食物:** 杂食性,喜食动物性饵料及藻类,不会对软体动物及无脊椎动物下口,可以与珊瑚同箱饲养。**环境:** 需要一定私人空间作为其领地,推荐使用90L以上水族箱,最为适合的海水相对密度为1.020~1.025。

繁殖 卵生。目前尚无法成功地进行人工繁殖。家养时雌鱼就算怀卵也难以发情,少数情况下会排出空卵,并不具备精子,无法孵化,更无法存活。

鱼体与斗鱼有些许相似,却不似斗鱼那般繁复绚丽

| 体长: 5~6cm | 水层: 上、中层 | 温度: 24~27℃ | 酸碱度: pH8.1~8.4 | 硬度: 4~6mol/L |

▶ 别名: 子弹魔 | 自然分布: 印度洋

| 黑点黄雀 | ▶ | 雀鲷科 | *Pomacentrus sulfureus K.* | Sulphur damsel |

黑点黄雀

通体呈黄色，十分温润，质地如玉，与蝴蝶鱼、神仙鱼那般鲜艳的明黄色不同

性情： 温和

养殖难度： 容易

黑点黄雀给人一种温温吞吞、不卑不亢的气质，周身环绕着气定神闲的气韵，柔软温和，淡定自若，令人不由萌生出安心之感。

形态 黑点黄雀为小型观赏鱼，鱼体呈纺锤形，头部硕大，较宽阔，尾部较细，体侧较厚实。头部呈三角形；眼睛硕大，虹膜呈黄色，瞳孔呈黑色；唇部大小适中，口裂较大。背鳍基部修长，起始点靠前，末端鳍条修长，呈圆形；臀鳍与背鳍呈上下对称；胸鳍呈扇形，大小适中；腹鳍内收，不明显。鱼体黄色，头部颜色较浅，鳃盖部位带有反光，胸鳍淡黄色呈透明质地，躯干部位没有明显的颜色变化，颜色分布非常均匀；靠近尾柄部分颜色稍深一点，背鳍、臀鳍及尾鳍皆呈半透明质地，颜色稍深。

习性 活动：性情非常温和，可以和其他鱼种和睦相处，适合混养；适应能力较强，可以快速适应新环境，也较少出现拒绝食物的情况，它们只需要一个洞穴或一个缝隙作为安全的庇护所便能安然度日。**食物：** 杂食性，以小型无脊椎动物、海藻等为食，不可与柔软的珊瑚一起混养，它会将珊瑚吞食殆尽。**环境：** 栖息于珊瑚礁中的枝状珊瑚附近。

繁殖 卵生。无法进行人工繁殖，目前尚未出现成功的繁殖案例，繁殖出的仔鱼及受精卵多存在存活率低以及无法孵化的现象，能成功孵化者少之又少。

胸鳍前端带有黑色斑块，这也是它名字的由来，斑块带有白色外边线

| 体长：10~12cm | 水层：上、中层 | 温度：24~26℃ | 酸碱度：pH8.1~8.3 | 硬度：4~6mol/L |

▶ 别名：奇雀鲷 | 自然分布：西太平洋、红海

蓝纹高身雀鲷 ▶ 雀鲷科 | *Stegastes fasciolatus* O. | Pacific gregory damselfish

蓝纹高身雀鲷

性情：温和、领地意识强、具有攻击性
养殖难度：容易

　　蓝纹高身雀鲷具备食用及观赏价值，但肉质并不鲜美，故很少人食用，多作为观赏鱼饲养。该鱼种主要栖息于水流缓慢的礁石区，动作温和，性情十分柔软。

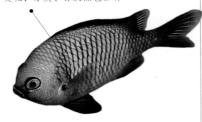

体色会随着地理环境的变化而变化，分灰、棕及黑色三种

形态 蓝纹高身雀鲷为小型观赏鱼，鱼体呈椭圆形，体侧扁平，长宽比约为1.6:2.1；吻部较短，圆且钝，口部大小适中，带有颌齿，呈圆锥状，非常小；眼睛硕大，呈圆形，眶下骨裸露，突出；前鳃盖后部的边缘线呈锯齿状，下鳃盖后部边缘线则无锯齿，比较平滑。背部前端带有延伸至鼻孔的鳞片，体侧线上带有孔鳞片19~21个。背鳍硕大，基部修长，鳍棘坚硬，鳍条柔软，为15~17根左右；臀鳍鳍条数量为12~14根左右；胸鳍鳍条为19~21根；腹鳍大小适中，边缘叉开；尾鳍呈叉形，开叉较浅。体色多变，先由灰白色转至黄褐色，最后转变为黑色。

习性 **活动**：拥有极强的领地意识，会攻击出现在其领地内的一切生物，不将其驱逐出境或折磨致死决不罢休，非常极端，在饲养中需要特别关注。**食物**：草食性，主要以海藻为食，也可喂食植物性人工饵料。**环境**：在原产地主要栖息于1~30m深的岩礁区域，水流缓慢，会在礁石的平台或潮汐的中间地台出没。

繁殖 卵生。鱼卵会黏附在藻类植物或网状、丝状植物上，受精率不高，产卵时常看到一雌多雄的配搭。目前仍不能进行人工繁殖，人工繁殖皆存在仔鱼存活率低或受精卵无法孵化等问题。

| 体长：10cm左右 | 水层：上、中层 | 温度：24~26℃ | 酸碱度：pH8.1~8.3 | 硬度：4~6mol/L |

▶ 别名：胸斑眶锯雀鲷、太平洋真雀鲷、厚壳仔 | 自然分布：太平洋

| 岩豆娘 | ▶ | 雀鲷科 | *Abudefduf saxatilis* L. | Sergeant major |

岩豆娘

性情： 温和

养殖难度： 容易

岩豆娘为中型观赏鱼，最大的特色是鱼体侧面的5条竖排斑纹。在原产地，它常出没于珊瑚礁及岩礁附近的海域中，水深1～12m。

体侧带有5条竖排黑色斑纹

形态 岩豆娘的鱼体呈卵圆形，体侧扁平。头部呈三角形，吻部较尖、较短；眼睛硕大，位置偏上，上颌骨与眼睛前端非常接近；带有单排牙齿；眶下骨处带有鳞片，后端则相对平滑，鳃盖前端亦平滑。背鳍基部修长，带有鳍棘13枚，鳍条12～13枚；臀鳍与背鳍末端对称，鳍棘2枚，鳍条10枚；胸鳍大小适中，呈透明质地；腹鳍较小，向上收起，呈尖形；尾鳍硕大，呈叉形，开叉较大，末端则呈圆形，上下两片叶片外侧的鳍条呈丝状。鱼体呈白色，头部及胸部带有少量蓝灰色，背脊、颈部及尾柄带有淡黄绿色。幼鱼与成鱼之间并无明显差异。

习性 **活动：** 多徘徊于礁石附近，群居性，在自然环境下常数百条一起出动觅食，性情温和，可以与体形及脾性相似者一起混养。**食物：** 杂食性，喜食小型无脊椎动物及海藻，故不可与珊瑚放在同一水族箱内饲养，以免珊瑚被其吞噬。**环境：** 常年居住在珊瑚礁及岩礁附近的海域内，其生活离不开一个可供其躲避的洞穴或缝隙，该庇护所可以从精神及实质上令其感到安心；需要一定程度的光照，不可将水族箱放在背光处。

繁殖 卵生。目前尚无法进行人工繁殖。贸然繁殖可能会对亲鱼造成危害。

性情非常温和，可以和其他鱼种的鱼类和睦相处，对待部分体形稍小一点的鱼种也非常亲切

| 体长：18～20cm | 水层：上、中层 | 温度：24～26℃ | 酸碱度：pH8.1～8.3 | 硬度：4～6mol/L |

▶ | 别名：五线雀、大西洋军士长 | 自然分布：印度洋、太平洋

宅泥鱼

性情：温和
养殖难度：容易

　　宅泥鱼为小型观赏鱼，鱼体滚圆，呈卵圆形，背鳍锋利。整体来看就好像是圆咚咚的一片叶子一般。

形态 宅泥鱼鱼体呈圆形，体侧扁平，为小型观赏鱼，鱼体的长高比例为1.5：1.7。头部较短，吻部短且钝，较圆；口部大小适中，两颌齿较小，皆呈圆锥形，靠近外部的齿会随年龄增长而不断变大，侧边带有不规则的绒毛；眶前骨带有鳞片，眶下骨亦带有鳞片；鳃盖骨后端呈锯齿状。背鳍基部修长，鳍棘及鳍条较短；臀鳍与背鳍对称，鳍条与鳍棘亦短；胸鳍硕大，鳍条为17～19枚，且较修长；尾鳍呈叉形，末端呈圆形，开叉大小适中。鱼体呈白色，体侧带有黑色竖排斑纹，总共为3条，尾鳍呈灰白色，腹鳍呈黑色，胸鳍质地透明。

习性 **活动**：多成群居住，具有一定社会性，一大群体内会根据能力推举出一个首领，由其带领鱼群活动，具有强烈的领地意识；入夜后需要一个洞穴或缝隙躲藏才能安然入睡。**食物**：杂食性，喜食底栖、浮游生物及藻类植物。**环境**：在原产地主要栖息于鹿角珊瑚及柳珊瑚较繁密的部分，将自己藏匿于珊瑚之间。

繁殖 卵生。极少数已经克服了人工繁殖难题的海水观赏鱼种。它生长速度极其缓慢。从幼鱼开始饲养，2～3年才能进行繁殖，期间饲养者需认真观测水族箱内多种指标的动向，且该鱼种繁殖需要较大的空间，普通大小水族箱难以完成使命。

在原产地，主要栖息于鹿角珊瑚及柳珊瑚等较为茂密的地方，隐藏得非常好，可有效地躲避强敌

体长：8～10cm | 水层：上、中层 | 温度：24～26℃ | 酸碱度：pH8.1～8.3 | 硬度：4～6mol/L

▶ 别名：三间雀、厚壳仔 | 自然分布：红海、印度洋、太平洋

网纹宅泥鱼 ▶ 雀鲷科 | *Dascyllus reticulatus* R. | Reticulate dascyllus

网纹宅泥鱼

性情：温和

养殖难度：容易

网纹宅泥鱼的特殊之处在于其夸张的鳞片——全身上下皆布满了鳞片，一般来说，鳃盖部位并不会被鳞片所覆盖，但它的鳃盖上亦长满细碎的鳞片，甚至眼周围、鼻部、吻部皆带有细小的鳞片，全身上下都在诠释其"网纹"之名的特色所在。

体形与宅泥鱼非常相似，鱼体呈圆形，体侧扁平，呈淡黄色，每一片鳞片皆带有暗色的边缘线

形态 网纹宅泥鱼为小型观赏鱼，头部较短，呈三角形；吻部短且钝，口部大小适中。背鳍基部修长，鳍棘及鳍条皆短；臀鳍与背鳍形状及大小皆相似；胸鳍大小适中，呈黑色；尾鳍呈叉形，边缘呈角状。体侧带有两条黑色纵向斑纹，第一条位于背鳍前端，第二条位于背鳍末端，起始于倒数第三根鳍条处。

习性 **活动**：群居性，群体出没，具有领地意识及社会意识，混养时需要注意控制比例；性情温和，不会主动攻击其他鱼类。**食物**：喜食底栖、浮游生物及藻类植物，杂食性。**环境**：在原产地，主要栖息于礁湖外缘或向海的斜坡处，幼鱼会选择靠近岩礁区域的浅滩居住；适合成群饲养，单一饲养会使其感到害羞、胆怯。

需要一个洞穴或一个缝隙来躲藏、休眠，或者茂密的海藻以及茂盛的鹿角珊瑚或柳珊瑚

繁殖 卵生。繁殖期亲鱼自行配对，一雌一雄或一雌多雄。雄鱼用嘴在岩石或珊瑚表面清理出一块区域充当卵巢。雌鱼产出的鱼卵黏附在雄鱼准备好的卵巢上。仔鱼逐渐成长至幼鱼后，会集体游向最近的浅海岩礁区域生活，逐渐长大后会游向深处，寻找适宜生存的珊瑚礁或斜坡。

体长：8~10cm | 水层：上、中层 | 温度：24~26℃ | 酸碱度：pH8.1~8.3 | 硬度：4~6mol/L

别名：网斑宅泥鱼、网纹圆雀鲷、厚壳仔、二间雀 | 自然分布：太平洋

红海将军

性情: *凶猛*

养殖难度: *容易*

红海将军的性情非常符合它的名字,身形小巧却拥有一颗独裁者的内心,性情非常暴躁,十分看重自己的领地以及权威。

形态 红海将军为小型观赏鱼,鱼体呈圆形,体侧扁平。头部呈三角形,吻部较钝;口部大小适中;眼睛较大,突出,虹膜呈银灰色,瞳孔呈黑色;鳃盖骨附近带有鳞片。背鳍基部修长,鳍棘及鳍条短小,鳍棘坚硬,为10枚左右,背鳍末端呈尖状;臀鳍与背鳍末端呈上下对称状态,亦较尖锐;胸鳍呈透明质地,大小适中;腹鳍呈三角形,较大,鳍棘坚硬;尾鳍硕大,呈叉形,两端较圆。鱼体呈白色,头部眼睛附近呈肉红色,吻部呈黄色,胸鳍末端及腹鳍呈黑色,腹鳍末端呈白色,背鳍末端、臀鳍及尾鳍呈深蓝略偏紫色,尾鳍基部颜色略淡。

习性 **活动:** 非常凶猛好斗,适合与同体形好斗且并不温和的鱼种混养,会欺负同水族箱内温柔和顺的鱼种。**食物:** 杂食性,以浮游生物及水生植物为食,动物性饵料及植物性饵料皆可。**环境:** 需要较大的生活空间,在120L以上的水族箱内饲养;喜欢带有石子的水族箱;适应性好,可以忍受较差的水质,有时甚至可以用来检测水质,在水族箱足够大时可以尝试成小群地饲养,增加观赏价值。

繁殖 卵生。在人工繁殖方面仍有一些未能攻破的难题,贸然繁殖可能会对亲鱼造成伤害。人工繁殖一般会选择在专业渔场内进行,利用庞大的空间来模拟海洋,并利用药物相佐,控制水质及亲鱼的接受能力,因此会对亲鱼及受精卵造成一定危害,导致孵化后出现仔鱼身体虚弱、难以存活的现象。

非常好斗,幼鱼期间会比较收敛,长大为成鱼后会变得非常凶猛

体长: 8~10cm | 水层: 上、中层 | 温度: 24~26℃ | 酸碱度: pH8.1~8.3 | 硬度: 4~6mol/L

▶ 别名: 琉球雀 | 自然分布: 红海

大帆倒吊

性情： 温和
养殖难度： 中等

大帆倒吊具有极高的观赏价值，由于
人工繁殖技术一直都没有突破瓶颈，故该鱼种
的价格高居不下。其头部带有大量的白色小斑点，
有些像草间弥生的艺术作品，非常梦幻，且性情温和，
受到广大鱼友的高度追捧。

形态 大帆倒吊的鱼体呈三角形，头部呈三角形，吻部尖细；眼睛位置靠上，被棕白相间的斑纹所覆盖；口部较小。背鳍硕大，鳍棘及鳍条皆修长；臀鳍与背鳍对称且形状相同，臀鳍稍小于背鳍；胸鳍与腹鳍皆呈三角形，较小，呈半透明质地；尾鳍呈扇形，大小适中，与鱼体相连似一个上小下大的沙漏一般，非常奇特。鱼体呈黄色，布满黄白相间的斑纹，头部斑纹呈棕褐色，在斑纹上方带有许多白色的小点，背鳍及臀鳍布满黄色及橄榄绿色相间的细纹，尾鳍颜色较深，呈蓝灰色，带有浅蓝色或浅灰色、白色小点。

习性 活动：对其他倒吊鱼抱有敌意，不适合群体饲养，对非倒吊鱼的鱼种则较温和，不会无故攻击对方，总体性情温和，非常适合与体形及脾性相似的鱼种一起混养。食物：杂食性，喜欢植物性饵料，主要以浮游生物及藻类植物为食，可以起到清洁水族箱的作用。环境：喜欢阳光，需要适量的光照。

警告 容易患上烂鳍及烂尾病，需要提前预防，必要时撒入少量药粉，用以预防疾病。

繁殖 卵生。目前尚未出现完备的人工繁殖技术，家用繁殖箱内几乎不能繁殖成功。市场上出售的主要依靠捕捞。

● 鱼鳍非常大，几乎占据了鱼体的1/3

| 体长：10cm左右 | 水层：上、中、下层 | 温度：24~27℃ | 酸碱度：pH8.1~8.4 | 硬度：3.5~4.5mol/L |

▶ 别名：黄高鳍刺尾鱼　|　自然分布：印度洋

黄三角 ▶ | 刺尾鱼科 | *Zebrasoma flavescens* E.T.B. | Yellow tang fish

黄三角

整个鱼体似一个黑桃一般，魅力独特

性情： *温和、具有一定攻击性、好斗*
养殖难度： *中等*

黄三角拥有美丽的色彩，通体皆是鲜艳的黄色，在微量的阳光照射下，简洁的鱼体映照着水波的纹路，变幻莫测，漂游不定。

形态 黄三角的鱼体呈三角形，体侧扁平，鱼鳍皆大，占整个鱼体的1/4。头部呈三角形，似日本武士手中的三刃手里剑；吻部尖细修长；眼睛位置偏上，虹膜呈金红色或黄色，瞳孔呈黑色；口部非常小。背鳍硕大，鳍棘及鳍条修长；臀鳍与背鳍形状相同，呈斜对称，臀鳍比背鳍小一些；胸鳍呈三角形，较小，呈半透明质地；腹鳍内收，有退化趋势；尾鳍呈扇形，偏小。鱼体通体呈黄色，躯干中间部位带有一条白色的条纹，头部颜色较深，额顶及背鳍前端偏橘红色，腹鳍及臀鳍前端亦呈橘红色，尾柄处也带有银白色条纹，似鱼体内露出的筋脉一般。

习性 **活动：** 适合混养，需要一个较大的水族箱，非常适合与体形及脾性相似的鱼种一起同居，其好斗的性格会促使其与新来的鱼类发生争端，但经过适应期后会变得非常温和，也可以和无脊椎动物一起混养。**食物：** 杂食性，主要以浮游生物及藻类植物为食，可清洁水族箱。**环境：** 喜欢阳光，需要适量的光照，光照不宜过于强烈，适当适量即可。

繁殖 卵生。在繁殖方面与其他刺尾鱼科的倒吊鱼情况相同，目前尚不具备完备的人工饲养体系，无法在家用水族箱及繁殖箱内繁殖，故价格一直居高不下。

体长：10cm左右 | 水层：上、中、下层 | 温度：22～27℃ | 酸碱度：pH8.1～8.4 | 硬度：3.5～4.5mol/L

▶ 别名：黄三角倒吊尾 | 自然分布：中、西太平洋

黄三角

| 紫吊 | ▶ | 刺尾鱼科 | *Zebrasoma xanthurum* B. | Yellowtail tang |

紫吊

性情: 随和、具有领地意识

养殖难度: 容易

紫吊亦称紫色高鳍刺尾鱼,整个鱼体看似一个紫色的黑桃,非常美丽

鱼鳍位置极高,鳍条修长,造型独特

形态 紫吊的鱼体呈三角形,与黄三角的体形及结构十分相像,体侧扁平,鱼鳍皆硕大,占整个鱼体的1/3。头部呈三角形,吻部尖细修长;眼睛位置偏上,虹膜呈紫红色,瞳孔呈黑色;口部非常小。背鳍硕大,鳍棘及鳍条修长,与臀鳍的形状相同,呈对称状态;臀鳍比背鳍稍小一些;胸鳍硕大,呈半透明质地,颜色为橘红色;腹鳍呈三角形,位置靠前;尾鳍呈扇形,硕大。鱼体通体呈紫色,部分有些偏蓝色,躯干部位带有许多横向细斑纹,头部颜色最紫,鳃盖颜色较浅,腹鳍及臀鳍带有蓝紫色,尾柄颜色偏蓝,尾鳍呈黄色。

习性 **活动:** 适合与体形及脾性相似的鱼种一起混养,蝴蝶鱼科是较佳选择,会出现同种斗争现象,不要多只同箱饲养;会攻击入侵的鱼种。**食物:** 杂食性,喜食动物性饵料,如丰年虾、黄粉虫、水蚤、红虫、小活鱼或淡水虾等,也接受浮游生物及蔬菜,如菠菜、青菜、紫菜等。**环境:** 需要足够领地空间及藏匿处和适当光照。

繁殖 卵生。群体性产卵鱼种,发情期雌鱼及雄鱼会显现出明显的性别特征,鱼卵为浮性卵。最初几天仔鱼以黄囊为食,孵化4天后便依靠食用浮游生物为生,仔鱼体表没有鳞片,鱼体透明,泛有银白色光芒。目前尚未出现人工繁殖的成功案例。

头部布满了细小的斑点

| 体长: 18~22cm | 水层: 上、中、下层 | 温度: 24~27℃ | 酸碱度: pH8.1~8.4 | 硬度: 3.5~4.5mol/L |

| ▶ | 别名: 紫色高鳍刺尾鱼、黄尾帆吊 | 自然分布: 红海 |

纹吊

性情：凶猛、粗暴
养殖难度：困难

纹吊浑身上下布满横竖相间的条纹，鱼体
形状简洁霸气，带有王者风范，表情严肃，鱼体硕
大，看似与其他吊鱼没什么不同，但在饲养上难度却远超
于其他吊鱼，需要非常大的空间用来畅游藏匿，对水质要求较高。

形态 纹吊鱼体呈卵圆形，体色以蓝偏紫的蓝色及黄色为主，体侧扁平，体形硕大，宽厚饱满，为大型观赏鱼，鱼鳍小巧。头部浑圆，短且钝；吻部较钝，唇部厚实；眼睛位置偏上，靠近额顶，较小，眼皮呈蓝黄相间的条纹，瞳孔呈黑色；口部小。背鳍基部修长，鳍棘及鳍条非常短小，背鳍末端稍有缓和；臀鳍与背鳍对称，形状相同；腹鳍非常小、细长；胸鳍较小；尾鳍呈琴状，硕大美丽。鱼体呈蓝紫色，布满黄色条纹，胸鳍根部呈黄色，背鳍及臀鳍呈黄色至黑色及蓝色渐变，尾鳍有多个层次，为黄色条纹、黑色及蓝紫色。

习性 **活动**：具有同种竞争意识，不宜在同箱内饲养过多同种鱼类，它们会发生激烈打斗。**食物**：杂食性，需要食用海藻等植物性饵料，需要补充许多蔬菜，如菠菜等，用以增强抵抗力，可接受动物性饵料，建议每日喂食三次。**环境**：所需空间极大，需要700L以上的水族箱、干净的水质以及充足的氧气。

繁殖 卵生。目前在繁殖方面并不具备完备的人工饲养体系及技术，无法在家用水族箱及繁殖箱内进行繁殖。

头部条纹较密集

| 体长：30~40cm | 水层：上、中层 | 温度：22~27℃ | 酸碱度：pH8.1~8.4 | 硬度：3.5~4.5mol/L |

▶　别名：纹倒吊鱼 | 自然分布：斐济、马尔代夫

粉蓝倒吊 ▶ 刺尾鱼科 | *Acanthurus leucosternon* E.T.B. | Powderblue surgeonfish

粉蓝倒吊

性情：温和、缓慢

养殖难度：中等

粉蓝倒吊整个鱼体甚少有斑纹，是彻头彻尾的极简主义，浑身上下仅由黄色、白色及蓝紫色三色组成，皮肤表层光滑细腻。

形态 白胸刺尾鱼为中型观赏鱼，鱼体呈卵圆形，体色以蓝紫色为主，体侧扁平，体形硕大，鱼鳍小巧。头部浑圆，吻部较钝；眼睛位置偏上，较小，眼皮呈蓝紫色，十分深邃，瞳孔呈黑色；口部小，唇部较厚。背鳍基部修长，鳍棘及鳍条非常短小，至末端稍有缓和；臀鳍与背鳍形状相同、对称，臀鳍稍小于背鳍；腹鳍非常小，细长；胸鳍较小；尾鳍呈琴状，大小适中。鱼体呈蓝紫色，头部颜色较深，鳃盖后方带有白色条纹，胸鳍呈黄色，背鳍及臀鳍分别呈黄色及白色，腹鳍呈白色，尾鳍为深蓝紫、白、浅蓝紫色。

习性 活动：觅食速度较慢，喜欢吃着碗里瞧着锅里，经常好不容易才抢到食物，吃到一半就去寻找其他食物，原有食物便被其他鱼类抢走。食物：杂食性，以浮游生物及藻类植物为食，可喂食冰冻或新鲜丰年虾、鱼肉、碎菜叶等。环境：可与体形及脾性相似的鱼种混养，对待同种鱼类会出现争斗，故不宜同种多只一起饲养。

繁殖 卵生。大多数的刺尾吊鱼尚未出现较成功的人工繁殖案例，粉蓝倒吊也不例外，人工繁殖技术仍处于研究阶段，目前尚无法在家用水族箱内进行繁殖。

尾柄呈黄色 •

体长：18～20cm | 水层：上、中、下层 | 温度：22～27℃ | 酸碱度：pH8.1～8.4 | 硬度：3.5～4.5mol/L

▶ 别名：粉蓝倒吊 | 自然分布：印度洋

红海倒吊 ▶ 刺尾鱼科 | *Acanthurus sohal* F. | Sohal surgeonfish

红海倒吊

性情：温和、喜群居、领地意识强
养殖难度：中等

红海倒吊鱼体硕大，表情呆愣，憨厚老实，十分可爱，同时大气的外表和配色使其十分清爽，具有一定的王者风范。

背鳍及臀鳍呈蓝紫色，尾鳍外边呈蓝紫色，内部带有黄色及白色

形态 红海倒吊为大型观赏鱼，鱼体呈椭圆形，躯体硕大，外表简洁，主体色调较浅，体侧扁平，鱼鳍皆小。头部圆钝；吻部钝，唇部厚实饱满；眼睛位置偏上，非常小，虹膜呈银灰色，瞳孔呈黑色；口部小。背鳍基部修长，从头部后方直至尾柄，鳍棘及鳍条皆短小，至末端稍有缓和趋势，长度适中；臀鳍与背鳍对称且形状相同，臀鳍大小为背鳍的1/2左右；腹鳍细长；胸鳍大小适中；尾鳍呈琴状，较大。鱼体呈浅黄色及蓝紫色，躯干部位带有数条横向白色条纹，头部上方条纹较密集，蓝紫色部分从头部上方出发，沿鱼体上半部向后延伸，直至尾柄前端。

习性 **活动**：集体意识及领地意识非常强烈，喜欢聚集生活，对待闯入的鱼种绝不姑息，也会侵略其他鱼种的领地。**食物**：杂食性，喜食动物性饵料，如丰年虾、水蚤、红虫、小活鱼或淡水虾等，也接受部分浮游生物及蔬菜。**环境**：适合与体形及脾性相似的鱼种混养，蝴蝶鱼科是较佳选择。

繁殖 卵生。目前尚没有人工繁殖的成功案例。

喜爱群体生活，大多成群出现，越是年轻的鱼好胜心越强，年长者似是因经历了岁月的洗礼，极端突兀的性格会有所收敛

体长：25~30cm | 水层：上、中、下层 | 温度：24~26℃ | 酸碱度：pH8.1~8.4 | 硬度：3.5~4.5mol/L

▶ 别名：红海刺尾鱼、红海骑士 | 自然分布：西印度洋

蓝倒吊

性情：温和、活泼

养殖难度：容易

　　蓝倒吊的普及性非常高，跟其在原产地强大的繁殖能力有着直接关系。它的外表非常美丽，以幽蓝色为主，少数呈蓝紫色，蓝、黑、黄的配色方式果敢大气，多会与小丑鱼一起出现在同一水族箱内，性情温和，秉性纯朴。

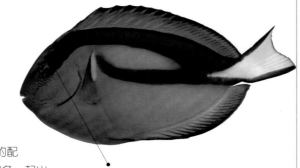

眼非常小，虹膜呈黑色，
瞳孔呈黑色

形态　蓝倒吊为大型观赏鱼，鱼体呈椭圆形，偏长，主体色调较浅，体侧扁平，躯体硕大，细腻光洁，鱼鳍较小。头部圆钝；吻部短，唇部厚；眼睛位置偏上，靠近额顶；口部小。背鳍基部修长，从额顶后方直至尾柄，鳍棘及鳍条短小；臀鳍与背鳍对称，臀鳍基部长度为背鳍的1/2；胸鳍大小适中；尾鳍呈扇形，大小适中。鱼体呈蓝紫色或深蓝色，躯干部位带有横向条纹，条纹较粗，靠近背脊。

习性　**活动**：适合与体形及脾性相似的鱼种一起混养，集体意识强烈，喜欢聚集生活，顽皮活泼。**食物**：杂食性，喜食植物性饵料，如藻类植物、蔬菜等，也接受丰年虾、水蚤、红虫、小活鱼或淡水虾、浮游生物等。**环境**：需要较大的空间集体畅游，也需要空间夜间藏匿。

警告　带有毒刺。

繁殖　卵生。每年繁殖期不固定，12月至翌年6月为高峰期。雄鱼体长约11cm时性成熟；雌鱼体长约13cm时性成熟。繁殖期雌鱼每月产卵一次，群体性产卵，可有多达4万多粒鱼卵同时被排入海中。受精卵1~2日孵化，仔鱼发育速度极快，产卵结束后双亲离开，不会保护鱼卵，也不照顾幼鱼。

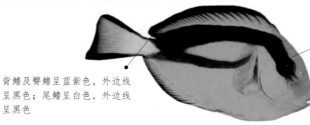

背鳍及臀鳍呈蓝紫色，外边线
呈黑色；尾鳍呈白色，外边线
呈黑色

眼部上方带有
黑色条纹，与
躯干部分条纹
连接在一起

| 体长：20~26cm | 水层：上、中层 | 温度：25~26℃ | 酸碱度：pH8.1~8.3 | 硬度：3.5~4.5mol/L |

▶　　别名：蓝刀鲷、蓝吊　|　自然分布：印度-西太平洋区

黑三角倒吊

鱼鳍皆大，占整个鱼体的1/3

性情：具有一定攻击性

养殖难度：*中等*

黑三角倒吊通体呈墨色，似一幅带有轻微晕染的水墨画一般，极具诗文意蕴。只看眼睛及吻部给人的感觉有些像海马，观其整个鱼体，无论从体色还是从形状来看皆似一颗黑桃，仿佛是从扑克牌中游出来的精灵。

形态 黑三角倒吊鱼体呈黑桃形，体侧扁平。头部略似三角形，吻部尖细修长；眼睛位置偏上，虹膜呈黑色，瞳孔呈黑色；口部非常小。背鳍硕大，鳍棘及鳍条修长，基部长；臀鳍与背鳍形状相同，对称，臀鳍比背鳍小；胸鳍呈三角形，较小，透明质地；腹鳍内收，尖细；尾鳍呈扇形，较小。鱼体呈墨黑色，躯干带有黑色小型短斑纹或斑点。

习性 **活动**：具有同种竞争意识，会打斗，不宜在同箱内饲养过多同种鱼类，适合与体形及脾性相似的鱼种混养。**食物**：需要补充许多蔬菜，如菠菜、青菜、紫菜等，杂食性，可接受动物性及植物性饵料，会吃藻类植物，每日喂食三次，以保证它具有充沛的精神及抵抗力。**环境**：需要较大的水族箱，约300L，供其畅游。

繁殖 卵生。在繁殖方面与其他刺尾鱼科的吊鱼情况相同，无法在家用水族箱及繁殖箱内繁殖，目前并不具备完备的人工饲养体系及技术，仍处于研究阶段。

头部布满小型斑点，非常密集

体长：20～40cm | 水层：上、中、下层 | 温度：22～27℃ | 酸碱度：pH8.1～8.4 | 硬度：3.5～4.5mol/L

▶ 别名：三角倒吊、褐三角倒吊 | 自然分布：太平洋（印度）

黑三角倒吊

| 天狗倒吊 ▶ | 刺尾鱼科 | *Naso lituratus* J.R.F. | Lipstick tang |

天狗倒吊

性情：温和、具有一定攻击性
养殖难度：中等

　　天狗倒吊鱼的长相具有强烈的卡通色彩，像从迪士尼动画中游出来的睿智小鱼一般，面部的斑纹赐予它一张非常人性化的嘟嘟脸，深受广大女性鱼友及儿童的喜爱。

鱼体细腻光滑，
配色简洁大气

形态 天狗倒吊鱼的鱼体呈卵圆形，体侧扁平，体形硕大，鱼鳍小巧可人。头部呈三角形，像一枚美味的巧克力；吻部尖细修长；眼睛位置偏上，较小；口部小。背鳍基部修长，鳍棘及鳍条皆短小；臀鳍与背鳍形状相同，相互对称，臀鳍稍小于背鳍；胸鳍呈三角形，较小，游动时拍打速度较快；尾鳍呈琴状，大小适中。鱼体呈蓝灰色，额顶及背鳍呈亮黄色，背鳍及臀鳍基部呈黑色，带有亮蓝色边线，臀鳍及腹部呈橘黄色，尾柄呈黄色，尾鳍呈亮蓝色。

习性 **活动：**会与同种族的鱼种发生争端，为争夺领地及配偶而打斗，对待其他鱼种非常温和、礼貌。**食物：**主要以浮游生物及藻类植物为食，杂食性，对人工饵料的接受度也较强，并从一定程度上起到改善环境的作用。**环境：**喜阳光，需要适量的光照，不宜过于强烈，适当适量即可。

警告 容易患溃疡病，需要及时预防。

繁殖 卵生。群体性产卵，繁殖需要非常大的空间以及大量成对亲鱼。家用繁殖箱无法满足其对空间、水质、温度、含盐度、亲鱼数量等的需求。目前尚不具备完备的人工繁殖技术，主要靠捕捞供给市场，价格非常昂贵。

虹膜呈深蓝色
或亮蓝色，十
分深邃迷人，
瞳孔呈黑色

尾鳍靠近边缘处带有深蓝
色或黑色竖排斑纹

头部前额颜色较深，
似一张有趣的面具一般

| 体长：20～30cm | 水层：上、中、下层 | 温度：24～28℃ | 酸碱度：pH8.1～8.4 | 硬度：3.5～4.5mol/L |

▶　　别名：橙色棘鼻鱼 | 自然分布：太平洋、印度洋

红喉盔鱼

性情：温柔、和善
养殖难度：中等

红喉盔鱼也称和尚龙，其头部带有诸多黑色小斑点，就好似僧人头上有戒疤一般。目前市场上流通的该鱼种主要来源于日本及斐济。

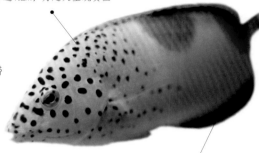

最大可达1.2m，为超大型观赏鱼

背鳍、尾鳍及臀鳍呈黑色，带有明黄色或淡黄色外边线

形态 红喉盔鱼鱼体修长，头部呈三角形；眼睛位置靠前，虹膜及瞳孔皆呈黑色。背鳍基部修长，鳍棘及鳍条皆短，鳍棘稍长于鳍条；臀鳍基部长度适中，鳍条较背鳍而言，较长；胸鳍小巧；尾鳍呈扇形，边线呈弧形，大小适中。鱼体呈白色或奶白色，头部呈黄色，带有大量的黑色斑点，鱼体躯干部位带有斜排网状纹路，背脊处带有两块圆形橙黄色斑块，尾柄部分带有黑色小型斑点，背鳍、臀鳍及尾鳍亦带有黑色小斑点，鱼体背脊部分呈黄色，向下逐渐发白，呈渐变状态。

习性 **活动**：由于体形过大，就算性情温和，也会将很多鱼种当作饵食吞入腹中，不适合与其他鱼种一起混养。**食物**：肉食性，主要以无脊椎动物和软体动物为食，会啃食珊瑚，可喂食新鲜的鱼虾肉及动物性人工饵料。**环境**：主要栖息于珊瑚礁外边缘带有潮流的水域，喜欢流动性较强的水域。

繁殖 卵生。目前未出现过人工繁殖的成功案例。其鱼体巨大，在专业养鱼场中尚无法成功繁殖，更不用说在家用繁殖箱内了。

体色会随着年龄及大小的增长而变化，越小的鱼体色越鲜艳，其成长过程就像是一件衣服，穿得越久，洗得越多，颜色便会逐渐褪去，好像在提醒我们它转瞬即逝的生命一般

体长：100～120cm | 水层：上、中层 | 温度：24～26℃ | 酸碱度：pH8.1～8.4 | 硬度：3.5～4.5mol/L

▶ 别名：鳃斑盔鱼、双印龙、和尚龙 | 自然分布：印度洋、大西洋

西班牙猪鱼 ▶ | 隆头鱼科 | *Bodianus rufus* L. | Spanish hogfish

西班牙猪鱼

性情：温和、具有一定攻击性
养殖难度：容易

　　西班牙猪鱼又名红普提鱼，单从名字来看，给人留下的印象即是有火红或鲜红色的漂亮鱼体，然而事实上，其体色为黄色及蓝色相间，与红色几乎无关。

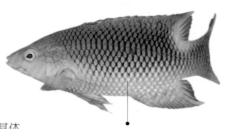

在狐狸鱼中，该鱼种属于数量较多的鱼种

形态 西班牙猪鱼鱼体修长，体形适中，头部呈三角形；眼睛位置靠前，突出；口部大小适中；背鳍基部修长，鳍棘非常短，鳍条则相对修长；胸鳍硕大，鳍条较背鳍而言更加修长；臀鳍基部较短，末端与背鳍呈对称状态，最前端鳍棘修长，可达尾鳍；尾鳍呈扇形，两边向外扩张。鱼体呈亮黄色及蓝色，部分眼部呈橘黄色，背鳍前端呈蓝紫色，末端呈黄色，中间带或不带有一条极细的风格线。胸鳍、腹鳍、臀鳍及尾鳍皆呈黄色，尾鳍末端呈半透明状态。

习性 活动：性情非常温和，可以与体形及脾性相似的鱼种一起混养，但要为其准备足够的空间，否则它们会因为领地问题而发生争斗。食物：主要以甲壳类、硬贝壳、海胆、底栖动物等为食；在成年之后会开始破坏、啃食珊瑚。环境：主要栖息于珊瑚礁及岩石礁斜面，水深约20m处的区域，生活亦离不开珊瑚礁或岩石礁。

繁殖 卵生。尚未出现成功的人工繁殖记录，无法在家用水族箱内繁殖。目前主要依靠捕捞来供给市场，价格相对昂贵。

眼睛和背脊皆包裹在沉着冷静的蓝紫色中，鱼体其他部分皆呈热情的黄色，中间靠一条紫色的细斑纹所分隔

体长：30~50cm | 水层：上、中层 | 温度：24~26℃ | 酸碱度：pH8.1~8.4 | 硬度：3.5~4.5mol/L

▶ | 别名：紫狐、红普提鱼 | 自然分布：美国佛罗里达、西印度群岛

新月锦鱼

性情： 温和、具有领地意识
养殖难度： 容易

新月锦鱼亦称"青龙"，名字极具中国风，气质独特，鱼体纤长，好似一条飘带一般，柔韧有力。

形态 新月锦鱼鱼体纤细修长，似带鱼，呈带状，为中型观赏鱼，最长可达30cm。通体呈偏青的深蓝色及宝蓝色。背鳍基部修长，鳍棘及鳍条非常短；胸鳍硕大；腹鳍不明显，细长；臀鳍基部长度适中，鳍条长度适中；尾鳍呈琴状，两端修长，向后方延伸。头部呈三角形；眼位靠前，眼睛较小，被宝蓝色或深蓝色的皮肤所包裹。鱼体呈深浅不一的蓝色，头部带有紫色横向斑纹，背鳍、胸鳍及臀鳍中间带有紫色斑纹，尾鳍呈渐变色，基部颜色较浅，两端亦带有紫色斑纹，边缘线呈深蓝色。部分额顶、胸鳍及尾鳍带有黄色或粉红色斑块。

习性 **活动：** 遇到危险时会找最近的洞穴或钻入沙地避难，在危险排除前绝不会出来；入夜后会在沙地表层或钻入沙地内睡觉，在它们的认知中，这样是安全的。
食物： 杂食性，喜食硬贝壳、海胆、甲壳类食物，偏好动物性饵料，带有坚硬的咽头齿，可以嚼碎较硬的食物。**环境：** 主要生活在浅水区域，通常会选择珊瑚礁作为栖息地，部分会选择沙地。

繁殖 卵生。无法在家用繁殖箱内进行繁殖，亦无法进行人工繁殖，在漫长岁月中经历许多次的研究及实验，至今仍未成功实现人工繁殖。

体色会随着年龄而发生相应的改变，每一阶段会有不同的惊喜、不同的期许，不禁令人期待它最终会变为何种样子

体长：10～30cm | 水层：上、中层 | 温度：24～26℃ | 酸碱度：pH8.1～8.6 | 硬度：3.5～4.5mol/L

▶ 别名：青龙 | 自然分布：亚热带水域

| 鲁氏锦鱼 | ▶ | 隆头鱼科 | *Thalassoma rueppellii K.* | Brinell pig sea fish |

鲁氏锦鱼

性情：温和、具有一定攻击性

养殖难度：容易

通体呈蓝色，头部及尾鳍上点缀的黄色斑块为蓝灰色的躯体带来了无尽的活力

鲁氏锦鱼为较少见的热带鱼种，游动时像一条飘带，甩着黄色的尾巴，像一位阳光正直的运动青年，自信、霸气、沉着的气质暴露无遗。

形态 鲁氏锦鱼鱼体纤细修长，呈带状，为小型观赏鱼，最长可达15cm，通常体长约10cm，较少见，具有一定的食用价值，但基本无人会舍得食用这样活力四射的美丽小鱼。鱼体呈蓝色，浑身布满大大小小的网状斑纹及斑点，沿鳞片而走；背鳍基部修长，鳍棘及鳍条短小；腹鳍长度适中，鳍条不长不短，比例协调；胸鳍呈三角形，硕大；尾鳍呈扇形，下端突出。头部呈三角形，吻部尖细；眼睛较小，虹膜呈金黄色，瞳孔呈黑色。头部带有肉粉色至橙黄色渐变的横排短斑纹，尾鳍及尾柄呈黄色，稍延伸至背脊，背脊前端带有圆形斑点。

习性 **活动**：遇到危险及未知情况时会钻入沙地或洞穴中，在危险排除前绝对不会出来；入夜后会寻找就近的洞穴，或在沙地表层或钻入沙地睡觉。**食物**：杂食性，喜食硬贝壳、海胆、珊瑚虫、甲壳类、底栖动物等食物，可以嚼碎较硬的食物，喜爱肉食性饵料。**环境**：生活习性与新月锦鱼非常相似，会以珊瑚礁作为栖息地，部分会选择沙地。

繁殖 卵生。不具备人工繁殖的技术，又较少见，价格一直居高不下，供不应求。进入繁殖期后亲鱼的神经比较脆弱敏感，根本无法在家用繁殖箱内繁殖。

体长：10~15cm | 水层：上、中层 | 温度：24~26℃ | 酸碱度：pH8.1~8.4 | 硬度：3.5~4.5mol/L

▶ 别名：布氏海猪鱼、白氏海猪鱼、柳冷仔 | 自然分布：太平洋

裂唇鱼

性情： 温和、领地意识强

养殖难度： 容易

鱼体似一根弯弯的小豆芽，呈长形

许多人可能听说过有一种勇敢的小鱼敢于栖息在鲨鱼的口中，和鲨鱼达成共生关系，它帮鲨鱼清洁牙齿，同时也以鲨鱼口中残留的食物为生。裂唇鱼虽不至于生活在鲨鱼的口中，但其生活习性和功能却与之相似，故被称为"医生鱼"。

形态 裂唇鱼的鱼体纤细修长，小巧柔韧，为小型观赏鱼。头部小；眼睛较大，被黑白相间的斑纹所覆盖，瞳孔呈黑色。背鳍基部修长，鳍棘坚硬、短，鳍条亦短；胸鳍非常小巧；腹鳍基部长度适中，鳍条短小；尾鳍几乎与鱼体融为一体，呈扇形，偏大，较扁。鱼体呈白色，头部下方至前胸部呈黄色，鱼体正中被一条粗细不等的黑色横向斑纹所覆盖，从口部直至尾鳍，腹部呈亮蓝色，背脊后端呈深蓝色，尾鳍大部分皆被黑色斑纹所覆盖，边缘部分呈亮蓝色。

习性 **活动：** 在原产地，裂唇鱼与中大型鱼种是共生关系，可以放心地与大型鱼一起饲养；入夜后会用黏液包裹自己钻入珊瑚礁附近的洞穴中休息。**食物：** 以其他鱼类身上的寄生虫及甲壳动物为食。**环境：** 栖息于水下40m左右深的珊瑚礁区域。

繁殖 卵生。在婚配方面实行一夫一妻制，为双性鱼种，雄鱼死亡后，在周围没有其他雄鱼的情况下，雌鱼便会转变为雄鱼。目前的技术无法进行人工繁殖。在自然环境下繁殖能力较强，每年禁渔期过后，我国南海都可以捕捞到大量的该鱼种，足以供应市场需求。

聪明且大胆，可以巧妙地在大型鱼口下保护自己

体长：10~12cm | 水层：上、中层 | 温度：24~26℃ | 酸碱度：pH8.1~8.4 | 硬度：3.5~4.5mol/L

▶ 别名：医生鱼、飘飘 | 自然分布：印度-西太平洋区

尖嘴龙

性情: 凶猛

养殖难度: 容易

尖嘴龙鱼尾鳍呈绿色至蓝色渐变,腹鳍前端颜色较淡

尖嘴龙的性情较粗暴,头部带有尖细的吻部,就像一些罕见的鸟类一般,而且吻部会随着年龄增长而逐渐增长,年龄越大,吻部越长。

形态 尖嘴龙鱼体纤细修长,呈带状,为中小型观赏鱼,在家用水族箱内饲养,最长可达30cm,通常体长约20cm。鱼体呈橄榄绿色,在蓝灯环境下呈蓝绿色,由于鳞片形状及颜色的原因,浑身上下似布满了大大小小的网状斑纹。背鳍基部修长,位置稍许靠后,鳍棘及鳍条短小;腹鳍长度适中,鳍条长短比例协调;胸鳍呈三角形,较大;尾鳍呈扇形,两端坚实,中间呈透明质地。吻部尖细,眼睛较小,虹膜呈蓝色。鳃盖带有橙红色小型斑点,腹部颜色较浅,鱼鳍与鱼体同色,鳃盖后方带有亮黄色光斑。

习性 **活动:**性情较凶猛,需要较大生活空间,注重自己的领地所有权;非常喜欢跳跃,且弹跳能力非常好,因此需要为饲养其的水族箱准备一个盖子;非常喜欢躲藏在活石附近。**食物:**肉食性,一般以活蛤、甲壳类、海蠕虫为食。**环境:**需饲养在350L以上的水族箱内。

繁殖 卵生。目前尚无法进行人工繁殖,仍以海洋捕捞方式供给市场。

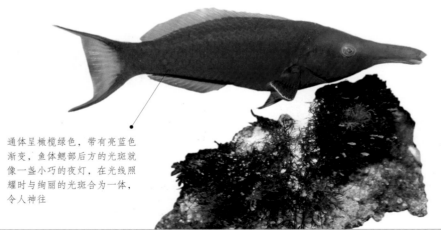

通体呈橄榄绿色,带有亮蓝色渐变,鱼体鳃部后方的光斑就像一盏小巧的夜灯,在X光线照耀时与绚丽的光斑合为一体,令人神往

体长: 15~30cm　|　水层: 上、中层　|　温度: 24~26℃　|　酸碱度: pH8.1~8.4　|　硬度: 3.5~4.5mol/L

▶　别名: 鸟龙、杂色尖嘴鱼　|　自然分布: 印度洋

珍珠龙

性情：粗暴、具有攻击性
养殖难度：中等

　　珍珠龙很容易给人留下深刻的印象，它通体呈黑色，布满白色的小型斑点，好似漆黑的幕布上嵌满无数珍珠。

形态 珍珠龙鱼体修长，呈长形，为中型观赏鱼，最长只有22cm左右。鱼体前宽后窄；头部较圆，体侧滚圆，吻部钝；眼睛大小适中，虹膜呈金色，瞳孔呈黑色。头部及背脊被细密的白色斑点所覆盖；背鳍修长，鳍棘及鳍条非常短；胸鳍、臀鳍皆不明显；尾鳍与鱼体巧妙融合，较窄。鱼体呈黑色，吻部呈白色，质地温润如玉，背鳍呈白色，躯干部分下方斑点较大，呈白色，分布较松散，尾鳍外端呈橘黄色，外边部分颜色较深，逐渐变黑。

习性 **活动**：体格非常强壮，性情粗暴，感到空间拥挤或领地受到侵犯后，便会变得具有一定攻击性。**食物**：肉食性，会吃掉鱼体上的寄生虫，也可喂食其小鱼、昆虫、甲壳类动物等。**环境**：同箱内尽量不要养太多同种鱼，超过3尾便会发生无休止的争端；与裂唇鱼的关系十分微妙，不能算好也不算太坏，最好不要混养。

繁殖 卵生。无法在水族箱内进行人工繁殖，目前主要来源于海中捕捞，因此价格也较高。

不善交际，和裂唇鱼在性格方面有些不合，无法和睦相处

体长：20～22cm | 水层：上、中层 | 温度：24～26℃ | 酸碱度：pH8.1～8.4 | 硬度：3.5～4.5mol/L

▶ 别名：澳洲龙 | 自然分布：澳大利亚

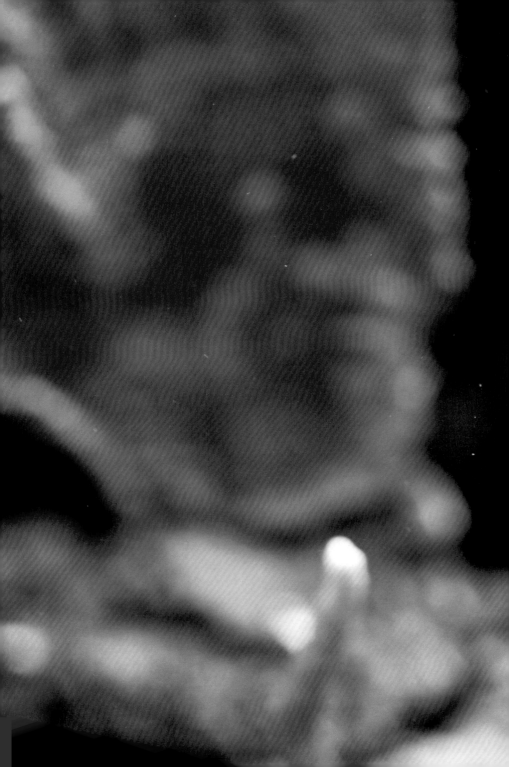

珍珠龙

条纹厚唇鱼 ▶ 隆头鱼科 | *Hemigymnus fasciatus* B. | Barred thicklip

条纹厚唇鱼

性情： *暴躁*

养殖难度： *中等*

条纹厚唇鱼的长相有些喜感，厚实的唇部使其看上去像没完没了地噘着嘴寻找食物一般，非常可爱。

头部下方呈白色，鱼体带有5条白色条纹

形态 条纹厚唇鱼鱼体较大，为大型观赏鱼，体侧扁平。头部呈三角形；眼睛较小，虹膜呈金色，瞳孔呈黑色，吻部及唇部非常有特色，唇厚实饱满。背鳍修长狭小，基本状态多为收起，鳍棘及鳍条皆短小；胸鳍小巧；腹鳍大小适中；臀鳍不明显，紧贴鱼体，情况与背鳍相似；尾鳍硕大，略呈扇形。鱼体呈黑色、绿色至黄色渐变，背脊及头部上半部分呈黄色，向下逐渐演变为绿色及黑色，尾鳍颜色非常突兀，靠近尾柄呈橙黄色至橙红色渐变，边缘部分呈黑色，就好像一簇燃烧的小火苗，为昏暗阴冷的大海带去一丝温暖。

习性 **活动：** 性情比较暴躁，混养时需要注意同种鱼的数量不宜过多，以及其他鱼种的脾性及体形；幼鱼喜欢与海藻的碎屑随着水流而飘动，成鱼则会固定在珊瑚区域附近活动。**食物：** 肉食性，喜食无脊椎动物及底栖动物。**环境：** 主要栖息于珊瑚礁及岩礁附近的海域中，喜爱10m左右的水深及绵软细腻的沙地。

繁殖 卵生。目前无法进行人工繁殖。该鱼种具备性转变的能力，当雄鱼死亡后，雌鱼有一定可能性转化为雄鱼，代替死去的雄鱼与其他雌鱼交配繁殖。

身上白色的斑纹比较突兀，就像一张完整的海报，突然被撕掉了一部分一样，具有一定的现代艺术效果

体长：30～40cm | 水层：上、中层 | 温度：24～26℃ | 酸碱度：pH8.1～8.4 | 硬度：3.5~4.5mol/L

▶ 别名：横带厚唇鱼 | 自然分布：非洲东部、印尼

狐面鱼

性情： 温和、胆小
养殖难度： 容易

鱼体呈鲜艳的明黄色，性情十分温和，且较胆小，喜欢啃食珊瑚等软组织动物

狐面鱼的面部戴着十分精巧的面具，黑白相间的条形斑纹好似一双狐狸独有的细长眼睛，胸部及胸鳍部位的颜色及斑纹组成一张狐面的形状。

形态 狐面鱼为中小型观赏鱼，头部呈三角形，吻部尖细修长；眼睛大小适中，瞳孔及虹膜呈黑色。背鳍基部修长，鳍条短小，末端鳍棘修长；胸鳍大小适中，呈三角形；腹鳍不明显，极细；臀鳍与背鳍末端呈对称状态，形状相同，长度为整个背鳍的1/2；尾鳍呈叉形，开叉较浅。鱼体呈明黄色，头部带有黑白相间的斜向粗条纹，贯穿眼睛及鳃盖下方，蔓延至胸部，胸鳍第一根鳍棘呈黑色，其余则呈透明质地，背鳍、腹鳍、臀鳍及尾鳍皆呈明黄色，尾柄较细。

习性 **活动：** 多出没于岩石附近，喜欢环绕岩石及珊瑚游动，在饱腹的状态下不会啃食珊瑚，温和，较胆小，受惊后会将带有毒腺的鳍棘张开。**食物：** 杂食性，喜食藻类植物，饲养时可喂食切碎的菠菜、生菜等，也可喂食卤虫及水蚤。

鱼体表层光滑细腻，颜色鲜艳，具有极高的观赏价值

环境： 对水质的要求并不非常严苛，需要一个月换一次水，每次换水量约占水族箱的1/4～1/5；具有啃食珊瑚等软组织动物的习性，故不可与珊瑚、海葵等共同饲养；因其胆小易受惊，也不可与体形较大的鱼种混养。

繁殖 卵生。目前技术不能实现人工繁殖，主要来源仍旧依靠在海洋中捕捞，其本身在自然环境中具有较强的繁殖能力。

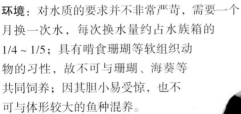

体长：15～20cm | 水层：上、中层 | 温度：24～27℃ | 酸碱度：pH8.1～8.4 | 硬度：3.5～4.5mol/L

▶ 别名：狐狸鱼、狐蓝子鱼、狐狸倒吊 | 自然分布：太平洋

魔鬼炮弹 ▶ 鳞鲀科 | *Odonus niger* Gistel | Red toothed triggerfish

魔鬼炮弹

性情：凶猛、粗暴
养殖难度：容易

魔鬼炮弹体色呈蓝灰色，嘴角始终挂着神秘的微笑，与幽蓝色的海水融为一体，因此总是神出鬼没、出其不意地捕食猎物。

形态 魔鬼炮弹为中大型观赏鱼，鱼体呈深蓝色，体侧较圆，最大特色为修长的琴状尾鳍。头部大小适中，位置偏上；眼位偏上且靠后，靠近头部后方；口部及口裂大小适中。背鳍位置靠后，基部长度适中，末端与臀鳍对称且形状相同、长度相似。鱼体呈深蓝灰色，躯干部分颜色最深，躯干中间部位略微发黄，头部上方呈蓝色，从上至下开始逐渐变为黄绿色，鱼鳍颜色较浅，呈蓝色。

习性 活动：游速较慢，入夜后会寻找洞穴栖居；性情凶猛且胆小，易受惊，受惊后会变得神经质；空间过度狭窄会使其变得非常暴躁，开始袭击其他鱼种。**食物**：肉食性，喜食浮游生物、海绵、珊瑚虫等。**环境**：原栖息于珊瑚礁或礁石区域中水流较为强劲的地方，需要较大生活空间，布置水族箱时需留出供其藏匿的洞穴。

繁殖 卵生。繁殖难度较高，目前尚无法实现在家用繁殖箱内进行人工繁殖。在原产地，产卵前会在沙地上挖一个钵形的浅沙坑，雌鱼将鱼卵产在沙坑内，产卵结束后亲鱼双方一起保护鱼卵，雄鱼此时会变得异常凶猛，几乎不许任何其他鱼类接近鱼卵，体形较大者有时会攻击接近它们的潜水员，领地意识及护卵意识十分强烈。

性情极为凶猛粗暴，甚至会猎食海星及海胆，外表及性格皆十分霸气，需要非常大的生活空间

体长：30～50cm | 水层：上、中层 | 温度：24～27℃ | 酸碱度：pH8.1～8.4 | 硬度：3.5～4.5mol/L

▶ 别名：尼日尔炮弹、红牙炮弹 | 自然分布：印度洋、太平洋

小丑炮弹

性情：凶猛、粗暴
养殖难度：容易

小丑炮弹的体形似一颗导弹，鱼体近椭圆形，体侧滚圆，群青色的身上布满大大小小的斑点及斑纹，游动时显得笨重可爱，像一颗弹来弹去的皮球，好似花哨的小丑一般，且不失雅致。

形态 小丑炮弹为中大型观赏鱼，需要较大生活空间。鱼体呈群青色，体侧较圆；头部大小适中，位置偏上；眼位偏上，几乎与背脊持平，眼前部位突出；口部及口裂大小适中。背鳍位置靠后，基部较短，与臀鳍对称且形状相同、长度相似；尾鳍呈扇形，大小适中。鱼体上半部分从背脊开始带有黄色的斑纹，呈网状，下半部分带有大量的白色大型斑块，呈圆形。

习性 **活动**：主要生活范围在珊瑚礁附近，白天活动，睡觉及受惊时会以背鳍及腹鳍卡住珊瑚礁内的洞穴入口，阻挡敌人；性情比较粗暴，不适合与体形小于其的鱼种混养。**食物**：杂食性，喜食动物性饵料，如珊瑚虫、海葵、小鱼、鱿鱼、贝类及虾等。**环境**：对水质有一定需求，需要一定时间适应新的环境，适应期应喂食活鲜，为其补充必需的营养及体力；性情较凶猛，不适合与小型鱼种及体形相似的鱼种一起混养，可以选择体形稍大于其的鱼种一起混养。

繁殖 卵生。目前无法在家用繁殖箱内实现人工繁殖。在野生环境下，繁殖期会出现强烈的领地意识，有明显的护卵行为，雄鱼会驱赶一切靠近鱼卵的鱼种，体形较大者甚至会攻击潜水员。鱼卵为沉性卵，亲鱼会在产卵前在沙地上挖出一个浅坑，雌鱼会将鱼卵产在浅坑的正中央。

遭到攻击时会将背鳍上的第一根鳍棘竖起，以防遭到吞食

体长：30～50cm | **水层**：上、中层 | **温度**：24～27℃ | **酸碱度**：pH8.1～8.4 | **硬度**：3.5～4.5mol/L

▶ **别名**：花斑拟鳞鲀 | **自然分布**：印度、太平洋

鸳鸯炮弹

性情： 凶猛、粗暴
养殖难度： 容易

鸳鸯炮弹有着一张货真价实的大饼脸，面部宽且长，呆愣的表情搭配圆滚的身材，给人以贪食懒散的印象。

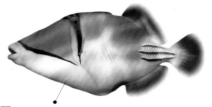

需要较大生活空间，由于水族箱的大小有限，故体形相较野生者会小一些

形态　鸳鸯炮弹为中型观赏鱼，鱼体呈白色，体侧圆；头部较大，位置偏上；眼位偏上，靠近背脊；口部及口裂大小适中。背鳍位置靠后，与臀鳍对称且形状相同、长度相似，基部较短；尾鳍呈扇形，大小适中。鱼体带有紫色斑块，背脊向下延伸带有棕褐色斑纹，腹部出现白色斑纹，尾柄带有紫色斑点组成的两条条纹。

习性　**活动：** 主要活动区域为珊瑚礁附近，会选择小型的生物种作为掠夺对象，脾气粗暴，为穴居性鱼种，找到合适的洞穴后，会重新修整洞穴附近的石头，以便自己进出，有时会发出"咕咕"声。**食物：** 牙齿尖利，较凶猛，摄食范围广，甚至会食用海星、海胆等棘皮动物，喜食活饵，通常吃乌贼、鱿鱼、花蛤、藻类植物，对动物性及植物性饵料皆可接受。**环境：** 性情较凶猛，不适合与小型鱼种及体形相似的鱼种一起混养，可以选择体形稍大的一起混养，需准备一个较大的水族箱。

警告　会破坏珊瑚，猎食软组织动物，故不宜饲养在带有珊瑚的水族箱中。

繁殖　卵生。目前尚无法在家用繁殖箱内实现人工繁殖。在野生环境下，繁殖期有强烈的领地意识，甚至攻击接近的潜水员，护卵行为明显，雄鱼会变得异常凶猛，会吃掉接近鱼卵的鱼类。鱼卵为沉性卵，亲鱼产卵前在沙地上挖出一个浅坑，雌鱼将鱼卵产在浅坑的正中央。

眼睛上方至额顶带有蓝色及紫色相间的条纹

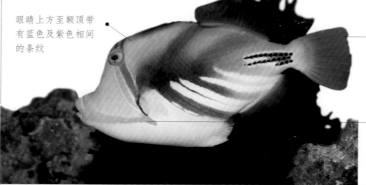

背鳍、臀鳍及尾鳍皆透明，稍带有一些浅紫色

头部下方呈白色，口部至鳃盖带有一条黄色斑纹

体长：20～30cm　|　水层：上、中层　|　温度：24～27℃　|　酸碱度：pH8.1～8.4　|　硬度：3.5～4.5mol/L

▶　别名：毕加索扳机鱼、叉斑锉鳞鲀　|　自然分布：西太平洋

黄点炮弹

性情： 粗暴、凶猛
养殖难度： 容易

眼位偏上，与背脊持平，眼前部位突出，眼睛突出

通体呈漂亮的黑灰色，外表笨重，性情较凶猛

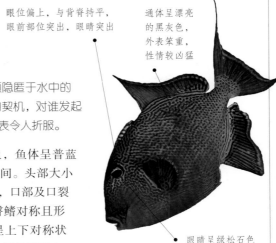

黄点炮弹鱼体硕大，就像一颗隐匿于水中的炮弹，无法预测它会出于什么样的契机，对谁发起进攻，神秘莫测，强大的气场及外表令人折服。

形态 黄点炮弹为中大型观赏鱼，鱼体呈普蓝色，体侧较圆，需要较大生活空间。头部大小适中。吻部及眼部之间距离较长，口部及口裂大小适中。背鳍位置靠后，与臀鳍对称且形状相同、长度相似，整个鱼体呈上下对称状态；尾鳍呈扇形，大小适中；胸鳍长度适中，

眼睛呈绿松石色

较圆。鱼体呈普蓝色，色相偏灰，非常漂亮，胸鳍附近带有一点赭石色，全身布满细腻的斑点，斑点呈灰色，背鳍及臀鳍颜色最深，接近于黑色，基部带有从鱼体上延伸出来的边线，尾鳍与鱼体同色，两端突出，中间呈弧形。

习性 **活动：** 性情凶猛，不适合与小型及体形相似鱼种混养，会攻击它们，可以选择体形稍大的鱼种混养。**食物：** 喜食动物性饵料，主要以底栖动物、海胆、甲壳类、鱼肉、珊瑚水螅及软体动物为食。**环境：** 在原产地主要栖息于礁石区及沙地附近的岩石区，常见深度为50m。

繁殖 卵生。目前无法在家用繁殖箱内实现人工繁殖。在原产地，繁殖期会变得非常凶猛，有强烈的领地意识，甚至会攻击接近的潜水员，雄鱼有明显的护卵行为，会变得异常凶猛，会攻击任何接近鱼卵的物种。鱼卵为沉性卵，亲鱼会在产卵前在沙地上挖出一个钵形浅坑，雌鱼会将鱼卵产在浅坑的正中央，产卵结束后会和雄鱼一起守护鱼卵。

不可和珊瑚一起饲养，以免其将珊瑚吞食殆尽

体长：30～50cm | 水层：上、中层 | 温度：24～27℃ | 酸碱度：pH8.1～8.4 | 硬度：3.5～4.5mol/L

▶ 别名：黑副鳞鲀 | 自然分布：太平洋

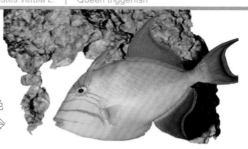

| 女王炮弹 | ▶ | 鳞鲀科 | *Balistes vetula* L. | Queen triggerfish |

女王炮弹

性情：粗暴、凶猛

养殖难度：容易

　　女王炮弹拥有鲜艳多变的色彩，明黄色、蓝紫色、淡紫色等令人目不暇接。

形态 女王炮弹为中大型观赏鱼，鱼体颜色多变，修长有力，体侧较扁平。头部大小适中；眼位偏上，靠近额顶；口部及口裂大小适中。背鳍位置靠后，基部长度适中，与臀鳍对称且形状相同、长度相似；臀鳍基部较短；胸鳍小巧；腹鳍修长尖细，有退化趋势；尾鳍呈琴状，两端修长，向后延伸，大小适中。鱼体呈明黄色，腹部呈白色，中间过渡区域为紫色，背鳍及臀鳍呈蓝紫色，带有蓝灰色外边线，基部呈亮蓝色，尾鳍呈蓝紫色，带有蓝灰色外边线。

习性 **活动：**过于凶猛，会将体形较小的鱼种视为食物，混养时应尽量选择比其体形稍大的鱼种。**食物：**肉食性，非常凶猛，主要以甲壳类、头足类、鱼类、底栖动物、海胆、珊瑚水螅及软体动物为食，会啃食珊瑚，故不可与珊瑚在同箱内饲养。**环境：**在原产地主要栖息于珊瑚礁海域，大量的珊瑚礁可以满足其对于食物的需求，入夜后会躲入珊瑚礁附近的洞穴中休息。

繁殖 卵生。目前技术无法进行人工繁殖。在原产地，亲鱼具有护卵意识，繁殖期会变得非常凶猛，并出现强烈的领地意识，一旦察觉到危险，甚至连潜水员都会成为攻击对象，尤其是雄鱼，会攻击任何接近鱼卵的物种。排出的鱼卵为沉性卵，亲鱼会在产卵前在沙地上挖出一个钵形浅坑，雌鱼将鱼卵产在浅坑内，产卵结束后会和雄鱼一起守护鱼卵。

口部带有亮蓝色外边线，头部呈黄色，鼻部至胸鳍段带有一条宝蓝色细纹

| 体长：40～60cm | 水层：上、中层 | 温度：24～27℃ | 酸碱度：pH8.1～8.4 | 硬度：3.5～4.5mol/L |

▶　别名：呿鳞鲀　｜　自然分布：印度洋、太平洋

圆翅燕鱼 ▶ 白鲳科 | *Platax pinnatus* L. | Pinnate batfish

圆翅燕鱼

性情：温和

养殖难度：中等

性情就像外表一般温和柔软，主要以海藻为食

圆翅燕鱼的外观非常特殊，看似一块上好的灵芝，或是名为西班牙舞娘的海兔。初次养鱼的人接触到它可能会觉得愕然，它看上去像木耳，又像一块柔软的锦缎。

形态 圆翅燕鱼的体形比较庞大，是其他蝙蝠鱼的5～8倍，成鱼具有观赏及食用的双重价值。鱼体呈菱形，体侧扁平；头部呈三角形；眼睛大小适中，虹膜及瞳孔皆呈黑色；口部及口裂小。背鳍硕大，基部修长，前端鳍棘修长，可达背鳍末端，背鳍末端与尾鳍紧挨；臀鳍鳍条亦修长，紧挨于尾鳍；腹鳍硕大；背鳍、腹鳍及臀鳍皆呈镰刀状；尾鳍呈圆形，较小。幼鱼鱼体呈黑色，带有橘黄色外边线，生长至成鱼后便会变为黄褐色，鱼体上带有两条深色的斑纹，橙色的外边线逐渐退去，在背鳍、臀鳍及尾鳍末端，剩下极细的一条，部分鱼体略微偏蓝。

习性 **活动**：游动速度较慢，难以从其他鱼种口中抢到食物，幼鱼又非常脆弱，故不宜混养，适合单独饲养。**食物**：杂食性，喜食植物性饵料，主要以海藻为食；需要一定时间来适应新环境，最好能先用活鲜或冻鲜，如冰冻丰年虾等来引诱它们进食，为其补充足够的体力。**环境**：不喜过于强烈的水流，这会让它们变得非常被动，时常会被困在一个地方无法动弹。

繁殖 卵生。目前并不具备人工繁殖的技术。在原产地，繁殖不似其他鱼种那般数量庞大，因此捕捞量并不大，市场流通量较小。幼鱼会居住在浅海区域的礁石附近，部分居住在河口区，体态与带有毒素的扁虫非常相似，是天然的防护，生长至成鱼后会潜向较深的水域。

体长：20～40cm | 水层：上、中层 | 温度：24～26℃ | 酸碱度：pH8.0～8.4 | 硬度：3.5～4.5mol/L

▶ 别名：红边蝙蝠、金边蝙蝠、弯鳍燕鱼 | 自然分布：西太平洋

| 圆眼燕鱼 | ▶ | 白鲳科 | *Platax orbicularis* Forsskal | Orbiculate batfish |

圆眼燕鱼

性情： 温和

养殖难度： 中等

圆眼燕鱼虽然名中带有"眼"字，但眼睛在其鱼体上并不明显，相反，它的眼睛非常小，滚圆，有些似黑珍珠，能够引起注意的要数其身上水墨效果的竖排斑纹，尾部斑纹呈黑灰渐变，就好像水墨画中层层叠叠的云彩一般。

形态 圆眼燕鱼鱼体较高，呈菱形，体侧扁平，整个鱼体呈三角形，头部呈三角形，眼睛较小，呈黑色，吻部大小适中；背鳍基部修长，鳍条偏短，臀鳍与背鳍对称，鳍条亦短，鳍棘为3根，鳍条为25～29根，腹鳍延伸，尾鳍呈叉形，开叉较小。幼鱼鱼体呈红褐色，外表像一片枯萎的叶子，具有一定保护功能，成鱼为褐色，略微偏银灰色，带有2～3条黑色横向斑纹。

习性 **活动：** 喜欢成群或成对一起生活，不喜落单，幼鱼则会一小群一小群地躲藏在水面的漂浮物下，游动时就像一片随波逐流的落叶。

食物： 杂食性，喜食海藻、无脊椎动物、小鱼等，对于植物性饵料及动物性饵料的接受度皆高。**环境：** 成鱼喜欢栖息在珊瑚礁斜面，带有潮水流动的区域，幼鱼则喜欢栖息在沿岸的表层水域。

拥有其他鱼种所没有的简约朴实风格，在繁复耀眼的观赏鱼中独树一帜

繁殖 卵生。很难在家用繁殖箱中进行人工繁殖，需要专业的人工养殖场才能模拟并达到其繁殖所需条件，目前市场上销售的该鱼种，主要依靠人工繁殖及捕捞进行供给。幼鱼体色美丽，多被作为观赏鱼饲养，成鱼则更多地被作为食用鱼养殖。

| 体长：30～50cm | 水层：上、中层 | 温度：24～26℃ | 酸碱度：pH8.0～8.4 | 硬度：3.5～4.5mol/L |

▶ | 别名：圆燕鱼、圆蝙蝠 | 自然分布：印度洋、太平洋

刺鲀

性情: 不友善

养殖难度: 容易

非常容易受到惊吓，一旦受惊就会向对方展现出一身的刺和滚圆的躯体，借此来恐吓对方

刺鲀是我们印象中圆滚滚的河豚的亲戚，它的肠子下方带有一个可以向后扩大的气囊，这便是它可以突然一下膨胀为球状的原因。

形态 刺鲀鱼体呈长形，受惊后则呈球状。头部滚圆，吻部钝，口裂大小适中；眼睛硕大，虹膜呈银灰色，瞳孔呈黑色，眼部滚圆。背鳍位置靠后，基部短，鳍条长度适中；胸鳍亦靠后，基部较长，鳍条偏短；臀鳍与背鳍大小相差不多，呈圆形；尾鳍略呈扇形，边缘部分呈弧形。鱼体呈黄色，带有大块的深灰色斑纹及黑色小斑点。

习性 **活动:** 遇到危险时会将大量的水或空气吞入口中，促使腹部膨胀，使鱼体胀大到原先的2~3倍，并竖起硬刺，危险过去后便会恢复原样，游泳能力较弱，生活态度十分积极，遇到危机状态不会消极，防守的同时以反击为主。**食物:** 喜食虾干、鱿鱼等肉食性饵料；适应性很强，进入新环境几日后便可适应，适应期间可投食其所喜爱的食物，如虾干、鱿鱼等，帮助其进食及适应环境。**环境:** 所适合的海水相对密度为1.022 ~ 1.024，海水中亚硝酸盐含量约在0.1mL/L；鱼体过于锋利，且并不善于和其他鱼种处理好邻里关系，故需要单独饲养，不可混养。

繁殖 卵生。每到春夏季节的产卵期便会向近海移动，亲鱼会在沿岸的水域内产卵，雌鱼每次可怀卵10万余粒，有时甚至达到数十万粒，数量极为庞大。繁殖有一定难度，至今还没找到较稳妥的人工孵化办法，尚未出现人工繁殖的成功记录。

眼部带有一块大型黑色斑块，其余大型黑斑集中在背脊附近

体长: 70~90cm | 水层: 上、中层 | 温度: 25~26℃ | 酸碱度: pH8.0~8.6 | 硬度: 3.5~4.5mol/L

别名: 小硬鳄鱼 | 自然分布: 印度洋、太平洋

六斑二齿鲀

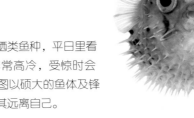

性情: 喜独居

养殖难度: 容易

　　六斑二齿鲀为底栖类鱼种，平日里看似温和可爱，实则非常高冷，受惊时会立刻膨胀为球状，企图以硕大的鱼体及锋利的刺恐吓对方，令其远离自己。

> 经常可以在水族馆中看到它们的身影，其内脏及生殖腺皆带有毒素

形态　六斑二齿鲀体形滚圆，为大型观赏鱼。头部及身体前半段非常宽；眼睛硕大滚圆，呈黑色；口部及口裂硕大。背鳍位置靠后，鳍棘及基部短小；臀鳍与背鳍对称，稍大于背鳍，鳍条为13～15条；胸鳍硕大，鳍棘较短，鳍条为20～24条；尾鳍呈扇形，边缘线呈弧线形，鳍棘为9条。鱼体呈淡黄灰色，通体带有密密麻麻的黑色小斑点和尖锐的刺棘，刺棘最长可达7～8cm，呈白色。

习性　**活动:** 喜欢独居，偶尔也会成群居住；幼鱼会在海洋中四处漂泊，寻找适合定居的栖息地。**食物:** 喜食动物性饵料，在原产地喜欢夜间活动及捕食，喜食软体动物、海胆、螃蟹、无脊椎动物、寄居蟹等。**环境:** 底栖性鱼种，主要栖息于浅水区的礁石区及珊瑚礁附近；不怎么合群，不适合与其他鱼种一起混养。

繁殖　卵生。春季及夏季集中产卵，产卵前亲鱼会游向近海，在沿岸区域内产卵，每次可产卵10万余粒，数量多时可达数十万粒，怀卵数量非常庞大，因此受精卵有限。繁殖具有一定难度，目前尚未出现人工繁殖的成功案例。

头部靠近吻部处及尾柄的斑点最为密集，躯干正中间的斑点最为松散

腹部呈白色，中间带有一段过渡，呈银灰色，斑点较少，口部及鱼鳍颜色较深，呈深黄灰色

体长: 40～50cm　|　**水层:** 下层　|　**温度:** 25～26℃　|　**酸碱度:** pH8.0～8.6　|　**硬度:** 3.5～4.5mol/L

▶　　**别名:** 六斑刺鲀、刺规、气瓜仔、气球鱼　|　**自然分布:** 全球各大洋亚热带海域

金木瓜

性情：具有一定攻击性
养殖难度：困难

金木瓜的颜色在箱鲀科中算得上是非常
鲜艳的，它具有箱鲀科典型的奇特外形及配
色，叫人无法分辨它究竟是珊瑚礁上的一块
美丽礁石，还是一只滚圆的箱鲀。

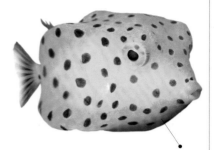

幼鱼鱼体呈金黄色，带有黑色斑
点，腹部颜色较浅，胸鳍、尾鳍、
腹鳍皆呈透明质地

形态 金木瓜鱼体浑圆，躯体较短，体侧宽
阔。头部较大，吻部钝；双眼硕大，虹膜呈金色，
瞳孔呈黑色。背鳍位置接近尾柄，基部非常短小，鳍条长度适中；胸鳍大小适
中，鳍条较长，基部短；臀鳍位于尾柄前端，基部短，鳍条修长；尾柄较窄，尾
鳍平直，较小，鳍条长度适中。成鱼呈黄灰色，鱼体上开始长出白色斑点，头部
黑色斑点变得微小细碎，尾柄亦开始长出细小的黑色斑点，各鱼鳍皆呈淡黄色。

习性 **活动：**适应能力较弱，不适合群居，具有一定攻击性，遇到危险时会用自身
斑纹及体色向对方发出警告。**食物：**刚进入水族箱时，会因不适应新环境而拒绝
开口吃东西，此时需要用活虾或血虫来引诱其开口。**环境：**适合在较宽阔的环境
中生活，适宜用500L左右的水族箱饲养，最适合的海水相对密度为1.020～1.025；
它会啃食管虫，在放入带有珊瑚的水族箱时需要谨慎。

警告 受到惊吓时，它可以释放出足以使水族箱内其他鱼种全部死亡的毒素，故不可与其他鱼种混养。

繁殖 卵生。繁殖难度非常高，目前尚未出现人工繁殖的成功案例，主要市场供给
渠道为海中捕捞。

外表是绝佳的保护色，当其钻入珊瑚礁后，
直叫人眼花缭乱，无处寻觅

体长：40～45cm | 水层：中、下层 | 温度：25～26℃ | 酸碱度：pH8.0～8.6 | 硬度：3.5～4.5mol/L

▶ 别名：立方箱鲀、斑点箱鲀 | 自然分布：印度洋

角箱鲀

性情: 温和

养殖难度: 困难

角箱鲀长相怪异，头部及躯体后端带有尖角，容易使人联想到外星生物，非常具有特色。

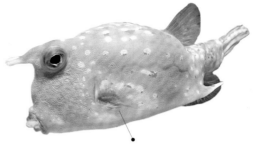

形态 角箱鲀的外貌非常奇特，鱼体形状不规则，棱角分明。眼睛

头部及躯体后方分别带有两只向外延伸的角，疑似背鳍的延伸部分

位于两角之下，大小适中，虹膜呈金色，瞳孔呈黑色；吻部较钝。胸鳍呈透明质地，背鳍呈扇形，位置靠后，基部短，鳍条短小，臀鳍部位呈角状，尾鳍硕大，呈扇形，几乎与躯干部位等长。鱼体呈黄色，背部及腹部带有棕色斑块，额顶部位带有白色斑块，通体布满白色小型斑点，四角尖端呈白色。尾鳍边缘呈棕色，带有较大的棕色斑点，基部呈黄色，向外逐渐演变为棕色。

习性 **活动**: 头顶及躯体后部的角非常锋利，是武器之一，在受到惊吓或攻击时用以防御或反击。**食物**: 喜食甲壳类、贝类、小型鱼类及有机物碎屑等。**环境**: 主要分布在珊瑚礁附近或海藻丛中，所适合的海水相对密度为1.020～1.025，需要较大的生活空间，适合大小在300～500L的水族箱。

警告 皮膜上带有剧毒，受到惊吓时会排放出足以毒死箱内其他鱼种的毒素，故不可混养。

繁殖 卵生。季节性产卵，雌鱼每次怀卵数量非常庞大，但受精率十分有限。亲鱼在仔鱼生长一段时间后会离开，任由仔鱼在浩瀚的海洋中寻觅容身之所，故幼鱼常随着海藻及水流四处漂游，寻找栖息之地。目前尚未出现人工繁殖的成功案例，主要通过海洋捕捞来供给市场。

游动时主要依靠背部，鱼鳍缓慢来回拍打，速度缓慢

体长: 40～50cm | **水层**: 近海底栖鱼类 | **温度**: 25～26℃ | **酸碱度**: pH8.0～8.6 | **硬度**: 3.5～4.5mol/L

▶ **别名**: 角鲀、牛角 | **自然分布**: 太平洋、印度洋

豹鳚 ▶ 鳚科 | *Exallias brevis* Kner | Leopard blenny

豹鳚

头部似蛙，非常怪异

性情：较温和，但具有一定攻击性

养殖难度：困难

豹鳚的外表非常奇特，头部似蛙，休息时喜欢向上倾斜身体，就好似安静地蹲在荷叶或岸边等待狩猎的青蛙一般。

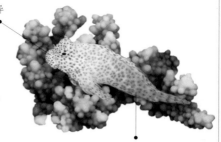

性情温和，但具有一定的攻击性

形态 豹鳚的鱼体较修长，体形较小。眼睛硕大，位于头顶，突出，虹膜呈银灰色，瞳孔呈黑色；口部及口裂较大。背鳍基部修长，鳍棘较短，后方鳍条较长，分为第一背鳍及第二背鳍，两鳍中间带有明显的分隔；胸鳍硕大，向下延伸；腹鳍大小适中；臀鳍与背鳍末端对称，鳍条及基部长度适中；尾鳍硕大，鳍条较短，带有许多层次。鱼体布满白色及褐色的斑纹，幼鱼斑纹及斑点较大，且水量较少，随其年龄增长，这些斑纹变得越来越繁复，布满全身，使人几乎无法辨别其鱼体的颜色。

习性 **活动**：有很强的领地意识，这一点与它们的进食习惯有关，会寻找最靠近觅食地点的缝隙进行用餐，用将食物塞进狭窄缝隙的方式来阻止其他鱼类争抢食物。**食物**：在进入水族箱后会因不适应新环境而拒绝开口吃东西，此时需要用一些海虾或糠虾来引诱它。**环境**：需要较大生活空间，适合在250L以上的水族箱中饲养，适合的海水相对密度为1.020～1.025。

繁殖 卵生。目前无法在家用繁殖箱中进行人工繁殖，主要以捕捞方式来保证市场供给。

栖息于珊瑚礁斜面，喜欢温和的水流，身上的斑点会随着年龄的增长而增多

| 体长：10～15cm | 水层：上、中、下层 | 温度：24～26℃ | 酸碱度：pH8.1～8.3 | 硬度：3.5～4.5mol/L |

▶ **别名**：金刚虾虎、短多须鳚、双层巴士 | **自然分布**：印度洋海域

| 黑鹦嘴鱼 | ▶ | 鹦嘴鱼科 | *Rhyacichthyidae* W.& P. | *Scarus niger* |

黑鹦嘴鱼

性情: *温和*

养殖难度: *中等*

黑鹦嘴鱼色泽纯正浓厚,鱼体纤细优美,具有保护色、警戒色、性别色、眼斑等,泳姿优雅迷人,观赏价值非常高。

鱼体鳞片较大,非常明显,每一片鳞片都带有斑点

形态 黑鹦嘴鱼鱼体偏长,似有延长趋势,体侧扁平。头部三角形,平滑,呈弧形轮廓。眼睛大小适中,虹膜呈红色,瞳孔呈黑色。雌鱼及雄鱼的体色各有不同,雌鱼呈棕红色,带有棕色斑点或短斑纹,鳞片呈灰色,头部带有绿色斑纹,雄鱼则呈暗绿色,鳞片带有红色边缘线,头部以眼部为中心,带有绿色斑纹。背鳍大小适中,基部修长,臀鳍长度适中,基部较长,鳃盖上方带有浅绿色斑点。

习性 活动:喜欢较快且迅猛的水流速,拥有极快的游动速度;雄鱼的领地意识较强,甚至拥有"家"的观念,一般身边会有许多尾随的雌鱼及幼鱼。**食物:** 杂食性,主要以海藻为食,也可喂食植物性饵料。**环境:** 十分容易缺氧,在低氧环境中几乎无法生存,会迅速将头部浮上水面呼吸,如不及时打氧,很快便会死亡。

繁殖 卵生。会协调环境的生物色现象极大程度上提高了其野外生存能力及繁殖质量。人工繁殖技术十分欠缺,目前尚未出现成功的人工繁殖案例。

喜欢在水下四处游动,寻觅食物,喜爱具有一定流动速度的水域,体温会随着水温而变化

| 体长: 50~80cm | 水层: 上、中层 | 温度: 24~26℃ | 酸碱度: pH8.1~8.3 | 硬度: 3.5~4.5mol/L |

▶ | 别名: 颈斑鹦哥鱼、鹦哥、青蚝鱼 | 自然分布: 印度洋、太平洋

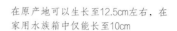

大帆鸳鸯

性情：温和
养殖难度：中等

大帆鸳鸯的鱼体小巧可爱，通体呈黄绿色系，在灯光照射下泛着银亮的光泽，像一个温和的夜灯，非常美丽。

在原产地可以生长至12.5cm左右，在家用水族箱中仅能长至10cm

形态 大帆鸳鸯鱼体修长、侧扁、头部较宽，眼睛硕大滚圆，瞳孔及虹膜皆呈黑色。背鳍基部修长，鳍棘长度适中，鳍条修长；腹鳍末端尖锐，鳍条修长；臀鳍与背鳍后半段形状及大小相同；尾鳍大小适中，较平直。鱼体呈黄绿色，头部呈黄色，躯干下半部分发白，背脊呈绿色，背鳍前端呈绿色，后端呈亮蓝色及幽蓝色，腹鳍呈蓝灰色，臀鳍前端呈亮蓝色，后端呈蓝紫色，尾柄呈中绿色及钴蓝色渐变，尾鳍呈绿色，边缘部分呈蓝色。

习性 **活动**：主要分布于珊瑚礁附近，喜欢藏匿于洞穴之中或掩埋在沙地里，温和且顽皮，喜爱嬉戏，不会攻击其他鱼种，适合混养。**食物**：在原产地，它们通常靠吃躲藏地点附近较小的活食为生；在水族箱内，可以使用小贝类、水蚤、海虾、沙蚕及其他动物性饵来引诱它们开口吃东西，并逐渐适应新的环境。**环境**：不喜欢争端，不会主动去骚扰别的鱼种，但许多鱼种都会来它们所栖息的洞穴附近骚扰它们，故混养时需要谨慎选择混养对象。

主要栖息于珊瑚礁附近的海域，喜欢沙地和碎石，经常会藏匿于洞穴之中，爱玩耍嬉戏

繁殖 卵生。口孵性鱼种，繁殖期间会出现与平时不同的婚姻色，雌鱼产卵结束后，雄鱼会上前将鱼卵含入口中，等待其孵化。孵化后的几日内，仔鱼依旧会在雄鱼口中得到保护，待其可以自由游动并寻觅食物后，便会离开雄鱼温暖安全的口部，出去探索全新的世界。目前尚未出现人工繁殖的成功案例。

受到惊吓时会跳动，甚至跳出水族箱，也会迅速地找一片沙地把自己埋起来

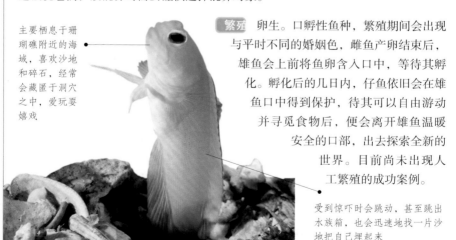

体长：8~10cm | 水层：上、中层 | 温度：24~26℃ | 酸碱度：pH8.1~8.4 | 硬度：3.5~4.5mol/L

▶ 别名：金头虾虎 | 自然分布：加勒比海

中文名称索引

A
埃及神仙 040
澳洲神仙 173

B
八线神仙 172
白针狮子鱼 184
斑点鹰鱼 206
斑胡椒鲷 200
斑马雀 070
斑马鱼 084
半月神仙 165
宝莲灯 094
豹鳚 277
玻璃猫 139

C
彩虹鲨 088
侧牙鲈 192
叉尾斗鱼 111
刺鲀 273

D
大帆倒吊 242
大帆红点琵琶 136
大帆鸳鸯 279
单斑蝴蝶鱼 214
淡黑雀鲷 234
德州豹 068
地图鱼 046
帝王灯 102
帝王神仙 157
电光蓝魔鬼 235
短嘴格 203

F
法国神仙 166
非洲凤凰 056
非洲王子 057
粉红小丑 227
粉蓝倒吊 248
凤尾短鲷 064

G
刚果扯旗 109
公子小丑 229

H
黑背蝴蝶鱼 218
黑点黄雀 236
黑点铁甲鼠 150
黑裙灯 098
黑三角倒吊 251
黑神仙 041
黑线飞狐 090
黑鹦嘴鱼 278
红斑马 069
红宝石 059
红鼻鱼 106
红肚凤凰 053
红肚水虎 107
红管灯 105
红海倒吊 249
红海红尾蝶 211
红海黄金蝶 208
红海将军 241
红喉盔鱼 255
红丽丽 112
红绿灯 095
红魔鬼 062
红苹果美人 073
红尾黑鲨 089
红小丑鱼 226
红月眉蝶 219
红钻石 058
狐面鱼 265
虎皮蝶 207
虎皮鱼 085
花椒鼠 144
花老虎 052
皇帝神仙 160
皇冠六间 061
皇冠三间 060
皇冠直升机 133
皇家丝鲈 201
黄点炮弹 269
黄金燕尾 066
黄面神仙 164
黄三角 243
黄尾蓝魔 233
黄新娘 169
火翅金钻 081
火鹤鱼 047
火口鱼 048
火焰神仙 168

J
尖嘴龙 260
尖嘴鹰鲷 202
剑尾鱼 122
角箱鲀 276
接吻鱼 117
金鼓鱼 118
金木瓜 275
金色虾虎 181
金鱼 077
锦鲤 076

K
咖啡鼠 145
克氏蝴蝶鱼 216
孔雀鱼 123

L
蓝彩鳉 127
蓝带虾虎 180
蓝倒吊 250
蓝环神仙 162

蓝曼龙　113
蓝纹高身雀鲷　237
蓝纹神仙　161
雷达　132
丽丽鱼　115
镰鱼　223
裂唇鱼　259
六斑二齿鲀　274
鲁氏锦鱼　258
绿河豚　194

M

马鞍神仙　163
马夫鱼　220
玛丽鱼　124
满天星鼠　146
盲目灯　103
猫鱼　143
玫瑰鲫　087
玫瑰旗　092
密点蝴蝶鱼　215
魔鬼炮弹　266

N

霓虹燕子　075
镊口鱼　221
柠檬灯　099
女王炮弹　270
女王神仙　156
女王燕尾　067

P

攀鲈　153
琵琶鼠　138

Q

七彩凤凰　044
七彩神仙　039
棋盘凤凰　071
清道夫　137
酋长短鲷　065

S

三带蝴蝶鱼　210
三点阿波鱼　175
三间火箭　222
三角灯　079
三色刺蝶鱼　174
三线豹鼠　147
闪电王子　051
射水鱼　179
狮头　078
石美人　074
食蚊鱼　126
双带小丑　228
双色神仙　167
丝蝴蝶鱼　209
四点蝴蝶　213

T

太平洋冬瓜蝶　212
太平洋红狮子鱼　185
泰国斗鱼　110
特蓝斑马　050
天狗倒吊　254
条纹厚唇鱼　264
条纹小鲃　086
透红小丑　232
驼背鲈　190

W

瓦氏尖鼻鲀　195
网纹宅泥鱼　240
纹吊　247
纹尾月蝶鱼　178
五彩青蛙　197

X

西班牙猪鱼　256
小丑泥鳅　151
小丑炮弹　267
斜纹蝴蝶鱼　217

新月锦鱼　257
胸斧鱼　152
熊猫短鲷　045
熊猫异型　142
血红鹦鹉　038

Y

亚洲龙鱼　129
岩豆娘　238
燕尾鲈　187
燕子美人灯　072
银板鱼　108
银大眼鲳　196
银龙鱼　128
银屏灯　093
银鲨　091
樱桃灯　080
鸳鸯炮弹　268
圆翅燕鱼　271
圆眼燕鱼　272
月光鱼　119

Z

宅泥鱼　239
招财鱼　116
珍珠魟　130
珍珠虎　063
珍珠龙　261
珍珠马甲　114
珍珠玛丽　125
紫吊　246
紫红火口　049
紫金鱼　186
紫雷达鱼　131
紫印鱼　191
钻石灯　104

英文名称索引

A

African jewelfish   058
Altum angelfish   040
Annular angelfish   162
Antennata lionfish   185
Archer fish   179
Asian arowana   129

B

Bala shark fish   091
Banded dwarf cichlid   065
Barred angelfish   172
Barred thicklip   264
Bicolor cherub angelfish   167
Bird wrasse   260
Blackback butterfly fish   218
Black marble hoplo   150
Blackspot angelfish   041
Black tetra   098
Blind cavefish   103
Blood parrot cichlid   038
Blue girdled angelfish   163
Blue hippo tang   250
Blue lyretail   127
Blue ribbon goby   180
Bluestreak cleaner wrasse   259
Boeseman's rainbow fish   074
Brinell pig sea fish   258
Bronze cory   145

C

Caerulean damsel   234
Catfish   133
Cherry barb   080
Chinese barb   086
Clearfin lionfish   184
Climbing perch   153
Clown coris   255
Clown loach fish   151

Clown tang   247
Clown triggerfish   267
Cockatoo dwarf cichlid   064
Common hatchetfish   152
Common pleco   137
Congo tetra fish   109
Copperband butterfly fish   222
Cubicus boxfish   275

D

Daffodil cichlid   066
Demasoni cichlid   051
Demasoniciklide   050
Diamond tetra   104
Discus fish   039
Dorcupine fish   273
Duarf gourami   115

E

Electric yellow cichlid   057
Emperor angelfish   160
Emperor tetra   102

F

Fire goby   132
Firehead tetra   106
Firemouth cichlid   048
Flame angelfish   168
Forktail blue-eye   075
Fourspot butterfly fish   213
Foxface tabbitfish   265
Freckled hawkfish   206
French angelfish   166
Freshwater puffer   194
Frontosa cichlid   061

G

Galaxy rasbora   081
Giant gourami   116
Glass catfish   139
Glowlight tetra   105
Goldfish   077
Gramma loreto   201

Green swordtail   122
Guppy fish   123

H
Harlequin rasbora   079
Harlequin sweetlips   200
Honey gourami   112
Humpback grouper   190

J
Jaguar cichlid   052
Jawfish yellowhead   279
Jewel cichlid   059

K
Kissing gourami   117
Koi   076
Koran angelfish   161
Kribensis   053

L
Labeo frenatus   088
Lamp eye tetra   093
Large silver butterfish   196
Lemon tetra   099
Lemonpeel angelfish   169
Leopard blenny   277
Leopard catfish   147
Leopard pleco   138
Lion head goldfish   078
Lipstick tang   254
Lombardoi   070
Longfin bannerfish   220
Longhorn cowfish   276
Longnose butterfly fish   221
Longnose hawkfish   202
Lyretail anthias   187
Lyretail wrasse   257

M
Malawi golden cichlid   056
Mandarin fish   197
Marble gurami   113
Marginated damselfish   241

Maroon clownfish   232
Masked butterfly fish   208
Masked julie   071
Midas cichlid   047
Moonfish   119
Moorish idol   223
Mosquito fish   126
Motoro sting ray   130

N
Neon damselfish   235
Neon tetra   095

O
Ocellaris clownfish   229
Orange butterfly fish   216
Orbiculate batfish   272
Ornate tetra   092
Oval butterfly fish   212

P
Pacific gregory damselfish   237
Panda dwarf cichlid   045
Paradise fish   111
Peacock bass   060
Pearl dragon   261
Pearl gourami   114
Pectoral calvus   063
Peppered corydoras   144
Picasso triggerfish   268
Pink anemonefish   227
Pinnate batfish   271
Powderblue surgeonfish   248
Princess cichlid   067
Purple firefish   131

Q
Queen angelfish   156
Queen triggerfish   270

R
Raccoon fasciatus butterfly fish   219
Ram cichlid   044
Red devil cichlid   062

Red neon   094
Red piranha   107
Red sea red tail butterfly fish   211
Red tail shark   089
Red toothed triggerfish   266
Red zebra   069
Redhead cichlid   049
Redtail catfish   143
Regal angelfish   157
Reticulate dascyllus   240
Rippled triggerfish   269
Rock beauty angelfish   174
Rosy barb   087
S
Sailfin molly   124
Sailfin tangs   242
Salmon-red rainbow fish   073
Scarus niger   278
Scribbled angelfish   173
Sergeant major   238
Sheatfish   136
Short mouth   203
Siamese algae eater   090
Siamese fighting fish   110
Silver arowana   128
Silver dollar   108
Six spots two tooth filefish   274
Sohal surgeonfish   249
South American cichlid   046
Spanish hogfish   256
Speckled butterfly fish   215
Spot banded butterfly fish   207
Spotted scat   118
Squarespot anthias   191
Sterba's corydoras   146
Sulphur damsel   236
T
Teardrop butterfly fish   214
Texas cichlid   068

Threadfin anthias   186
Threadfin butterfly fish   209
Threadfin rainbow fish   072
Three zones butterfly fish   210
Threespot angelfish   175
Tiger barb   085
Tomato clownfish   226
Twotone tang scopas tang   251
V
Vagabond butterfly fish   217
W
Wagner pointed nose filefish   195
Watchman yellow goby   181
Whitetail dascyllus   239
Y
Yellow tang fish   243
Yellowbar angelfish   165
Yellow-edged lyretail   192
Yellowmask angelfish   164
Yellowtail clownfish   228
Yellowtail damselfish   233
Yellowtail tang   246
Yucatan molly   125
Z
Zebra angelfish   178
Zebra danio   084
Zebra pleco   142

拉丁名称索引

A
Abudefduf saxatilis   238
Acanthurus leucosternon   248
Acanthurus lineatus   247
Acanthurus sohal   249
Altolamprologus calvus   063

Amphilophus citrinellus 038
Amphilophus labiatus 062
Amphiprion clarkii 228
Amphiprion frenatus 226
Amphiprion ocellaris 229
Amphiprion perideraion 227
Anabas testudineus 153
Anampses meleagrides 261
Apistogramma bitaeniata 065
Apistogramma cacatuoides 064
Apistogramma nijsseni 045
Apistogramma ramirezi 044
Apolemichthys trimaculatus 175
Astronotus ocellatus 046
Astyanax fasciatus mexicanus 103

B
Balantiocheilus melanopterus 091
Balistes vetula 270
Balistoides conspicillum 267
Barbus titteya Deraniyagala 080
Betta splendens 110
Bodianus rufus 256

C
Canthigaster valentini 195
Carassius auratus 078
Carassius auratus 077
Centropyge bicolor 167
Centropyge flavissima 169
Centropyge loricula 168
Centropyge multifasciata 172
Chaetodon auriga 209
Chaetodon citrinellus 215
Chaetodon fasciatus 219
Chaetodon kleinii 216
Chaetodon lunulatus 212
Chaetodon melannotus 218
Chaetodon paucifasciatus 211
Chaetodon punctatofasciatus 207
Chaetodon quadrimaculatus 213

Chaetodon semilarvatus 208
Chaetodon trifasciatus 210
Chaetodon unimaculatus 214
Chaetodon vagabundus 217
Chaetodontoplus duboulayi 173
Chelmon rostratus 222
Chromobotia macracanthus 151
Chrysiptera parasema 233
Cichla ocellaris 060
Cichlasoma citrinellum 047
Cichlasoma meeki 048
Cirrhitichthys oxycephalus 203
Colisa chuna 112
Coris aygula 255
Corydoras aeneus 145
Corydoras paleatus 144
Corydoras sterbai 146
Corydoras trilineatus 147
Cromileptes altivelis 190
Crossocheilus siamensis 090
Cryptocentrus cinctus 181
Cyphotilapia frontosa 061
Cyprinus carpio 076

D
Danio margaritatus 081
Danio rerio 084
Dascyllus aruanus 239
Dascyllus marginatus 241
Dascyllus reticulatus 240
Diodon holocanthus 274
Diodon hystrix 273

E
Epalzeorhynchos bicolor 089
Epalzeorhynchus frenatus 088
Exallias brevis 277

F
Forcipiger flavissimus 221
Fundulopanchax gardneri 127

G

Gambusia affinis 126

Gasteropelecus sternicla 152

Genicanthus caudovittatus 178

Glossolepis incisus 073

Gomphosus varius 260

Gramma loreto 201

Gymnocorymbus ternetzi 098

H

Helostoma temminckii 117

Hemichromis bimaculatus 059

Hemichromis lifalili 058

Hemigrammus bleheri 106

Hemigrammus erythrozonus 105

Hemigymnus fasciatus 264

Heniochus acuminatus 220

Herichthys cyanoguttatus 068

Holacanthus ciliaris 156

Holacanthus tricolor 174

Hoplosternum thoracatum 150

Hypancistrus zebra 142

Hyphessobrycon bentosi 092

Hyphessobrycon pulchripinnis 099

Hypostomus plecostomus 137

I

Iriatherina werneri 072

J

Julidochromis transcriptus 071

K

Kryptopterus bicirrhis 139

L

Labidochromis caeruleus 057

Labroides dimidiatus 259

Lactoria cornutua 276

Lythrypnus dalli 180

M

Macropodus opercularis 111

Maylandia estherae 069

Maylandia lombardoi 070

Melanochromis auratus 056

Melanotaenia boesemani 074

Metynnis argenteus 108

Moenkhausia pittieri 104

Moenkhausia sanctaefilomenae 093

Monodactylus argenteus 196

N

Naso lituratus 254

Nemanthias carberryi 186

Nemateleotris decora 131

Nemateleotris magnifica 132

Nematobrycon palmeri 102

Neolamprologus brichardi 067

Neolamprologus pulcher 066

O

Odonus niger 266

Opistognathus aurifrons 279

Osphronemus goramy 116

Osteoglossum bicirrhosum 128

Ostracion cubicus 275

Oxycirrhites typus 202

P

Paracanthurus hepatus 250

Paracheirodon axelrodi 094

Paracheirodon innesi 095

Parachromis managuensis 052

Paracirrhites forsteri 206

Paraneetroplus synspilus 049

Pelvicachromis pulcher 053

Phenacogrammus interruptus 109

Phractocephalus hemioliopterus 143

Platax orbicularis 272

Platax pinnatus 271

Plectorhinchus chaetodonoides 200

Poecilia latipinna 124

Poecilia reticulata 123

Poecilia velifera 125

Pomacanthus annularis   162

Pomacanthus imperator   160

Pomacanthus maculosus   165

Pomacanthus navarchus   163

Pomacanthus paru   166

Pomacanthus semicirculatus   161

Pomacanthus xanthometopon   164

Pomacentrus alleni   235

Pomacentrus caeruleus   234

Pomacentrus sulfureus   236

Potamotrygon motoro   130

Premnas biaculeatus   232

Pseudanthias pleurotaenia   191

Pseudanthias squamipinnis   187

Pseudobalistes fuscus   269

Pseudomugil furcatus   075

Pseudotropheus demasoni   050

Pseudotropheus elongatus   051

Pterois antennata   185

Pterois radiate   184

Pterophyllum altum   040

Pterophyllum scalare   041

Pterygoplichthys joselimaianus   136

Pterygoplichthys pardalis   138

Puntius conchonius   087

Puntius semifasciolatus   086

Puntius tetrazona   085

Pygocentrus nattereri   107

Pygoplites diacanthus   157

R

Rhinecanthus aculeatus   268

Rhyacichthyidae   278

S

Scatophagus argus   118

Scleropages formosus   129

Siganus vulpinus   265

Stegastes fasciolatus   237

Sturisoma panamense   133

Symphysodon discus   039

Synchiropus splendidus   197

T

Tetraodon mbu   194

Thalassoma lunare   257

Thalassoma rueppellii   258

Toxotes jaculatrix   179

Trichogaster lalius   115

Trichogaster seeri   114

Trichogaster trichopterus   113

Trigonostigma heteromorpha   079

V

Variola louti   192

X

Xiphophorus hellerii   122

Xiphophorus maculatus   119

Z

Zanclus cornutus   223

Zebrasoma flavescens   243

Zebrasoma scopas   251

Zebrasoma veliferum   242

Zebrasoma xanthurum   246

参考文献

［1］阿尔德顿，文星.DK观赏鱼鉴赏养殖全书.北京：科学普及出版社，2012.

［2］占家智，羊茜.观赏鱼养殖500问.北京：金盾出版社，2009.

［3］刘贤忠，张荣森.观赏鱼养殖技术.北京：化学工业出版社，2011.

［4］郑曙明，吴青，何利君，张志钢.中国原生观赏鱼图鉴.北京：科学出版社，2017.

［5］张晓影，等. 养好观赏鱼. 第2版. 郑州：河南科学技术出版社，2014.

［6］王川庆，等. 兽医全攻略——观赏鱼疾病.北京：中国农业出版社，2009.

［7］孙向军.名贵热带观赏鱼品鉴.北京：中国农业出版社，2016.

［8］杨雨虹，王裕玉.怎样养好观赏鱼.北京：金盾出版社，2015.

［9］刘雅丹，白明.海水观赏鱼.北京：海洋出版社，2014.

［10］郝家礼.海水观赏鱼1000种图鉴.北京：中国农业出版社，2015.

［11］倪寿文.温室设施观赏鱼安全养殖技术.北京：中国劳动社会保障出版社，2012.

［12］赵增连，陈华忠.观赏鱼鉴赏与检疫指南.北京：中国质检出版社，2014.

［13］米尔斯.观赏鱼：全世界500多种观赏鱼的彩色图鉴.北京：中国友谊出版公司，2005.

［14］汪学杰.金鱼的养护与鉴赏.广州：广东科技出版社，2018.

图片提供：

www.dreamstime.com